[제4판]

해석학 입문

노정학 · 박상로 · 이종근 지음

INTRODUCTION TO MATHEMATICAL ANALYSIS

KYOWOO

머리말

대학 1학년 과정으로 미분적분학(calculus), 대학수학을 배우고 그 후 수학과의 기초과목으로 해석학(analysis)을 배운다. 실수계와 실수의 집합에서 정의된 함수를 다루는 학문인 해석학을 실해석학(real analysis)이라 하는데 이는 복소수에서 정의된 함수를 다루는 학문인 복소해석학(complex analysis)과 구별된다.

미분적분학에서는 직관적인 증명과 문제풀이를 많이 하지만 해석학은 개념적이고 이론적이며 정리의 엄밀한 증명을 요구하는 과목이기 때문에 학생들에게는 이 과목이 어렵게 느껴지는 것이다. 이에 필자들은 다년간 대학에서 강의한 경험을 바탕으로 해석학의 기본 개념을 이해하고 정리의 증명을 스스로 할 수 있도록 해석학의 중요한 내용을 쉽고 자세하게 설명하였다.

이 책은 50분 강의로 주당 3시간씩 두 학기 분량으로 다음과 같은 내용으로 구성하였다.

학생들이 집합의 기본 성질과 함수의 정의와 그 성질을 잘 이해하고 있다고 가정하기로 한다. 미분적분학에서의 중요한 개념인 수열의 극한, 함수의 극한과 연속성, 미분가능성과 적분가능성 등은 모두 실수계의 성질에 그 기반을 두고 있다. 그래서 제 1장에서는 기본적인 수학적 귀납법과 실수계의 기본 성질인 대수적 성질, 순서공리 그리고 완비성을 다루었다.

제 2장에서는 수열의 극한 개념과 그에 따른 여러 가지 성질, 또한 일반적으로 수렴하지 않는 수열에 대한 상극한과 하극한에 대한 개념을 다루었다.

제 3장과 제 4장에서는 해석학의 중심 개념인 수열의 극한, 함수의 극한과 연속성을 $\epsilon-\delta$를 이용하여 엄밀히 다루었다. 또한 함수의 균등연속성과 그에 관한 성질들을 기술하였다.

제 5장과 제 6장에서는 극한의 개념을 바탕으로 하여 도함수와 미분가능, 적분가능 함수를 정의하고 그에 따른 정리를 다루었다. 특히 미분에서의 평균값 정리, 부정형의 극한을 구하는 로피탈의 법칙 그리고 적분에 있어서 중요한 성질인 미적분학의 기본정리 I, II, 마지막으로 이상적분에 대한 이론을 간단히 다루었다.

제 7장에서는 무한급수의 수렴·발산여부를 판정하는 다양한 판정법을 다루었고, 제 8장에서는 함수열에 있어서 각 함수의 중요한 성질인 연속성, 미분가능성 그리고 적분가능성이 그대로 극한함수에게 보존되는가 하는 문제와 멱급수에 대한 성질을 간단히 다루었다.

이 책을 통해 보다 많은 학생들이 해석학의 기본 개념과 이론을 이해할 수 있는 계기가 되기를 바라면서, 이 책이 완성되기까지 도와 주시고 성원해 주신 주위의 많은 분들과 가족에게 감사드린다. 또한 초고를 교정한 조상범 선생, 남계숙 선생에게도 감사를 드리며, 여러 가지 어려움 중에도 이 책을 출판하여 주신 교우사 오판근 사장님과 편집부 여러분께 심심한 감사의 마음을 전한다.

저자

제4판을 내면서

여러 면에서 부족한 이 책이 2002년 처음 출판된 이후 많은 독자로부터 사랑을 받았다. 이 책으로 공부를 한 모든 독자에게 감사를 드린다.

제 3판은 해석학 입문의 1판의 내용과 체제 면에서 크게 다르지는 않다. 다만 몇 가지 내용을 수정 보완하였고, 새로운 내용을 추가하였다. 또한 정리의 증명을 새롭게 수정 기술하였으며 예제와 문제를 많이 추가하여 스스로 공부를 하는데 도움이 되도록 하였다.

제 1장에서 실수계의 완비성 공리와 동치인 데데킨트 절단 정리를 소개하였고 실수의 소수 표시를 추가하였다. 제 4장에서는 연속함수에 대한 주요한 몇몇 정리들을 증명할 수 있는 위상수학(Topology)에서 중요하게 다루는 하이네-보렐(Heine-Borel) 정리를 추가하였으며, 제 5장에서는 n차 다항식을 사용하여 함수를 급수로 나타낼 수 있는 테일러의 정리를 소개하였다. 제 6장에서는 리만 상합과 하합과 다른 리만합을 이용하여 적분할 수 있음을 보이는 문제를 다루었고, 제 7장에서는 재배열 급수에 대한 내용을 상세히 다루었고 제 8장에서는 함수항 급수에 대한 내용을 수정하여 재배치하였다. 이 책에서 사용하는 기호 $[x]$는 가우스 함수를 뜻한다. 다시 말하면 n이 정수일 때 $n \le x < n+1$이면 $[x]=n$이다. 연습문제는 독자 스스로 풀어봄으로써 책의 내용을 완전히 이해할 수 있도록 쉬운 문제와 어려운 문제를 적절히 섞어 많은 분량의 문제를 추가 수록하였으며, 연습문제의 홀수 문제에 대한 풀이를 상세히 기술하였다.

끝으로 여러 가지 어려움 중에도 이 책을 출판할 수 있도록 도와주신 교우사 오판근 사장님과 직원 여러분께 감사의 마음을 전한다.

2011년 2월

저자

차 례

1 실수계

초등 실해석학에서 중요한 개념인 수열의 극한, 함수의 극한과 연속성, 미분가능성과 적분가능성 등은 모두 실수계의 성질에 그 기반을 두고 있다.

실수계를 구성하는 방법에는 여러 가지가 있지만 본질적으로 두 가지 방법으로 나눌 수 있다. 하나는 실수계를 직접 구성하는 구성적 방법이고 다른 하나는 실수계의 존재성을 공리적으로 인정하는 공리적 방법이다. 우리는 후자를 택하여 실수계의 기본 성질을 공리로 받아들이고 이들로부터 여러 가지 성질들을 유도할 것이다.

1.1절에서는 기본적인 수학적 귀납법에 대하여 간단히 언급하고, 1.2절, 1.3절 그리고 1.4절에서는 차례로 실수계의 대수적 성질인 체의 공리와 실수계 위에 순서 구조를 형성하여 주는 순서 공리 그리고 실수계의 마지막 공리인 완비성 공리를 소개한다.

제 1 장
실수계

1.1 수학적 귀납법

우리는 집합의 기본 성질과 함수의 정의 그리고 그 성질을 잘 이해하고 있다고 가정한다. 특히 이 책에서는 특별한 언급이 없으면 모든 집합은 공집합이 아니라고 가정한다.

수학적 귀납법의 원리(principle of mathematical induction)는 임의의 자연수에 대해 진술된 명제의 타당성을 보이는 데 사용되는 방법이다. 물론 이 방법의 이용을 특별한 경우로 제한한다 할지라도 수학적 귀납법의 원리는 수학의 모든 분야에서 필수불가결한 도구이다.

자연수 전체의 집합 $\{1, 2, 3, \cdots\}$을 $\mathbb{N}$, 정수 전체의 집합 $\{0, \pm1, \pm2, \pm3, \cdots\}$을 $\mathbb{Z}$, 유리수 전체의 집합 $\left\{\frac{p}{q} \,\middle|\, p, q \in \mathbb{Z}, q \neq 0\right\}$을 $\mathbb{Q}$, 또 실수 전체의 집합을 $\mathbb{R}$이라 하자. 우선 $\mathbb{N}$의 공집합이 아닌 부분집합은 최소원소(least element)를 갖는다는 **자연수의 정렬성**(well-ordering property of $\mathbb{N}$)을 공리로 인정한다.

공리 1 (**자연수의 정렬성**) S를 $\mathbb{N}$의 임의의 공집합이 아닌 부분집합이라 하면 모든 $k \in S$에 대하여 $m \leq k$인 $m \in S$이 존재한다.

정리 1.1 (수학적 귀납법의 원리) S가 다음 성질을 만족하는 $\mathbb{N}$의 공집합이 아닌 부분집합이라 하자.

(1) $1\in S$이다.

(2) $k\in S$이면 $k+1\in S$이다.

그러면 $S=\mathbb{N}$이다.

증명 $S\neq\mathbb{N}$이라고 가정하자. 그러면 $\mathbb{N}-S\neq\varnothing$이다. 공리 1(자연수의 정렬성)에 의하여 $\mathbb{N}-S$의 최소원소 m이 존재한다. 가정 (1)에 의해서 $1\in S$이므로 $m\neq 1$이고, 그래서 $m>1$임을 알 수 있다. 그러므로 $m-1$은 자연수이고 $m-1\notin\mathbb{N}-S$이다. 따라서 $m-1\in S$이다.

이제 S에 있는 $k=m-1$에 가정 (2)를 적용하면 $k+1=(m-1)+1=m$이므로 $m\in S$이다. 이것은 $m\in\mathbb{N}-S$에 모순이다. 그러므로 $S=\mathbb{N}$이다. ■

수학적 귀납법의 원리를 다음과 같이 변형할 수 있다.

정리 1.2 $P(n)$을 $n\in\mathbb{N}$에 관한 명제라 하고 다음을 가정하자.

(1′) $P(1)$은 참이다.

(2′) $P(k)$가 참이면 $P(k+1)$도 참이다.

그러면 모든 $n\in\mathbb{N}$에 대하여 $P(n)$은 참이다.

증명 $S=\{n\mid P(n)$이 참이다$\}$이라 하자. 그러면 조건 (1′)에 의해서 $1\in S$이다. 조건 (2′)을 이용하면 $k\in S$이면 $k+1\in S$이다. 그러므로 정리 1.1(수학적 귀납법의 원리)에 의해서 $S=\mathbb{N}$이다. 즉 모든 $n\in\mathbb{N}$에 대하여 $P(n)$은 참이다. ■

예제 1.1 모든 자연수 n에 대하여

$$1^2+2^2+\cdots+n^2=\frac{1}{6}n(n+1)(2n+1)$$

임을 보여라.

풀이 $S=\left\{n\in\mathbb{N}\;\middle|\;1^2+2^2+\cdots+n^2=\frac{1}{6}n(n+1)(2n+1)\right\}$ 이라 하자.

$$1^2 = \frac{1}{6} \cdot 1 \cdot (1+1) \cdot (2+1)$$

이므로 $1 \in S$이다. $k \in S$이라 하자. 즉

$$1^2 + 2^2 + \cdots + k^2 = \frac{1}{6}k(k+1)(2k+1)$$

이라 하면

$$\begin{aligned} 1^2 + 2^2 + \cdots + k^2 + (k+1)^2 &= \frac{1}{6}k(k+1)(2k+1) + (k+1)^2 \\ &= \frac{1}{6}(k+1)[k(2k+1) + 6(k+1)] \\ &= \frac{1}{6}(k+1)(2k^2 + 7k + 6) \\ &= \frac{1}{6}(k+1)(k+2)(2k+3) \\ &= \frac{1}{6}(k+1)[(k+1)+1][2(k+1)+1] \end{aligned}$$

이므로 $k+1 \in S$이다. 따라서 정리 1.1(수학적 귀납법의 원리)에 의해서 $S = \mathbb{N}$이다. 즉 모든 자연수 n에 대하여

$$1^2 + 2^2 + \cdots + n^2 = \frac{1}{6}n(n+1)(2n+1)$$

이 성립한다. ■

다음에는 또 다른 형태의 수학적 귀납법의 원리를 소개한다. 이것을 **제2의 수학적 귀납법의 원리**(second principle of mathematical induction)이라 한다. 이것이 정리 1.1(수학적 귀납법의 원리)과 동치가 되는 것의 증명은 연습문제로 독자에게 남긴다.

정리 1.3 (제2의 수학적 귀납법의 원리) $S \subset \mathbb{N}$이고 $1 \in S$이라 하자. 만약 $\{1, 2, \cdots, k\} \subset S$이면 $k+1 \in S$를 만족한다고 하면 $S = \mathbb{N}$이다.

연습문제 (1.1)

1. 정리 1.3을 증명하여라.

2. 모든 자연수 n에 대하여 다음 식이 성립함을 증명하여라.

$$1+2+3+\cdots+n=\frac{n(n+1)}{2}$$

3. 모든 자연수 n에 대하여 n^3+5n이 6으로 나누어짐을 증명하여라.

4. 모든 자연수 n에 대하여 $5^{2n}-1$이 8로 나누어짐을 증명하여라.

5. 모든 자연수 n에 대하여 5^n-4n-1이 16으로 나누어짐을 증명하여라.

6. 모든 자연수 n에 대하여 $n^3+(n+1)^3+(n+2)^3$이 9로 나누어짐을 증명하여라.

7. 모든 자연수 n에 대하여 다음 식이 성립함을 증명하여라.

$$1^3+2^3+3^3+\cdots+n^3=\left[\frac{1}{2}n(n+1)\right]^2$$

8. a, b가 실수이고 n이 자연수이면 다음 식이 성립함을 증명하여라. (이를 **이항정리**(binomial theorem)라 한다.)

$$(a+b)^n=\sum_{k=0}^{n}{}_nC_k a^{n-k}b^k$$

9. 모든 자연수 n에 대하여 $2^n>n$임을 증명하여라.

10. 모든 자연수 $n\geq 5$에 대하여 $2^n>n^2$임을 증명하여라.

11. 모든 자연수 n에 대하여 $n!\geq 2^{n-1}$임을 증명하여라.

12. 모든 자연수 $n\geq 4$에 대하여 $n!>2^n$임을 증명하여라.

13. 함수 $f:\mathbb{N}\to\mathbb{R}$가 $f(1)=1$, $f(2)=2$ 그리고

$$f(n+2)=\frac{1}{2}[f(n+1)+f(n)]$$

을 만족하면 모든 자연수 n에 대하여 $1\leq f(n)\leq 2$임을 증명하여라.

1.2 실수의 대수적 성질

실수계를 구성하는 방법에는 여러 가지가 있지만 본질적으로 두 가지 방법으로 나눌 수 있다. 하나는 실수계를 직접 구성하는 구성적 방법이고, 다른 하나는 실수계의 존재성을 공리적으로 인정하는 공리적 방법이다. 우리는 후자를 택하기로 한다.

공집합이 아닌 한 집합 $\mathbb{R}$위에 덧셈($+$)과 곱셈($\cdot$)인 두 이항연산이 정의되어 있고 (즉, 임의의 a, $b\in\mathbb{R}$에 대하여 $a+b\in\mathbb{R}$와 $a\cdot b\in\mathbb{R}$가 유일하게 정해진다), 또 이 집합 $\mathbb{R}$이 앞으로 소개될 체의 공리, 순서 공리 그리고 완비성 공리들을 만족할 때, 이 집합 $\mathbb{R}$을 **실수계**(real number system)라 정의하고, 이때 $\mathbb{R}$의 각 원소를 **실수**(real number)라 한다.

우선 우리가 잘 알고 있는 연산을 수학적으로 정의하고, 실수계 위에 **대수적 구조**(algebraic structure)를 형성하는 **체의 공리**(field axioms)에 대하여 알아보자.

〈정의 1.4〉

F를 집합이라 하자. 함수

$$B : F\times F\to F$$

를 F위의 **이항연산**(binary operation) 또는 간단히 **연산**(operation)이라 한다.

이때 $(a,\ b)\in F\times F$에서의 B의 함수값 $B(a,\ b)$를 관습적인 기호 $a+b$ 혹은 $a\cdot b$로 나타낸다.

공리 2 (**체의 공리**) 집합 $\mathbb{R}$위에 정의된 두 이항연산 $+$와 $\cdot$은 다음의 체의 공리를 만족한다.

(A1) 임의의 a, $b\in\mathbb{R}$에 대하여 $a+b=b+a$를 만족한다(덧셈에 대한 교환법칙).

(A2) 임의의 a, b, $c\in\mathbb{R}$에 대하여 $(a+b)+c=a+(b+c)$를 만족한다(덧셈에 대한 결합법칙).

(A3) 특정한 $0\in\mathbb{R}$이 존재하여 임의의 $a\in\mathbb{R}$에 대하여 $a+0=a$를 만족한다(**영원**(zero element)의 존재).

(A4) 각 $a\in\mathbb{R}$에 대하여 $-a\in\mathbb{R}$가 존재하여 $a+(-a)=0$을 만족한다(덧셈에 대한

역원 존재).

(M1) 임의의 a, $b\in\mathbb{R}$에 대하여 $a\cdot b=b\cdot a$를 만족한다(곱셈에 대한 교환법칙).

(M2) 임의의 a, b, $c\in\mathbb{R}$에 대하여 $(a\cdot b)\cdot c=a\cdot(b\cdot c)$를 만족한다(곱셈에 대한 결합법칙).

(M3) 0이 아닌 $1\in\mathbb{R}$이 존재하여 임의의 $a\in\mathbb{R}$에 대하여 $a\cdot 1=a$를 만족한다(**단위원**(unit element)의 존재).

(M4) 0이 아닌 각 $a\in\mathbb{R}$에 대하여 $\frac{1}{a}\in\mathbb{R}$이 존재하여 $a\cdot\frac{1}{a}=1$을 만족한다(곱셈에 대한 역원 존재).

(D) 임의의 a, b, $c\in\mathbb{R}$에 대하여 $a\cdot(b+c)=a\cdot b+a\cdot c$, $(b+c)\cdot a=b\cdot a+c\cdot a$를 만족한다(덧셈에 대한 곱셈의 분배법칙).

주의 여기서 말하는 이항연산 $+$와 $\cdot$은 우리가 잘 알고 있는 실수에서의 덧셈(addition)과 곱셈(multiplication)이다.

이제 실수계의 체의 공리를 사용하여 $\mathbb{R}$위의 두 연산 $+$와 $\cdot$에 관한 여러 가지의 대수적 성질에 대하여 알아보자.

다음 정리는 $\mathbb{R}$의 영원 0과 단위원 1은 유일함을 보여준다.

정리 1.5 a, u, $z\in\mathbb{R}$이라 하자.

(1) $a+z=a$이면 $z=0$이다.

(2) $a\neq 0$에 대하여 $a\cdot u=a$이면 $u=1$이다.

증명 (1) $a\in\mathbb{R}$이므로 (A4)에 의하여 $-a\in\mathbb{R}$가 존재한다. $a+z=a$의 양변에 $-a$를 더하면

$$(-a)+(a+z)=(-a)+a$$

이다. 위 식의 좌변은 성질 (A2), (A4) 그리고 (A3)을 연속적으로 이용하면

$$(-a)+(a+z)=[(-a)+a]+z=0+z=z$$

이고, 우변은 성질 (A4)를 이용하면

$$(-a)+a=0$$

이다. 그러므로 $z=0$이다.

(2) $a \neq 0$이므로 (M4)에 의하여 $\frac{1}{a} \in \mathbb{R}$이 존재한다. $a \cdot u = a$의 양변에 $\frac{1}{a}$을 곱하면

$$\frac{1}{a} \cdot (a \cdot u) = \frac{1}{a} \cdot a$$

이다. 위 식의 좌변은 성질 (M2), (M4) 그리고 (M3)에 의해서

$$\frac{1}{a} \cdot (a \cdot u) = \left(\frac{1}{a} \cdot a\right) \cdot u = 1 \cdot u = u$$

이고, 우변은 성질 (M4)에 의해서 1이므로 $u = 1$이다. ■

정리 1.6 $a, b \in \mathbb{R}$이라 하자. 그러면

(1) 방정식 $a + x = b$의 유일한 해는 $x = (-a) + b$이다.

(2) $a \neq 0$일 때 방정식 $a \cdot x = b$의 유일한 해는 $x = \frac{1}{a} \cdot b$이다.

증명 (1) 성질 (A2), (A4) 그리고 (A3)을 이용하면

$$a + [(-a) + b] = [a + (-a)] + b = 0 + b = b$$

이므로 $x = (-a) + b$는 방정식 $a + x = b$의 해이다.

이제 해의 유일성에 대하여 증명하여 보자. x_1이 방정식 $a + x = b$의 다른 해이라 하자. 즉 $a + x_1 = b$이라 하자. 양변에 $-a$를 더하면

$$(-a) + (a + x_1) = (-a) + b$$

이다. 위 식의 좌변에 성질 (A2), (A4) 그리고 (A3)을 이용하면

$$(-a) + (a + x_1) = [(-a) + a] + x_1 = 0 + x_1 = x_1$$

이므로 $x_1 = (-a) + b$이다. 이것이 해의 유일성에 대한 증명이다.

(2) 성질 (M2), (M4) 그리고 (M3)을 이용하면

$$a \cdot \left(\frac{1}{a} \cdot b\right) = \left(a \cdot \frac{1}{a}\right) \cdot b = 1 \cdot b = b$$

이므로 $x = \frac{1}{a} \cdot b$는 방정식 $a \cdot x = b$의 해이다.

이제 해의 유일성에 대하여 증명하여 보자. x_1이 방정식 $a \cdot x = b$의 다른 해이라 하자. 즉 $a \cdot x_1 = b$이라 하자. 양변에 $\frac{1}{a}$을 곱하면

$$\frac{1}{a}\cdot(a\cdot x_1)=\frac{1}{a}\cdot b$$

이다. 위 식의 좌변에 성질 (M2), (M4) 그리고 (M3)을 이용하면

$$\frac{1}{a}\cdot(a\cdot x_1)=\left(\frac{1}{a}\cdot a\right)\cdot x_1=1\cdot x_1=x_1$$

이므로 $x_1=\frac{1}{a}\cdot b$이다. 이것이 해의 유일성에 대한 증명이다. ■

참고 임의의 a, $b\in\mathbb{R}$에 대하여 **뺄셈**(subtraction)은 $a-b=a+(-b)$로 정의하고, $b\neq 0$일 때 **나눗셈**(division)은 $a\div b=a\cdot\frac{1}{b}$로 정의한다.

앞으로 $a\cdot b=ab$, $(-a)+b=-a+b$ 그리고 $\frac{1}{a}\cdot b=\frac{b}{a}$로 나타내기로 한다.

정리 1.7 임의의 a, $b\in\mathbb{R}$에 대하여

(1) $a\cdot 0=0$이다.

(2) $(-a)(-b)=ab$이다.

증명 (1) 임의의 $c\in\mathbb{R}$에 대하여 $c+0=c$이므로 $a(c+0)=ac$이다. 성질 (D)로부터 $ac+a\cdot 0=ac$이므로, 성질 (A3)에 의하여 $a\cdot 0=0$이다.

(2) 연습문제로 독자에게 남긴다. ■

연습문제 (1.2)

1. a, b, $c\in\mathbb{R}$일 때 $a+c=b+c$이면 $a=b$임을 증명하여라.

2. $\mathbb{R}$의 덧셈에 대한 역원과 곱셈에 대한 역원은 유일함을 증명하여라.

3. 정리 1.7의 (2)를 증명하여라.

4. a, $b\in\mathbb{R}$일 때 다음을 증명하여라.

(1) $-a=(-1)a$ (2) $-(a+b)=(-a)+(-b)$

(3) $-(-a)=a$ (4) $(-a)b=-(ab)$

5. $a,\ b\in\mathbb{R}$일 때 다음을 증명하여라.

(1) $ab=0$이면, $a=0$이거나 $b=0$이다.

(2) $a\neq 0$이고 $b\neq 0$이면, $\dfrac{1}{ab}=\left(\dfrac{1}{a}\right)\left(\dfrac{1}{b}\right)$이다.

6. $a\in\mathbb{R}$이고 $a\neq 0$이면, $\dfrac{1}{a}\neq 0$이고 $\dfrac{1}{\frac{1}{a}}=a$임을 증명하여라.

7. $a\in\mathbb{R}$이고 $a\neq 0$일 때 다음을 증명하여라.

(1) $-\dfrac{1}{a}=\dfrac{1}{-a}$ (2) $\dfrac{a}{a}=1$

8. $a,\ b\in\mathbb{R}$일 때 다음을 증명하여라.

(1) $a\cdot a=a$이면, $a=0$이거나 $a=1$이다.

(2) $(a-b)\cdot(a+b)=a^2-b^2$

9. $a,\ b,\ c,\ d\in\mathbb{R}$에 대하여 $(a+b)\cdot(c+d)=ac+bc+ad+bd$임을 증명하여라.

10. $a,\ b,\ c\in\mathbb{R}$이고 $c\neq 0$일 때, $ac=bc$이면 $a=b$임을 증명하여라.

11. $a,\ b,\ c,\ d\in\mathbb{R}$일 때 다음을 증명하여라.

(1) $b\neq 0,\ d\neq 0$이면, $\left(\dfrac{a}{b}\right)\left(\dfrac{c}{d}\right)=\dfrac{ac}{bd}$이다.

(2) $b\neq 0,\ d\neq 0$이면, $\dfrac{a}{b}+\dfrac{c}{d}=\dfrac{ad+bc}{bd}$이다.

12. $a,\ b,\ c\in\mathbb{R}$일 때 다음을 증명하여라.

(1) $a-(b+c)=(a-b)-c$

(2) $a-(b-c)=(a-b)+c$

1.3 실수의 순서 성질

체의 공리를 만족하는 집합 $\mathbb{R}$위에 두 원소 사이의 대소관계를 정의함으로써 실수계 위에 **순서 구조**(order structure)를 형성하여 주는 **순서 공리**(axiom of order)에 대하여 알아보자.

공리 3 (**순서 공리**) $\mathbb{R}$에서의 관계 $<$은 다음의 순서 공리를 만족한다.

(1) 임의의 $a,\ b\in\mathbb{R}$에 대하여 다음 중 단 하나만이 성립한다.

(i) $a=b$, (ii) $a<b$, (iii) $b<a$

(2) 임의의 $a,\ b\in\mathbb{R}$에 대하여 $0<a$이고 $0<b$이면 $0<a+b$이고 $0<ab$이다.

(3) 임의의 $a,\ b,\ c\in\mathbb{R}$에 대하여 $a<b$이면 $a+c<b+c$이다.

참고 순서 공리의 (1)을 **삼분법**(trichotomy)이라 한다.

$0<a$일 때 a를 **양의 실수**(positive real number) 또는 간단히 **양수**(positive number)라 하고, $a<0$일 때 a를 **음의 실수**(negative real number) 또는 간단히 **음수**(negative number)라 한다.

〈정의 1.8〉

임의의 $a,\ b\in\mathbb{R}$에 대하여 $a-b>0$일 때 a는 b보다 크다 또는 b는 a보다 작다고 하고 $a>b$ 또는 $b<a$로 나타내며, $a-b<0$일 때 a는 b보다 작다 또는 b는 a보다 크다고 하고 $a<b$ 또는 $b>a$로 나타낸다.

우리는 $a\leq b$는 $a<b$ 또는 $a=b$를 나타내며, $a\geq b$는 $a>b$ 또는 $a=b$를 나타낸다.

정리 1.9 임의의 $a\in\mathbb{R}$에 대하여 a가 양수이면 $-a$는 음수이고, a가 음수이면 $-a$는 양수이다.

증명 a를 양수라 하자. 즉 $a>0$이라 하자. $a>0$의 양 변에 $-a$를 더하면 공리 3의 (3)에 의하여

$$a+(-a)>0+(-a)$$

이다. 따라서 $0>-a$이다. 즉 a가 양수이면 $-a$는 음수이다. 이 정리의 나머지는 연습문제로 독자에게 남긴다. ■

정리 1.10 임의의 $a, b, c\in\mathbb{R}$에 대하여 다음이 성립한다.

(1) $a<b$이면, $-b<-a$이다.

(2) $a<b$이고 $b<c$이면, $a<c$이다.

(3) $a^2\geq 0$이다. 따라서 $1>0$이다.

(4) $a<b$이고 $c<0$이면, $bc<ac$이다.

(5) $0<a$이면, $0<\dfrac{1}{a}$이다.

(6) $0<a<b$이면, $0<\dfrac{1}{b}<\dfrac{1}{a}$이다.

증명 (1) $c=(-a)+(-b)$이라 하자. 공리 3의 (3)에 의하여 $a+c<b+c$이므로 $a+[(-a)+(-b)]<b+[(-a)+(-b)]$이다. 따라서 $-b<-a$가 성립한다.

(2) $a<b$이면 $b-a>0$이고, $b<c$이면 $c-b>0$이므로 공리 3의 (2)에 의하여 $(c-b)+(b-a)>0$이 성립한다. 따라서 $c-a>0$이고, 그래서 $c>a$이다.

(3) $a=0$이면 $a^2=0$이므로 $a^2\geq 0$이 성립한다. $a>0$이면 공리 3의 (2)에 의하여 $a^2>0$이다. 또 $a<0$이면 $-a>0$이고, 그러므로 $(-a)(-a)=(-a)^2=a^2>0$이 된다. 즉 어느 경우이든 $a^2\geq 0$이 성립한다. 따라서 $a=1$이면 $1^2=1\geq 0$이 성립한다. 그런데 $1\neq 0$이므로 $1>0$이다.

(4), (5), (6)은 연습문제로 독자에게 남긴다. ■

임의의 $a, b, c\in\mathbb{R}$에 대하여 $a<b$이고 $b<c$일 때 $a<b<c$로 쓴다.

정리 1.11 임의의 $a, b\in\mathbb{R}$에 대하여 $a<b$이면, $a<\dfrac{1}{2}(a+b)<b$이다.

증명 $a<b$이므로 $2a=a+a<a+b$이고 $a+b<b+b=2b$이다. 따라서 $2a<a+b<2b$이다. 한편 $1>0$이므로 $2=1+1>0$이다. 따라서 $\dfrac{1}{2}>0$이므로

$$a=\frac{1}{2}(2a)<\frac{1}{2}(a+b)<\frac{1}{2}(2b)=b$$

가 성립한다. 즉 $a<b$이면 $a<\frac{1}{2}(a+b)<b$이다. ■

다음 따름정리에 의하면 0보다 큰 최소의 양수는 존재하지 않음을 알 수 있다.

따름정리 1.12 임의의 $a\in\mathbb{R}$에 대하여 $0<a$이면, $0<\frac{1}{2}a<a$이다.

〈정의 1.13〉

모든 $a\in\mathbb{R}$에 대하여 $|a|$를 다음과 같이 정의하고, 이를 a의 **절대값**(absolute value)이라 한다.

$$|a|=\begin{cases} a & (a\geq 0\text{일 때}) \\ -a & (a<0\text{일 때}) \end{cases}$$

위의 정의에 의하면 모든 $a\in\mathbb{R}$에 대하여 $|a|\geq 0$이고, $|a|=|-a|$가 성립한다. 또 $|a|=0$일 필요충분조건은 $a=0$일 때이다.

정리 1.14 임의의 a, $b\in\mathbb{R}$에 대하여 다음이 성립한다.

(1) $|ab|=|a||b|$이다.

(2) $c>0$인 $c\in\mathbb{R}$에 대하여 $|a|\leq c$일 필요충분조건은 $-c\leq a\leq c$일 때이다.

(3) $-|a|\leq a\leq |a|$이다.

증명 (1) $a=0$ 또는 $b=0$이면 $|ab|=0=|a||b|$이다. $a>0$이고 $b>0$이면 $ab>0$이고, 그래서 $|ab|=ab=|a||b|$이다. $a>0$이고 $b<0$이면 $ab<0$이고, 그래서 $|ab|=-ab=a(-b)=|a||b|$이다. 같은 방법으로 $a<0$이고 $b>0$인 경우도 $|ab|=|a||b|$임을 보일 수 있다. 마지막으로 $a<0$이고 $b<0$이면 $ab>0$이고, 그래서 $|ab|=ab=(-a)(-b)=|a||b|$이다.

(2) $|a| \le c$이면 정의에 의하여 $a \le c$이고 $-a \le c$이다. 그런데 $-a \le c$이면 $-c \le a$이므로 $-c \le a \le c$가 성립한다. 역으로 $-c \le a \le c$이면 $a \le c$이고 $-a \le c$이므로 $|a| \le c$이다.

(3) (2)에서 $c = |a|$를 적용시키면 된다. ■

이제 수학의 여러 분야에서 자주 사용되는 **삼각부등식**(triangle inequality)에 대하여 알아보자.

정리 1.15 (삼각부등식) 임의의 $a, b \in \mathbb{R}$에 대하여 다음의 부등식이 성립한다.

$$|a+b| \le |a| + |b|$$

증명 정리 1.14의 (3)으로부터 $-|a| \le a \le |a|$이고 $-|b| \le b \le |b|$이다. 연습문제 4의 (1)을 이용하면

$$-(|a|+|b|) \le a+b \le |a|+|b|$$

를 얻는다. 따라서 정리 1.14의 (2)를 이용하면

$$|a+b| \le |a| + |b|$$

가 성립함을 알 수 있다. ■

따름정리 1.16 임의의 $a, b, c \in \mathbb{R}$에 대하여 다음의 부등식이 성립한다.

(1) $\big||a| - |b|\big| \le |a-b| \le |a| + |b|$

(2) $|a-b| \le |a-c| + |c-b|$

증명 (1) $|a| = |a-b+b| \le |a-b| + |b|$로부터 $|a| - |b| \le |a-b|$를 얻는다. 같은 방법으로 $|b| = |b-a+a| \le |b-a| + |a|$로부터 $-(|a|-|b|) = |b| - |a| \le |b-a| = |a-b|$를 얻을 수 있고, 정리 1.14의 (2)에 의하여 $\big||a|-|b|\big| \le |a-b|$이다. 한편, 삼각부등식에서 b대신에 $-b$를 적용하면 $|a-b| \le |a| + |-b| = |a| + |b|$를 얻는다.

(2) 임의의 c를 고정시키자. 삼각부등식에 의하여 $|a-b| = |(a-c)+(c-b)| \le |a-c| + |c-b|$를 얻는다. ■

다음은 해석학에서 아주 중요하고도 자주 쓰이는 간단한 사실이다.

정리 1.17 $a\in\mathbb{R}$이고 임의의 $\varepsilon>0$에 대하여 $0\le a<\varepsilon$이면 $a=0$이다.

증명 $a>0$이라 하자. 따름정리 1.12에 의하여 $0<\frac{1}{2}a<a$이므로, $\varepsilon_0=\frac{1}{2}a$이라 하면 $0<\varepsilon_0<a$이다. 이것은 임의의 $\varepsilon>0$에 대하여 $0\le a<\varepsilon$임에 모순이다.
그러므로 $a=0$이다. ■

따름정리 1.18 $a, b\in\mathbb{R}$이라 하자. 임의의 $\varepsilon>0$에 대하여 $|a-b|<\varepsilon$이면 $a=b$이다.

증명 $0\le|a-b|<\varepsilon$이므로 정리 1.17에 의하여 $|a-b|=0$이다. 따라서 $a=b$이다. ■

마지막으로 $\mathbb{R}$의 부분집합인 **구간**(interval)을 정의하고자 한다.

〈정의 1.19〉

임의의 a, $b\in\mathbb{R}$에 대하여 $a\le b$이라 하자. **열린구간**(open interval) (a, b)를

$$(a, b)=\{x\in\mathbb{R}\mid a<x<b\}$$

로 정의하고, **닫힌구간**(closed interval) $[a, b]$를

$$[a, b]=\{x\in\mathbb{R}\mid a\le x\le b\}$$

로 정의한다.

또한 반 **열린구간**(half-open interval) 또는 반 **닫힌구간**(half-closed interval) $[a, b)$, $(a, b]$를

$$[a, b)=\{x\in\mathbb{R}\mid a\le x<b\}$$
$$(a, b]=\{x\in\mathbb{R}\mid a<x\le b\}$$

로 정의하고, **무한구간**(infinite interval) (a, ∞), $[a, \infty)$, $(-\infty, b)$, $(-\infty, b]$ 그리고 $(-\infty, \infty)$를

$$(a,\ \infty)=\{x\in\mathbb{R}\mid a<x<\infty\}$$
$$[a,\ \infty)=\{x\in\mathbb{R}\mid a\le x<\infty\}$$
$$(-\infty,\ b)=\{x\in\mathbb{R}\mid -\infty<x<b\}$$
$$(-\infty,\ b]=\{x\in\mathbb{R}\mid -\infty<x\le b\}$$
$$(-\infty,\ \infty)=\{x\in\mathbb{R}\mid -\infty<x<\infty\}$$

로 정의한다.

위의 정의에서 $a=b$일 때, $(a,\ a)=\varnothing$, $[a,\ a]=\{a\}$임을 알 수 있다. 특히 구간 $(-\infty,\ \infty)$를 $\mathbb{R}$이라 한다.

구간을 유계인 구간(bounded interval)과 유계가 아닌 구간(unbounded interval)으로 나누는데, 구간 $(a,\ b)$, $[a,\ b]$, $[a,\ b)$ 그리고 $(a,\ b]$는 유계인 구간이고, 나머지 구간 $(a,\ \infty)$, $[a,\ \infty)$, $(-\infty,\ b)$, $(-\infty,\ b]$ 그리고 $\mathbb{R}$은 유계가 아닌 구간이다.

참고 무한구간 (a, ∞), $(-\infty, b)$ 그리고 $\mathbb{R}$은 열린구간이고, 한편 무한구간 $[a, \infty)$, $(-\infty, b]$ 그리고 $\mathbb{R}$은 닫힌구간이다.

구간을 다음 정리와 같이 나타내기도 한다.

정리 1.20 I는 $\mathbb{R}$의 부분집합이라 하자. $a,\ b\in I$이고 $a<b$일 때, $a<t<b$를 만족하는 모든 t가 $t\in I$이면 I는 구간이다.

위의 정리에서 집합 I가 공집합이거나 $\{a\}$($a=b$인 경우)일 때에도 I는 구간임을 말해준다. 따라서 정리 1.20을 만족하는 집합 I는 정의 1.19중의 어느 하나의 구간임을 보일 수 있다. 증명은 독자에게 남긴다.

연습문제 (1.3)

1. 정리 1.9의 증명을 완성하여라.

2. 정리 1.10의 (4), (5), (6)을 증명하여라.

3. 따름정리 1.12를 증명하여라.

4. 임의의 a, b, c, $d\in\mathbb{R}$에 대하여 다음이 성립함을 증명하여라.
   (1) $a>b$이고 $c>d$이면, $a+c>b+d$이다.
   (2) $a\geq b\geq 0$이고 $c\geq d\geq 0$이면, $ac\geq bd\geq 0$이다.
   (3) $a>0$, $b>0$일 때, $a^2>b^2$이면 $a>b$이다.
   (4) $a>0$이고 $ab\geq ac$이면, $b\geq c$이다.

5. 임의의 a, $b\in\mathbb{R}$에 대하여 $a>b>0$이면 $a^2>ab>b^2$임을 증명하여라.

6. 임의의 a, b, c, $d\in\mathbb{R}$에 대하여 $\frac{a}{b}<\frac{c}{d}$, $b>0$, $d>0$이면 $\frac{a}{b}<\frac{a+c}{b+d}<\frac{c}{d}$임을 증명하여라.

7. 임의의 a, $b\in\mathbb{R}$에 대하여 다음이 성립함을 증명하여라.
   (1) $ab>0$이면, $a>0$이고 $b>0$이거나 $a<0$이고 $b<0$이다.
   (2) $ab<0$이면, $a<0$이고 $b>0$이거나 $a>0$이고 $b<0$이다.

8. n이 자연수이면 $n>0$임을 증명하여라.

9. 임의의 a_1, a_2, $\cdots$, $a_n\in\mathbb{R}$에 대하여 다음이 성립함을 증명하여라.
$$|a_1+a_2+\cdots+a_n|\leq|a_1|+|a_2|+\cdots+|a_n|$$

10. $x>-1$이면, 모든 자연수 n에 대하여 $(1+x)^n\geq 1+nx$임을 증명하여라. (이를 **베르누이 부등식**(Bernoulli's inequality)이라 한다)

11. $S\subset\mathbb{R}$이고 $a\in\mathbb{R}$, $a\neq 0$이라 하자.
$$|x-a|<\frac{|a|}{2},\ x\in S\text{이면 } |x|>\frac{|a|}{2}$$
임을 증명하여라.

12. P가 공집합이 아닌 양의 실수의 집합이라 하면 다음이 성립함을 증명하여라.

(1) $x, y \in P$이면 $x+y \in P$이다.

(2) $x, y \in P$이면 $xy \in P$이다.

(3) 임의의 $x \in \mathbb{R}$에 대하여 다음 중 하나는 반드시 성립한다.

$$x \in P, \qquad x=0, \qquad -x \in P$$

13. $x, y \in \mathbb{R}$에 대하여 다음이 성립함을 증명하여라.

(1) 임의의 $\varepsilon > 0$에 대하여 $x < y+\varepsilon$일 필요충분조건은 $x \le y$일 때이다.

(2) 임의의 $\varepsilon > 0$에 대하여 $x > y-\varepsilon$일 필요충분조건은 $x \ge y$일 때이다.

1.4 실수의 완비성

우리는 실수계 위에 대수적 구조를 형성하여 주는 체의 공리와 순서 구조를 형성하여 주는 순서 공리에 대하여 공부하였다. 이제, 실수계의 마지막 공리인 완비성 공리(axiom of completeness)에 대하여 알아보자.

〈정의 1.21〉

X가 $\mathbb{R}$의 공집합이 아닌 부분집합이라 하자.

(1) 모든 $x \in X$에 대하여 $a \ge x$인 $a \in \mathbb{R}$가 존재할 때 X를 **위로 유계**(bounded above)이라 하고, a를 X의 **상계**(upper bound)이라 한다.

(2) 모든 $x \in X$에 대하여 $b \le x$인 $b \in \mathbb{R}$가 존재할 때 X를 **아래로 유계**(bounded below)이라 하고, b를 X의 **하계**(lower bound)이라 한다.

(3) X가 위로 유계인 동시에 아래로 유계일 때는 간단히 X를 **유계**(bounded)이라 한다.

예제 1.2 $A=\left\{1-\dfrac{1}{n} \,\middle|\, n=1, 2, 3, \cdots\right\}$이라 하자. 분명히 A는 아래로 유계이다. $r \le 0$인 모든 실수 r은 A의 하계이다. 또 A는 위로 유계이다. $s \ge 1$인 모든 실수 s는 A의 상계이다.

예제 1.3 $S_1=\{x\in\mathbb{R} \mid x>0\}$은 아래로 유계이지만 위로 유계는 아니다. 그러나 $S_2=\{x\in\mathbb{R} \mid x<0\}$은 위로 유계이지만 아래로 유계는 아니다. 또한 $S_3=\mathbb{R}$은 유계인 집합이 아니다.

앞의 예제에서 보았듯이 어떤 집합이 유계일 때 그 집합의 상계 또는 하계는 유일하게 정해지지 않는다. 왜냐하면 하나의 상계보다 더 큰 실수는 모두 상계가 되고 하나의 하계보다 더 작은 실수는 모두 하계가 되기 때문이다.

이제 해석학에서 아주 중요한 개념인 상한과 하한을 정의하자.

〈정의 1.22〉

X가 $\mathbb{R}$의 공집합이 아닌 부분집합이라 하자. 이때 다음 조건을 만족하는 $a\in\mathbb{R}$를 X의 **상한**(supremum) 또는 **최소상계**(least upper bound)이라 한다.

(1) a는 X의 상계이다.

(2) b가 X의 상계이면 $a\leq b$이다. 즉 a는 상계 중에서 제일 작은 것이다.

X의 상한을 $\sup X$ 또는 $\operatorname{lub} X$로 나타낸다.
같은 방법으로 하한을 다음과 같이 정의한다.

〈정의 1.23〉

X가 $\mathbb{R}$의 공집합이 아닌 부분집합이라 하자. 이때 다음 조건을 만족하는 $a\in\mathbb{R}$를 X의 **하한**(infimum) 또는 **최대하계**(greatest lower bound)이라 한다.

(1) a는 X의 하계이다.

(2) b가 X의 하계이면 $a\geq b$이다. 즉 a는 하계 중에서 제일 큰 것이다.

X의 하한을 $\inf X$ 또는 $\operatorname{glb} X$로 나타낸다.

참고 X가 $\mathbb{R}$의 공집합이 아닌 부분집합이라 하자.

(1) 모든 $x\in X$에 대하여 $a\in X$이고 $x\leq a$일 때, a를 X의 **최댓값**(maximum)이라 하고 $a=\max X$로 쓴다.

(2) 모든 $x\in X$에 대하여 $b\in X$이고 $b\leq x$일 때, b를 X의 **최솟값**(minimum)이라 하고

$b = \min X$로 쓴다.

만일 집합 S가 최댓값을 가지면 $\max S = \sup S$이고, 한편 집합 S가 최솟값을 가지면 $\min S = \inf S$이다.

예제 1.4 집합 $A = \left\{1 - \frac{1}{n} \,\middle|\, n = 1, 2, 3, \cdots\right\}$은 유계이며 $0 = \inf A$이고 $1 = \sup A$이다. 한편 $0 \in A$이고 $1 \notin A$이므로 $\min A = 0$이고 $\max A$는 존재하지 않는다.

예제 1.5 $X = (0, 1)$일 때, $\sup X$와 $\inf X$를 구하여라.

풀이 X의 상계들의 집합은 $[1, \infty)$이므로 제일 작은 수는 1이다. 따라서 $\sup X = 1$이다. X의 하계들의 집합은 $(-\infty, 0]$이므로 제일 큰 수는 0이다. 따라서 $\inf X = 0$이다. 한편 $0, 1 \notin X$이므로 $\min X$와 $\max X$는 존재하지 않는다.

예제 1.6 유계인 구간 $[a, b]$, (a, b), $(a, b]$ 그리고 $[a, b)$의 상한과 하한은 다음과 같다.

$$\sup[a, b] = \sup(a, b) = \sup(a, b] = \sup[a, b) = b$$
$$\inf[a, b] = \inf(a, b) = \inf(a, b] = \inf[a, b) = a$$

정리 1.24 A가 $\mathbb{R}$의 공집합이 아닌 위로 유계인 부분집합이고, $a \in \mathbb{R}$가 A의 한 상계일 때 다음은 서로 동치이다.

(1) a가 상한이다.

(2) $b < a$인 임의의 $b \in \mathbb{R}$에 대하여 $b < x \leq a$인 $x \in A$가 존재한다.

증명 A의 상계 a가 상한이라 하자. $b < a$이면 b는 A의 상계가 아니다. 따라서 $b < x$인 $x \in A$가 존재한다. 한편 a는 A의 상계이므로 $x \leq a$가 성립한다. 역으로 $b < a$인 임의의 $b \in \mathbb{R}$에 대하여 $b < x \leq a$인 $x \in A$가 존재한다고 가정하자. $b < x$이므로 $b < a$인 b는 A의 상계가 아니다. 따라서 A의 상계 a가 상한이다. ■

실수계의 완비성이라고도 불리는 $\mathbb{R}$의 완비성 공리는 다음과 같다.

공리 4 **(완비성 공리)** X가 $\mathbb{R}$의 공집합이 아닌 부분집합이고 위로 유계이면 반드시 X의 상한 $\sup X$가 존재한다.

실수계의 완비성 공리를 이용하면 다음 정리를 증명할 수 있다.

정리 1.25 X가 $\mathbb{R}$의 공집합이 아닌 부분집합이고 아래로 유계이면 반드시 X의 하한 $\inf X$가 존재한다.

$\mathbb{R}$의 부분집합 X가 위로 유계가 아니거나 아래로 유계가 아닐 경우에 X의 상한과 하한을 다음과 같이 정의한다.

〈정의 1.26〉

A를 $\mathbb{R}$의 공집합이 아닌 부분집합이라 하자.

(1) A가 위로 유계가 아니면 $\sup A = \infty$이라 한다.

(2) A가 아래로 유계가 아니면 $\inf A = -\infty$이라 한다.

공집합 $\varnothing$에 대하여 $\mathbb{R}$의 모든 원소가 상계이므로 $\sup \varnothing = -\infty$이고, 같은 방법으로 $\inf \varnothing = \infty$이다. (연습문제 13을 보아라.)

실수계의 상한성의 중요한 결과 중 하나는 자연수의 집합 $\mathbb{N}$이 $\mathbb{R}$에서 위로 유계가 아니라는 **아르키메데스의 성질**(Archimedean property)을 만족한다는 것이다.

정리 1.27 (아르키메데스의 성질) $x \in \mathbb{R}$이면 자연수 n_x가 존재하여 $x < n_x$이다.

증명 만약 이 정리가 성립하지 않는다고 하자. 즉 x보다 큰 자연수는 없다고 가정하자. 그러면 모든 자연수는 x보다 작거나 같다. 즉 $\mathbb{N}$는 위로 유계이다. 그러면 $\sup \mathbb{N}$이 존재한다. 이를 u라 하자. 이제 $u-1$을 생각하자. $u-1<u$이므로 $u-1<m \le u$인 $m \in \mathbb{N}$이 존재한다. 즉 $u<m+1 \le u+1$을 만족한다. 따라서 $u<m+1$이고 $m+1 \in \mathbb{N}$이므로, 이것은 $u=\sup \mathbb{N}$에 모순이다. 그러므로 자연수 n_x가 존재하여 $x<n_x$를 만족한다. ■

따름정리 1.28 $x, y \in \mathbb{R}$이고 $x > 0$이면, $y < nx$인 자연수 n이 존재한다.

증명 $y \leq 0$이면 모든 자연수 n에 대하여 당연히 성립한다. 그러므로 $y > 0$이라 하자. $x \neq 0$이므로 $\frac{1}{x} \in \mathbb{R}$이 존재한다. $\frac{y}{x} \in \mathbb{R}$이므로 정리 1.27(아르키메데스의 성질)에 의하여 $\frac{y}{x} < n$ 즉 $y < nx$인 자연수 n이 존재한다. ■

위의 따름정리에서 $y = 1$이라 하면 $1 < nx$이고, 그래서 $\frac{1}{n} < x$이다. $n \in \mathbb{N}$이고 $n > 0$이므로 $\frac{1}{n} > 0$이다. 따라서 다음의 따름정리가 성립한다.

따름정리 1.29 임의의 양수 x에 대하여 $0 < \frac{1}{n} < x$인 자연수 n이 존재한다.

다음의 따름정리의 증명은 연습문제로 독자에게 남긴다.

따름정리 1.30 임의의 $x \in \mathbb{R}$에 대하여 $n \leq x < n+1$인 정수 n이 유일하게 존재한다.

다음은 **유리수의 조밀성**(density of rational numbers)에 대하여 알아보자.

정리 1.31 (유리수의 조밀성) $x, y \in \mathbb{R}$이고 $x < y$이면 $x < r < y$인 유리수 r이 존재한다.

증명 $x > 0$인 경우에만 증명하기로 하자. $y - x > 0$이므로 따름정리 1.29에 의하여 $0 < \frac{1}{n} < y - x$인 자연수 n이 존재한다. 따라서 이러한 n에 대하여 $1 < ny - nx$ 즉 $1 + nx < ny$이다. 집합 $\{k \in \mathbb{N} \mid k > nx\}$는 정리 1.27(아르키메데스의 성질)에 의하여 공집합이 아니므로 공리 1(자연수의 정렬성)에 의하여 최소원을 가진다. 이 최소원을 m이라 하면 $m - 1 \leq nx < m$이 성립한다. 그러므로 $nx < m \leq 1 + nx < ny$이므로 $x < \frac{m}{n} <$

y가 성립한다. 여기서 $r=\frac{m}{n}$이라 하면 r은 유리수이고 $x<r<y$이다. ■

이제 $\sqrt{2}$의 존재성을 증명해보자.

정리 1.32 $x^2=2$를 만족하는 양의 실수 x가 존재한다.

증명 $S=\{s\in\mathbb{R} \mid 0\leq s,\ s^2<2\}$라 하자. 그러면 $1>0$이므로 $1^2=1<2$이고 $1\in S$이다. 그러므로 $S\neq\varnothing$이다. 이제 S의 상계가 2임을 보이자. 만약 $t>2$이면 $t^2>4$이므로 $t\notin S$이다. 즉 $t\in S$이면 $t\leq 2$이다. 실수계의 완비성에 의해서 $\sup S$가 존재한다. 이를 x라 하자. 이제 $x^2=2$가 됨을 보이자.

먼저 $x^2<2$라 가정하자. 우리는 자연수 n이 존재하여 $x+\frac{1}{n}\in S$임을 보임으로써 $\sup S=x$에 모순을 유도하려고 한다. 그러면 어떻게 n를 찾을 수 있을까? 만약 n이 자연수이면 $n^2\geq n$이고 $\frac{1}{n^2}\leq\frac{1}{n}$이다. 그리고

$$\left(x+\frac{1}{n}\right)^2=x^2+\frac{2x}{n}+\frac{1}{n^2}\leq x^2+\frac{1}{n}(2x+1)$$

이다. 만약 $\frac{1}{n}(2x+1)<2-x^2$이면 $\left(x+\frac{1}{n}\right)^2<x^2+2-x^2=2$를 만족한다. $2-x^2>0$이므로 $\frac{2-x^2}{2x+1}>0$이고 $\frac{2x+1}{2-x^2}>0$이다. 정리 1.27(아르키메데스의 성질)에 의하여 자연수 n이 존재하여 $n>\frac{2x+1}{2-x^2}$이다. 이것은 $\frac{1}{n}(2x+1)<2-x^2$이다. 즉 $\left(x+\frac{1}{n}\right)^2<2$를 만족한다. 이것은 $x=\sup S$에 모순이다. 즉 $x^2\geq 2$이다.

$x^2>2$라고 가정하자. 우리는 자연수 m이 존재하여 $x-\frac{1}{m}$이 S의 상계임을 보일 것이다.

$$\left(x-\frac{1}{m}\right)^2=x^2-\frac{2x}{m}+\frac{1}{m^2}>x^2-\frac{2x}{m}$$

이므로, 만약 $\frac{2x}{m}<x^2-2$를 만족하는 m을 찾을 수 있으면 $\left(x-\frac{1}{m}\right)^2>x^2-\frac{2x}{m}>2$이다. $\frac{2x}{x^2-2}>0$이므로 정리 1.27(아르키메데스의 성질)에 의하여 자연수 m이 존재하여 $m>\frac{2x}{x^2-2}$이다. 이것을 변형하면 $\frac{2x}{m}<x^2-2$를 만족한다. 그러므로 $\left(x-\frac{1}{m}\right)^2>2$이므로 $\sup S=x$에 모순이다. 그러므로 $x^2\leq 2$이다. 따라서 $x^2=2$이다. ■

앞의 정리의 증명 과정을 이용하여 $a>0$에 대하여 $b^2=a$인 유일한 양의 실수 b가 존재함을 보일 수 있다. 이러한 실수 b를 a의 **양의 제곱근**(positive square root)이라 하고, 이를 $b=\sqrt{a}$ 또는 $b=a^{\frac{1}{2}}$로 나타낸다.

같은 방법으로 자연수 n과 양의 실수 a에 대하여 $b^n=a$를 만족시키는 양의 실수 b가 유일하게 존재함을 보일 수 있다. (4장 예제 4.14를 보아라.) 이러한 실수 b를 a의 **양의 n 제곱근**(positive nth root)이라 하고, 이를 $b=\sqrt[n]{a}$ 또는 $b=a^{\frac{1}{n}}$로 나타낸다.

정리 1.31(유리수의 조밀성)에서 두 실수 사이에 유리수가 존재함을 보았는데 무리수에 관해서도 이와 유사한 성질이 있음을 다음의 따름정리에서 알 수 있다.

따름정리 1.33 (무리수의 조밀성) $x, y\in\mathbb{R}$이고 $x<y$이면 $x<z<y$인 무리수 z가 존재한다.

증명 $x<y$이면 $\frac{x}{\sqrt{2}}<\frac{y}{\sqrt{2}}$임을 알 수 있다. 그러면 정리 1.31(유리수의 조밀성)을 이용하면 유리수 r이 존재하여

$$\frac{x}{\sqrt{2}}<r<\frac{y}{\sqrt{2}}$$

를 만족한다. 그러므로

$$x<r\sqrt{2}<y$$

이다. 여기서 $z=r\sqrt{2}$이라 하면 이것은 무리수(왜?)이고 $x<z<y$를 만족한다. ■

다음의 정리는 실수계의 완비성 공리의 중요한 결과로서 실수계는 순서 구조상 틈이 없이 연속이 되어 있음을 말해준다. 이를 **데데킨트 절단 정리**(Dedekind cut theorem)이라 한다.

정리 1.34 (데데킨트 절단 정리) $\mathbb{R}$의 두 부분집합 A, B가 다음의 성질

(1) $A\cup B=\mathbb{R}$이고,

(2) $A\neq\varnothing$, $B\neq\varnothing$이고,

(3) 임의의 $a \in A$, $b \in B$에 대하여 $a < b$
를 만족한다고 하자. 그러면 임의의 $a \in A$, $b \in B$에 대하여 $a \leq \alpha$이고 $\alpha \leq b$인 $\alpha \in \mathbb{R}$가 유일하게 존재한다.

증명은 연습문제로 독자에게 남긴다.

실제로 실수계의 완비성 공리와 데데킨트 절단 정리는 서로 동치가 됨을 보일 수 있다. 유리수 집합에서는 일반적으로 데데킨트 절단 정리가 성립하지 않는다.

실수계 $\mathbb{R}$은 이제까지 배운 체의 공리, 순서 공리 그리고 완비성 공리들을 만족하는 유일한 집합임을 알 수 있다. 이 증명은 우리의 수준을 벗어나므로 생략한다.

마지막으로 양의 실수의 **소수 표시**(decimal representation)에 대하여 알아보자.

x를 양의 실수이라 하자. 따름정리 1.30에 의하여 $n_0 \leq x < n_0 + 1$인 정수 n_0이 존재한다.

$$n_0 + \frac{n_1}{10} \leq x$$

인 가장 큰 정수를 n_1이라 하자.(반드시 n_1은 $0 \leq n_1 \leq 9$이다.) 또

$$n_0 + \frac{n_1}{10} + \frac{n_2}{10^2} \leq x$$

인 가장 큰 정수를 n_2이라 하자.(반드시 n_2는 $0 \leq n_2 \leq 9$이다.) 이와 같은 방법으로 적당한 자연수 $k \geq 2$에 대하여 n_0, n_1, $\cdots$, n_{k-1}을 택하였다고 하자.($0 \leq i \leq k-1$에 대하여 반드시 n_i는 $0 \leq n_i \leq 9$이다.) 그러면

$$n_0 + \frac{n_1}{10} + \cdots + \frac{n_{k-1}}{10^{k-1}} + \frac{n_k}{10^k} \leq x$$

인 가장 큰 정수 n_k를 택할 수 있다.(반드시 n_k는 $0 \leq n_k \leq 9$이다.) 이렇게 하여 택한 수에 대하여 집합 A를 다음과 같이 정의하자.

$$A = \left\{ n_0 + \frac{n_1}{10} + \cdots + \frac{n_k}{10^k} \;\middle|\; k = 0,\ 1,\ \cdots \right\}$$

그러면 A는 공집합이 아니고 x는 A의 상계이므로, 완비성 공리에 의하여 A의 상한이 존재한다. 이를 $\sup A = \alpha$이라 하면 $x = \alpha$임을 보이자. 분명히 $\alpha \leq x$이다. $\alpha < x$

이라 하자. 따름정리 1.29에 의하여 $\frac{1}{m} < x - \alpha$인 양의 정수 m이 존재한다. 따라서 n_m과 α의 정의를 이용하면

$$x < n_0 + \frac{n_1}{10} + \cdots + \frac{n_m}{10^m} + \frac{1}{10^m} \leq \alpha + \frac{1}{10^m} < \alpha + \frac{1}{m} < x$$

임을 알 수 있다. 이것은 모순이다. 따라서 $x = \alpha$이다. 이러한 x를

$$x = n_0.n_1n_2 \cdots n_m \cdots = n_0 + \frac{n_1}{10} + \cdots + \frac{n_m}{10^m} + \cdots$$

으로 나타내고, 이를 x의 소수 표시라고 한다.

양이 아닌 실수에 적당한 자연수를 더하여 양수를 만들 수 있으므로 음의 실수에 대한 소수 표시도 가능하다. 따라서 모든 실수에 대한 소수 표시도 가능하다.

연습문제 (1.4)

1. 정리 1.25를 증명하여라.

2. 따름정리 1.30을 증명하여라.

3. $0 < a < b$이면 $a^2 < b^2$이고 $\sqrt{a} < \sqrt{b}$임을 증명하여라.

4. 임의의 a, $b \in \mathbb{R}$에 대하여 $a > 0$, $b > 0$이면 $\sqrt{ab} \leq \frac{1}{2}(a+b)$임을 증명하여라. 여기서 등식이 성립하기 위한 필요충분조건은 $a = b$일 때이다. (이 부등식을 **산술-기하 평균 부등식**(arithmetic-geometric mean inequality)이라 한다.)

5. 정리 1.31의 증명을 완성하여라.

6. 정리 1.34를 증명하여라.

7. a, $b \in \mathbb{R}$일 때 다음을 증명하여라.
   (1) $\max\{a, b\} = \frac{1}{2}(a + b + |a - b|)$
   (2) $\min\{a, b\} = \frac{1}{2}(a + b - |a - b|)$

8. 유리수의 집합 $\mathbb{Q}$는 완비성 공리를 만족시키지 않음을 예를 들어 설명하여라.

9. 만일 $\mathbb{R}$의 공집합이 아닌 부분집합이 상한이나 하한을 갖는다면 그 상한이나 하한은 유일함을 증명하여라.

10. 다음은 서로 동치임을 증명하여라.
    (1) $\alpha\in\mathbb{R}$가 $\mathbb{R}$의 공집합이 아닌 부분집합 A의 상한이다.
    (2) (i) α는 A의 상계이다.
        (ii) 임의의 $\varepsilon>0$에 대하여 $x>\alpha-\varepsilon$인 $x\in A$가 존재한다.

11. 다음은 서로 동치임을 증명하여라.
    (1) $\alpha\in\mathbb{R}$가 $\mathbb{R}$의 공집합이 아닌 부분집합 A의 하한이다.
    (2) (i) α는 A의 하계이다.
        (ii) 임의의 $\varepsilon>0$에 대하여 $x<\alpha+\varepsilon$인 $x\in A$가 존재한다.

12. A는 $\mathbb{R}$의 공집합이 아닌 유계인 부분집합이고 집합 $cA=\{ca\,|\,a\in A\}$이라 할 때 다음이 성립함을 증명하여라.
    (1) $c>0$이면 $\sup(cA)=c\sup A$, $\inf(cA)=c\inf A$이다.
    (2) $c<0$이면 $\sup(cA)=c\inf A$, $\inf(cA)=c\sup A$이다.

13. 모든 실수는 공집합 $\varnothing$의 상계 또는 하계임을 증명하여라.

14. A, B는 $A\subset B$인 $\mathbb{R}$의 공집합이 아닌 부분집합이라 할 때 다음이 성립함을 증명하여라.
    (1) $\sup B$가 존재하면 $\sup A\leq\sup B$이다.
    (2) $\inf B$가 존재하면 $\inf A\geq\inf B$이다.

15. 다음 집합의 상한과 하한을 구하여라.
    (1) $S_1=\left\{\dfrac{1}{n}-(-1)^n \,\middle|\, n\in\mathbb{N}\right\}$
    (2) $S_2=\left\{1+\dfrac{(-1)^n}{n} \,\middle|\, n\in\mathbb{N}\right\}$
    (3) $S_3=\left\{x\in\mathbb{R} \,\middle|\, |2x-1|<11\right\}$
    (4) $S_4=\left\{\dfrac{(-1)^n n}{2n+1} \,\middle|\, n\in\mathbb{N}\right\}$

16. $x\in\mathbb{R}$일 때 $x=\sup\{q\in\mathbb{Q}\mid q<x\}$임을 증명하여라.

17. 열린구간 (a, b)는 유리수를 포함함을 증명하여라.

18. 열린구간 (a, b)는 무리수를 포함함을 증명하여라.

19. 완비성 공리를 이용하여 따름정리 1.18을 증명하여라.
「$a, b \in \mathbb{R}$이라 하자. 임의의 $\varepsilon > 0$에 대하여 $|a-b| < \varepsilon$이면 $a=b$이다.」

20. A는 $\mathbb{R}$의 공집합이 아닌 유계인 부분집합이라 하고 집합 $c+A=\{c+a \mid a \in A\}$이라 할 때 $\sup(c+A)=c+\sup A$이고 $\inf(c+A)=c+\inf A$임을 증명하여라.

21. A, B는 $\mathbb{R}$의 공집합이 아닌 유계인 부분집합이라 하고 집합 $A+B=\{a+b \mid a \in A, b \in B\}$이라 할 때 다음을 증명하여라.
(1) $\sup(A+B)=\sup A+\sup B$
(2) $\inf(A+B)=\inf A+\inf B$

22. X는 $\mathbb{R}$의 공집합이 아닌 부분집합이고 a는 실수이고 함수 $f: X \to \mathbb{R}$의 치역이 유계이면 다음이 성립함을 증명하여라.
(1) $\sup\{a+f(x) \mid x \in X\}=a+\sup\{f(x) \mid x \in X\}$
(2) $\inf\{a+f(x) \mid x \in X\}=a+\inf\{f(x) \mid x \in X\}$

23. X는 $\mathbb{R}$의 공집합이 아닌 부분집합이고 함수 $f, g: X \to \mathbb{R}$의 치역이 유계이면 다음이 성립함을 증명하여라.
(1) $\sup\{f(x)+g(x) \mid x \in X\} \le \sup\{f(x) \mid x \in X\}+\sup\{g(x) \mid x \in X\}$
(2) $\inf\{f(x) \mid x \in X\}+\inf\{g(x) \mid x \in X\} \le \inf\{f(x)+g(x) \mid x \in X\}$

2 수 열

수열과 그 극한은 해석학에서 중요한 역할을 하며 앞으로 다루게 될 함수의 극한, 연속, 미분과 적분 그리고 무한급수의 수렴 등은 수열의 극한에서 시작될 것이다.

2.1절에서는 수열의 수렴성을 다루고, 2.2절, 2.3절 그리고 2.4절에서는 여러 가지 수열의 극한 정리와 단조수열 그리고 코오시 수열, 부분수열과 그에 따른 성질을 다룬다. 끝으로 2.5절에서는 일반적으로 수렴하지 않는 수열에 대한 상극한과 하극한에 대한 개념을 소개한다.

제 2 장
수 열

2.1 수렴하는 수열

정의역이 $\mathbb{N}$이고 치역으로 실수값을 갖는 함수

$$f : \mathbb{N} \to \mathbb{R}$$

을 **실수열**(sequence of real numbers) 또는 간단히 **수열**(sequence)이라 하고, $n=1, 2, 3, \cdots$에 대하여 $f(n)=x_n$이라 할 때 $f(1), f(2), f(3), \cdots$을 $x_1, x_2, x_3, \cdots$으로 나타내고, 이를 $\{x_n\}_{n=1}^{\infty}$ 또는 간단히 $\{x_n\}$으로 쓴다. 이때 x_n을 수열의 **제n항**(nth term)이라 한다. 예를 들면, 수열

$$1, \frac{1}{2}, \frac{1}{3}, \frac{1}{4}, \cdots, \frac{1}{n}, \cdots$$

은 $\left\{\frac{1}{n}\right\}_{n=1}^{\infty}$ 또는 $\left\{\frac{1}{n} \middle| n\in\mathbb{N}\right\}$으로 쓴다.

여기서 수열 $\{x_n\}$과 수열의 값의 집합 $\{x_n\}$을 혼동하지 않도록 유의하기 바란다.

$$x_n=(-1)^n$$

일 때, 수열 $\{x_n\}$은

$$-1, 1, -1, 1, \cdots$$

이지만 수열의 값의 집합 $\{x_n\}$은 $\{1, -1\}$이다.

예제 2.1 $x_n=1+\dfrac{1}{2^n}$로 주어진 수열 $\{x_n\}$을 그래프로 나타내면 다음 그림과 같다.

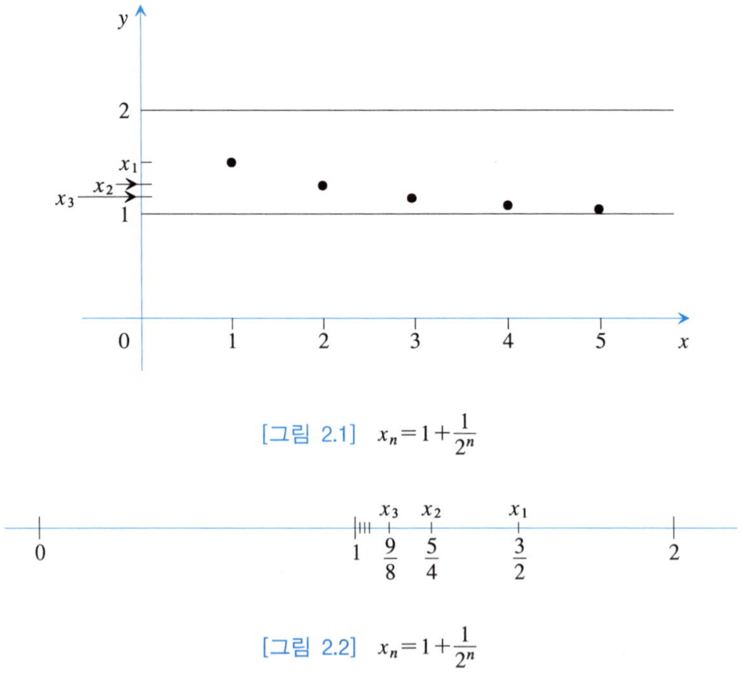

[그림 2.1] $x_n=1+\dfrac{1}{2^n}$

[그림 2.2] $x_n=1+\dfrac{1}{2^n}$

[그림 2.1]은 수열을 함수로 생각하여 주어진 수열의 그래프를 나타낸 것이고, [그림 2.2]는 단지 수열의 값을 수직선으로 나타낸 것이다.

위의 예제의 수열 $\{x_n\}$은 n의 값이 커지면 항 x_n은 1에 가까이 접근함을 알 수 있다.

이제 해석학에서 가장 중요한 개념 중의 하나인 수열의 극한에 대하여 알아보자.

〈정의 2.1〉

임의의 $\varepsilon>0$에 대하여 $n\geq N$이면 $|x_n-l|<\varepsilon$을 만족하는 자연수 N이 존재할 때, 수열 $\{x_n\}$은 l에 **수렴한다**(converges to l)고 하고 l을 $\{x_n\}$의 **극한**(limit)이라 한다. 기호로는

$$\lim_{n\to\infty} x_n=l, \quad \lim_{n} x_n=l \quad \text{또는 } \lim x_n=l$$

로 나타낸다. 때로는 $n\to\infty$일 때 $x_n\to l$로 나타내기도 한다.

수열 $\{x_n\}$이 극한 l을 가지면 그 수열은 **수렴**(convergent)한다고 하고, 수열이 수렴하지 않으면 그 수열은 **발산**(divergent)한다고 한다.

참고 앞의 정의에서 ε의 값이 정해지면 자연수 N의 값이 정해지므로 자연수 N을 $N(\varepsilon)$으로 쓰기도 한다.

앞의 정의에서 양수 ε은 임의로 정할 수 있으나, 한번 정해서 고정되면 그 고정된 ε에 대응하는 적당한 자연수 N을 조건에 맞도록 구해야 한다. 일반적으로 ε을 작게 정하면 N의 값은 상대적으로 커진다.(연습문제 1을 보아라.)

예제 2.2 수열 $\{x_n\}=\left\{\frac{1}{n}\middle| n\in\mathbb{N}\right\}$은 0에 수렴한다. 왜냐하면 임의의 $\varepsilon>0$이 주어질 때 $n\geq N$이면

$$\left|\frac{1}{n}-0\right|<\varepsilon$$

을 만족하는 자연수 N이 존재함을 보이면 된다. 아르키메데스의 성질에 의하여 $N>\frac{1}{\varepsilon}$, 즉 $\frac{1}{N}<\varepsilon$을 만족하는 자연수 N이 존재한다. 따라서 $n\geq N$이면

$$\left|\frac{1}{n}-0\right|=\frac{1}{n}\leq\frac{1}{N}<\varepsilon$$

이 된다. 따라서 수열 $\{x_n\}$은 0에 수렴한다.

예제 2.3 $\lim\left(2+\frac{1}{2^n}\right)=2$임을 보여라.

풀이 $\varepsilon>0$이라 하자. 베르누이의 부등식에 의하여

$$\left|\left(2+\frac{1}{2^n}\right)-2\right|=\frac{1}{2^n}=\frac{1}{(1+1)^n}\leq\frac{1}{1+n}$$

이다. 그러므로 모든 자연수 n에 대하여

$$\left|\left(2+\frac{1}{2^n}\right)-2\right|=\frac{1}{2^n}\leq\frac{1}{1+n}<\frac{1}{n}$$

이 성립하고, 아르키메데스의 성질에 의하여 $\frac{1}{N}<\varepsilon$을 만족하는 자연수 N을 찾을 수 있다. 따라서 $n\geq N$이면

$$\left|\left(2+\frac{1}{2^n}\right)-2\right|<\frac{1}{n}\leq\frac{1}{N}<\varepsilon$$

이고, 그래서 $\lim\left(2+\frac{1}{2^n}\right)=2$가 성립한다.

예제 2.4 $\lim \frac{n^2+2n}{n^3-5}=0$임을 보여라.

풀이 $\varepsilon>0$이라 하자. 자연수 N을 $N\geq\max\left(3, \frac{4}{\varepsilon}\right)$이라 하자. $n\geq N$이면 $n\geq 3$이고 또한 $n\geq\frac{4}{\varepsilon}$이다. $n\geq 3$이면

$$n^2+2n\leq n^2+n\cdot n=2n^2$$

이고 $n^3>10$이다. $\frac{n^3}{2}>5$이므로

$$n^3-5>\frac{n^3}{2}$$

이다. 따라서 $n\geq N$이면

$$\left|\frac{n^2+2n}{n^3-5}-0\right|=\frac{n^2+2n}{n^3-5}\leq\frac{2n^2}{n^3-5}<\frac{2n^2}{\frac{1}{2}n^3}=\frac{4}{n}\leq\varepsilon$$

이다. 그러므로 $\lim \frac{n^2+2n}{n^3-5}=0$이다.

정리 2.2 수열 $\{x_n\}$이 수렴하면, 그 극한은 유일하다.

증명 수열 $\{x_n\}$이 두 실수 l_1, l_2로 수렴한다고 가정하자. 임의의 $\varepsilon>0$에 대하여 $n\geq N_1$이면

$$|x_n-l_1|<\frac{\varepsilon}{2}$$

을 만족하는 자연수 N_1이 존재한다. 또 $n\geq N_2$이면

$$|x_n-l_2|<\frac{\varepsilon}{2}$$

을 만족하는 자연수 N_2가 존재한다. 그러므로 $N=\max(N_1, N_2)$이라 하면 $n\geq N$에 대하여

$$\begin{aligned}|l_1-l_2|&=|l_1-x_n+x_n-l_2|\leq|l_1-x_n|+|x_n-l_2|\\&=|x_n-l_1|+|x_n-l_2|<\frac{\varepsilon}{2}+\frac{\varepsilon}{2}=\varepsilon\end{aligned}$$

이 성립한다. 따라서 ε은 임의의 양수이므로 $l_1=l_2$이다. ■

〈정의 2.3〉

(1) 모든 자연수 n에 대하여

$$x_n \leq M$$

인 실수 M이 존재할 때, 수열 $\{x_n\}$을 **위로 유계**(bounded above)이라 한다.

(2) 모든 자연수 n에 대하여

$$x_n \geq M$$

인 실수 M이 존재할 때, 수열 $\{x_n\}$을 **아래로 유계**(bounded below)이라 한다.

(3) 수열 $\{x_n\}$이 위로 유계이고 동시에 아래로 유계일 때, 즉 모든 자연수 n에 대하여

$$|x_n| \leq M$$

인 실수 $M>0$이 존재할 때, 수열 $\{x_n\}$을 **유계**(bounded)이라 한다.

수열 $\{x_n\}$이 유계수열이란 수열의 치역 $\{x_n | n \in \mathbb{N}\}$이 $\mathbb{R}$의 유계인 부분집합을 뜻한다.

정리 2.4 수렴하는 수열은 유계이다.

증명 $\{x_n\}$을 수렴하는 수열이고 l을 이 수열의 극한이라 하자. $\varepsilon=1$이라 하자. $n \geq N$이면 $|x_n - l| < 1$을 만족하는 자연수 N이 존재한다. 그러므로 삼각부등식에 의하여 $n \geq N$이면 $|x_n| < |l| + 1$이다. 여기에서

$$M = \max\{|x_1|, |x_2|, \cdots, |x_{N-1}|, |l|+1\}$$

이라 하면 모든 자연수 n에 대하여 $|x_n| \leq M$이고, 따라서 $\{x_n\}$은 유계이다. ■

위의 정리는 어떤 수열이 발산함을 보이는 데 중요하게 쓰인다. 수열 $\{x_n\}$이 유계가 아니면 극한 $\lim x_n$은 존재하지 않는다. 예를 들면, 수열 $\{\sqrt{n}\}$은 유계가 아니므로 그 극한은 존재하지 않는다. 물론 유계인 수열이라고 모두 수렴하는 것은 아니다.

예제 2.5 다음 수열 $\{x_n\}$의 수렴·발산 여부를 판정하여라.

$$x_n=\begin{cases}0 & (n\text{이 홀수일 때})\\ 1 & (n\text{이 짝수일 때})\end{cases}$$

풀이 주어진 수열 $\{x_n\}$은 유계이다. $\{x_n\}$이 어떤 실수 l로 수렴한다고 가정하자. 즉 임의의 $\varepsilon>0$에 대하여 $n\geq N$이면 $|x_n-l|<\varepsilon$을 만족하는 자연수 N이 존재한다. $\varepsilon=\frac{1}{2}$이라 하자. n이 홀수이면 $|0-l|<\frac{1}{2}$이고, n이 짝수이면 $|1-l|<\frac{1}{2}$이 성립한다. 따라서 $|0-l|<\frac{1}{2}$이면 $|l|<\frac{1}{2}$이고, $|1-l|<\frac{1}{2}$이면 $|l|>\frac{1}{2}$이므로 이 두 조건을 동시에 만족하는 실수 l은 존재하지 않는다. 그러므로 주어진 수열 $\{x_n\}$은 유계이지만 발산한다.

연습문제 (2.1)

1. $\lim\frac{1}{\sqrt{n}}=0$일 때, 주어진 $\varepsilon>0$에 대하여 $n\geq N$이면 $\frac{1}{\sqrt{n}}<\varepsilon$이 되는 자연수 N을 구하여라.

   (1) $\varepsilon=10^{-1}$ (2) $\varepsilon=10^{-3}$ (3) $\varepsilon=10^{-5}$

2. 다음을 증명하여라.

   (1) $\lim_{n\to\infty}\frac{\sin n}{n}=0$ (2) $\lim_{n\to\infty}\frac{4n+1}{2n-1}=2$

   (3) $\lim_{n\to\infty}\frac{3n}{n+2}=3$ (4) $\lim_{n\to\infty}\frac{\sqrt{n}}{n+1}=0$

3. $0<a<1$이면 $\lim a^n=0$임을 증명하여라.

4. $a>0$이면 $\lim a^{\frac{1}{n}}=1$임을 증명하여라.

5. $b>1$이면 $\lim_{n\to\infty}\frac{1}{b^n}=0$임을 증명하여라.

6. $\lim_{n\to\infty}a_n=a$이면 $\lim_{n\to\infty}a_n^2=a^2$ 임을 증명하여라.

7. 수열 $\{1-(-1)^n\}$은 발산함을 증명하여라.

8. $a_n=\dfrac{1+2+\cdots+n}{n^2}$일 때 수열 $\{a_n\}$은 $\dfrac{1}{2}$로 수렴함을 증명하여라.

9. 임의의 양수 t에 대하여 $\lim\limits_{n\to\infty}\dfrac{t^n}{n!}=0$임을 증명하여라.

10. 다음 수열의 수렴·발산 여부를 판정하여라.

$$x_n=\left(1-\frac{1}{n}\right)\sin\frac{n\pi}{2}$$

11. 수열 $\{x_n\}$이 x로 수렴하면, 수열 $\{|x_n|\}$은 $|x|$로 수렴함을 증명하여라.

12. 수열 $\{|x_n|\}$이 수렴하면, 수열 $\{x_n\}$은 수렴하는가?

13. (1) 수열 $\{a_n\}$은 유계이고 수열 $\{b_n\}$은 0으로 수렴한다고 하면, 수열 $\{a_nb_n\}$은 0으로 수렴함을 증명하여라.
    (2) 수열 $\{b_n\}$은 0으로 수렴하지만 수열 $\{a_nb_n\}$은 0으로 수렴하지 않는 예를 들어라.

14. 수열 $\{x_n\}$과 $\{a_n\}$에 대하여 x가 실수일 때, 적당한 실수 $k>0$와 모든 자연수 n에 대하여 $|x_n-x|\le k|a_n|$이고 $\lim a_n=0$이면 $\lim x_n=x$임을 증명하여라.

15. $\lim\limits_{n\to\infty}(\sqrt{n+1}-\sqrt{n})=0$임을 증명하여라.

16. 수열 $\{a_n\}$이 a로 수렴한다고 할 때, 모든 자연수 n에 대하여 $b_n=\dfrac{a_n+a_{n+1}}{2}$로 정의된 수열 $\{b_n\}$은 수렴하는가?

17. 수열 $\{a_n\}$, $\{b_n\}$이 $a_n=\dfrac{b_n+1}{b_n-1}$을 만족한다고 하자. 수열 $\{a_n\}$이 0으로 수렴한다면 수열 $\{b_n\}$은 -1로 수렴함을 증명하여라.

18. (1) 수열 $\{a_n\}$은 유계는 아니지만 $\lim\dfrac{a_n}{n}=0$이 되는 수열의 예를 들어라.
    (2) 수열 $\{a_n\}$이 $\lim\dfrac{a_n}{n}=l\neq0$이면 수열 $\{a_n\}$은 유계가 아님을 증명하여라.

2.2 극한 정리

수열 $X=\{x_n\}$과 $Y=\{y_n\}$에 대하여 이들의 합(sum) $X+Y$, 차(difference) $X-Y$ 그리고 곱(product) XY을 다음과 같이 정의한다.

$$X+Y=\{x_n+y_n \mid n\in\mathbb{N}\}$$
$$X-Y=\{x_n-y_n \mid n\in\mathbb{N}\}$$
$$XY=\{x_n y_n \mid n\in\mathbb{N}\}$$

또 k가 실수일 때 X의 k배(multiple of X by k) kX는

$$kX=\{kx_n \mid n\in\mathbb{N}\}$$

으로 정의하고, 마지막으로 모든 자연수 n에 대하여 $y_n\neq 0$일 때 X와 Y의 상(quotient) $\frac{X}{Y}$는

$$\frac{X}{Y}=\left\{\frac{x_n}{y_n} \,\middle|\, n\in\mathbb{N}\right\}$$

으로 정의한다.

주어진 수열이 복잡하면 정의 2.1을 이용하여 극한을 구하는 것은 쉽지 않다. 따라서 극한을 계산하는 데 유용한 다음 정리에 대하여 알아보자.

정리 2.5 수열 $\{x_n\}$은 x로 수렴하고 $\{y_n\}$은 y로 수렴한다고 하자. 그러면

(1) 실수 k에 대하여 수열 $\{kx_n\}$은 수렴하고 $\lim kx_n=kx$이다.

(2) 수열 $\{x_n+y_n\}$은 수렴하고 $\lim(x_n+y_n)=x+y$이다.

(3) 수열 $\{x_n y_n\}$은 수렴하고 $\lim x_n y_n=xy$이다.

(4) 모든 자연수 n에 대하여 $y_n\neq 0$이고 $y\neq 0$이라 하면 수열 $\left\{\frac{x_n}{y_n}\right\}$은 수렴하고 $\lim\frac{x_n}{y_n}=\frac{x}{y}$이다.

증명 (1) $k=0$이면 모든 자연수 n에 대하여 $|kx_n-kx|=0$이므로 당연히 성립한다. $k\neq 0$이라 하고 $\varepsilon>0$이라 하자. $n\geq N$이면

$$|x_n-x|<\frac{\varepsilon}{|k|}$$

을 만족하는 자연수 N이 존재한다. 따라서 $n \geq N$이면

$$|kx_n - kx| = |k||x_n - x| < |k|\frac{\varepsilon}{|k|} = \varepsilon$$

이다. 그러므로 $\lim kx_n = kx$이다.

(2) 연습문제로 독자에게 남긴다.

(3) 다음 부등식을 이용하자.

$$\begin{aligned}|x_n y_n - xy| &= |x_n y_n - x_n y + x_n y - xy| \\ &\leq |x_n y_n - x_n y| + |x_n y - xy| \\ &= |x_n||y_n - y| + |y||x_n - x|\end{aligned}$$

정리 2.4에 의하여 수렴하는 수열 $\{x_n\}$은 유계이므로, 모든 자연수 n에 대하여

$$|x_n| \leq M_1$$

인 실수 $M_1 > 0$이 존재한다.

$$M = \max\{M_1, \ |y|\}$$

이라 하면

$$|x_n y_n - xy| \leq M|y_n - y| + M|x_n - x|$$

가 성립한다. 한편 $\varepsilon > 0$이라 하고 $n \geq N_1$이면

$$|x_n - x| < \frac{\varepsilon}{2M}$$

이고, $n \geq N_2$이면

$$|y_n - y| < \frac{\varepsilon}{2M}$$

을 만족하는 자연수 N_1, N_2가 존재한다. 이제 $N = \max\{N_1, N_2\}$이라 하자. $n \geq N$이면

$$\begin{aligned}|x_n y_n - xy| &\leq M|y_n - y| + M|x_n - x| \\ &< M\frac{\varepsilon}{2M} + M\frac{\varepsilon}{2M} = \frac{\varepsilon}{2} + \frac{\varepsilon}{2} = \varepsilon\end{aligned}$$

이다. 따라서 $\lim x_n y_n = xy$이다.

(4) $\dfrac{x_n}{y_n} = x_n \cdot \dfrac{1}{y_n}$이므로 (3)에 의하여

$$\lim \frac{1}{y_n} = \frac{1}{y}$$

임을 보이면 충분하다. $y \neq 0$이므로 $\frac{|y|}{2} > 0$이다. $n \geq N_1$이면

$$|y_n - y| < \frac{|y|}{2}$$

를 만족하는 자연수 N_1이 존재한다. 따라서 $n \geq N_1$이면

$$|y_n| = |y - (y - y_n)| \geq |y| - |y - y_n| > |y| - \frac{|y|}{2} = \frac{|y|}{2}$$

이므로

$$\left|\frac{1}{y_n} - \frac{1}{y}\right| = \left|\frac{y - y_n}{y_n y}\right| = \frac{1}{|y_n||y|}|y - y_n| \leq \frac{2}{|y|^2}|y - y_n|$$

이 성립한다. $\varepsilon > 0$이라 하자. $n \geq N_2$이면

$$|y_n - y| < \frac{1}{2}\varepsilon |y|^2$$

을 만족하는 자연수 N_2가 존재한다. $N = \max\{N_1, N_2\}$이라 하자. $n \geq N$이면

$$\left|\frac{1}{y_n} - \frac{1}{y}\right| \leq \frac{2}{|y|^2}|y - y_n| < \frac{2}{|y|^2}\frac{1}{2}\varepsilon |y|^2 = \varepsilon$$

이므로 $\lim \frac{1}{y_n} = \frac{1}{y}$이다. 따라서 (3)에 의하여

$$\lim \frac{x_n}{y_n} = \lim x_n \cdot \frac{1}{y_n} = x \cdot \frac{1}{y} = \frac{x}{y}$$

이다. ■

예제 2.6 $\lim \frac{2n^2 - n}{3n^2 + 2} = \frac{2}{3}$임을 보여라.

풀이 $x_n = \frac{2n^2 - n}{3n^2 + 2} = \frac{2 - \frac{1}{n}}{3 + \frac{2}{n^2}}$을 생각하자. 이제 $\lim \frac{1}{n^2} = 0$ (연습문제 6을 보아라)이고 $\lim \frac{1}{n} = 0$이므로, $\lim\left(2 - \frac{1}{n}\right) = 2$이고 $\lim\left(3 + \frac{2}{n^2}\right) = 3$이다. 따라서 $\lim x_n = \frac{2}{3}$이다.

예제 2.7 $\lim \dfrac{n+3}{n^2+5n}=0$임을 보여라.

풀이 $$\lim \frac{n+3}{n^2+5n}=\lim \frac{\frac{1}{n}+\frac{3}{n^2}}{1+\frac{5}{n}}=\frac{\lim\left(\frac{1}{n}+\frac{3}{n^2}\right)}{\lim\left(1+\frac{5}{n}\right)}=\frac{0}{1}=0\text{이다.}$$

다음은 부등식과 수열과의 관계를 나타내는 정리이다. 이를 **짜내기 정리**(squeeze theorem)이라 한다.

정리 2.6 (짜내기 정리) 수열 $\{x_n\}$과 $\{y_n\}$은 모두 l로 수렴하고 수열 $\{z_n\}$은 모든 자연수 n에 대하여 $x_n \le z_n \le y_n$을 만족한다고 하면, 수열 $\{z_n\}$은 l에 수렴한다.

증명 모든 자연수 n에 대하여 $x_n \le z_n \le y_n$이므로

$$x_n - l \le z_n - l \le y_n - l$$

이고, 그래서

$$|z_n - l| \le \max\{|x_n - l|,\ |y_n - l|\}$$

이다. $\varepsilon > 0$이라 하자. $\lim x_n = l$이고 $\lim y_n = l$이므로 $n \ge N_1$이면

$$|x_n - l| < \varepsilon$$

이고, $n \ge N_2$이면

$$|y_n - l| < \varepsilon$$

을 만족하는 자연수 N_1과 N_2가 존재한다. $N = \max\{N_1, N_2\}$이라 하자. $n \ge N$이면

$$|z_n - l| \le \max\{|x_n - l|,\ |y_n - l|\} < \varepsilon$$

이다. 따라서 수열 $\{z_n\}$은 l에 수렴한다. ■

따름정리 2.7 수열 $\{x_n\}$이 수렴하고 모든 자연수 n에 대하여 $x_n \ge 0$이면, $\lim x_n \ge 0$이다.

따름정리 2.8 수열 $\{x_n\}$과 $\{y_n\}$이 수렴하고 모든 자연수 n에 대하여 $x_n \le y_n$ 이면,

$$\lim x_n \le \lim y_n$$

이다.

예제 2.8 수열 $\left\{\frac{n}{10^n}\right\}$을 생각해 보자. 수열 $\{n\}$이 수렴하지 않으므로 정리 2.5를 이용할 수 없다. 그러나 $n^2 < 10^n$(수학적 귀납법으로 증명해 보아라)이므로

$$0 < \frac{n}{10^n} < \frac{n}{n^2} = \frac{1}{n}$$

이 성립한다. 수열 $\{0\}$과 $\left\{\frac{1}{n}\right\}$은 0으로 수렴하므로, 정리 2.6(짜내기 정리)에 의하여

$$\lim \frac{n}{10^n} = 0$$

이다.

예제 2.9 n이 자연수일 때 $\lim \sqrt[n]{n} = 1$임을 보여라.

풀이 $x_n = \sqrt[n]{n} - 1$이라 하자. 모든 자연수 n에 대하여 $x_n \ge 0$이다. 이제

$$\lim x_n = 0$$

임을 보이면 충분하다. $1 + x_n = \sqrt[n]{n}$이므로 $n = (1 + x_n)^n$이다. $n \ge 2$일 때 이항정리에 의하여

$$n = (1 + x_n)^n \ge 1 + nx_n + \frac{1}{2}n(n-1)x_n^2 > \frac{1}{2}n(n-1)x_n{}^2$$

이다. 따라서 $x_n{}^2 < \frac{2}{n-1}$이다. 그런데 $x_n \ge 0$이므로

$$0 \le x_n < \sqrt{\frac{2}{n-1}}$$

이고, 그래서 $\lim \sqrt{\frac{2}{n-1}} = 0$이므로 $\lim x_n = 0$이다. 따라서 $\lim \sqrt[n]{n} = 1$이다.

수렴하는 수열에서 n이 매우 클 때 수열 $\{x_n\}$의 항 x_n들은 극한에 가깝게 접근한다. 직관적으로는 수열의 각 항은 서로 서로 근접해 있다고 볼 수 있다. 이런 수열을 코오시 수열이라 한다.

〈정의 2.9〉

임의의 $\varepsilon>0$에 대하여 $m,\ n\geq N$이면

$$|x_m-x_n|<\varepsilon$$

을 만족하는 자연수 N이 존재할 때, 수열 $\{x_n\}$은 **코오시 수열**(Cauchy sequence)이라 한다.

예제 2.10 모든 자연수 n에 대하여 $|a_{n+1}-a_n|\leq\dfrac{1}{2^n}$을 만족하는 수열 $\{a_n\}$은 코오시 수열이다. $m>n$이라 하면

$$\begin{aligned}|a_m-a_n|&\leq|a_m-a_{m-1}|+|a_{m-1}-a_{m-2}|+\cdots\\&\quad+|a_{n+2}-a_{n+1}|+|a_{n+1}-a_n|\\&\leq\frac{1}{2^{m-1}}+\frac{1}{2^{m-2}}+\cdots+\frac{1}{2^{n+1}}+\frac{1}{2^n}\\&=\frac{1}{2^n}\left(\frac{1}{2^{m-n-1}}+\frac{1}{2^{m-n-2}}+\cdots+\frac{1}{2^2}+\frac{1}{2}+1\right)\\&<\frac{1}{2^n}\cdot2=\frac{1}{2^{n-1}}\end{aligned}$$

이다. $\varepsilon>0$이라 하자. $\lim\dfrac{1}{2^{n-1}}=0$이므로 $n\geq N$이면 $\dfrac{1}{2^{n-1}}<\varepsilon$을 만족하는 자연수 N이 존재한다. 따라서 $m,\ n\geq N$이면 $|a_m-a_n|<\varepsilon$이므로, 수열 $\{a_n\}$은 코오시 수열이다.

예제 2.11 모든 자연수 n에 대하여 $a_n=\dfrac{1}{n}$인 수열 $\{a_n\}$은 코오시 수열임을 보여라.

풀이 $\varepsilon>0$이라 하자. $m>n$이라 하면

$$|a_m-a_n|=\left|\frac{1}{m}-\frac{1}{n}\right|=\frac{m-n}{mn}<\frac{m}{mn}=\frac{1}{n}$$

이다. 한편 아르키메데스의 성질에 의하여 $\dfrac{1}{N}<\varepsilon$을 만족하는 자연수 N이 존

재한다. 따라서 $m>n\geq N$이면 $|a_m-a_n|<\frac{1}{n}\leq\frac{1}{N}<\varepsilon$이므로, 수열 $\{a_n\}$은 코오시 수열이다.

보조정리 2.10 수렴하는 수열은 코오시 수열이다.

증명 수열 $\{x_n\}$이 x로 수렴한다고 가정하자. 임의의 $\varepsilon>0$에 대하여 $n\geq N$이면

$$|x_n-x|<\frac{\varepsilon}{2}$$

을 만족하는 자연수 N이 존재한다. 그러므로 $m,\ n\geq N$이면

$$\begin{aligned}|x_m-x_n|&=|x_m-x+x-x_n|\\&\leq|x_m-x|+|x_n-x|\\&<\frac{\varepsilon}{2}+\frac{\varepsilon}{2}=\varepsilon\end{aligned}$$

이다. 따라서 $\{x_n\}$은 코오시 수열이다. ■

수열 $\{x_n\}$과 자연수 k에 대하여 수열 $\{x_{n+k}\}$를

$$\{x_{n+k}\}=\{x_{1+k},\ x_{2+k},\ \cdots,\ x_{n+k},\ \cdots\}$$

이라 하자. 만일 $\{x_n\}$이 수렴한다면 수열 $\{x_{n+k}\}$는 수렴하고

$$\lim_{n\to\infty}x_n=\lim_{n\to\infty}x_{n+k}$$

이다.(연습문제 10을 보아라.)

2.3절에서는 이 보조정리 2.10의 역이 성립함을 보일 것이다. 다음 정리의 증명은 정리 2.4의 증명과 유사하다.

정리 2.11 코오시 수열은 유계이다.

증명 $\{x_n\}$을 코오시 수열이라 하고 $\varepsilon=1$로 택하자. $m,\ n\geq N$이면

$$|x_m-x_n|<1$$

을 만족하는 자연수 N이 존재한다. 특히 $n=N$이라 하면

$$|x_m - x_N| < 1$$

이고, 그래서 $m \geq N$이면

$$|x_m| < |x_N| + 1$$

이 성립한다.

$$M = \max\{|x_1|,\ |x_2|,\ \cdots,\ |x_{N-1}|,\ |x_N|+1\}$$

이라 하면, 모든 자연수 n에 대하여 $|x_n| \leq M$이 된다. 따라서 $\{x_n\}$은 유계인 수열이다. ■

연습문제 (2.2)

1. 다음 극한을 구하여라.

   (1) $\lim \dfrac{2n^2+4n}{5n^2-3n}$　　(2) $\lim \dfrac{n^2+12}{3n^3+2}$

   (3) $\lim \dfrac{n^2}{n+1}$　　(4) $\lim \dfrac{(-1)^n n}{n+1}$

2. 정리 2.5의 (2)를 증명하여라.

3. (1) 따름정리 2.7을 증명하여라.

   (2) 따름정리 2.8을 증명하여라.

4. 수열 $\{t_n\}$은 t로 수렴하고 모든 자연수 n에 대하여 $t_n \geq 0$이라 하면, $\lim\sqrt{t_n} = \sqrt{t}$임을 증명하여라.

5. 다음 식으로 주어진 x_n에 대하여 수열 $\{x_n\}$의 수렴·발산 여부를 판정하여라.

   (1) $x_n = \dfrac{3-2n}{1+n}$　　(2) $x_n = \dfrac{(-1)^n n}{2n-1}$　　(3) $x_n = \dfrac{n^2-2}{n+1}$

   (4) $x_n = \dfrac{1-n}{2^n}$　　(5) $x_n = \dfrac{n!}{2^n}$　　(6) $x_n = \dfrac{n^2}{2^n}$

6. $\lim_{n\to\infty}\frac{1}{n^2}=0$임을 증명하여라.

7. 모든 자연수 n에 대하여

$$x_n=1+\frac{1}{2}+\frac{1}{3}+\cdots+\frac{1}{n}$$

이라 할 때, 수열 $\{x_n\}$은 코오시 수열인가?

8. 모든 자연수 n에 대하여

$$a_n=1+\frac{1}{2!}+\frac{1}{3!}+\cdots+\frac{1}{n!}$$

이라 할 때, 수열 $\{a_n\}$은 코오시 수열임을 증명하여라.

9. 다음을 증명하여라.

(1) $a>0$이면 $\lim_{n\to\infty}\frac{1}{n^a}=0$이다.

(2) $a>1$이고 α가 실수이면 $\lim_{n\to\infty}\frac{n^\alpha}{a^n}=0$이다.

10. 수열 $\{x_n\}$과 자연수 k에 대하여 $\{x_n\}$이 수렴한다면, 수열 $\{x_{n+k}\}$은 수렴하고

$$\lim_{n\to\infty}x_n=\lim_{n\to\infty}x_{n+k}$$

임을 증명하여라.

11. 다음 식으로 주어진 수열 $\{a_n\}$은 코오시 수열임을 증명하여라.

(1) $a_n=\frac{(-1)^n}{\sqrt{n}}$ (2) $a_n=(-1)^n2^{-n+\frac{1}{2}}$

12. $\lim\frac{1}{n}\cos\frac{n\pi}{2}=0$임을 증명하여라.

13. 수열 $\{x_n\}$이 모든 자연수 n에 대하여

$$|x_{n+2}-x_{n+1}|\le\alpha|x_{n+1}-x_n|$$

을 만족하는 $0<\alpha<1$인 실수 α가 존재하면, 수열 $\{x_n\}$은 코오시 수열임을 증명하여라.(이러한 $0<\alpha<1$인 실수 α가 존재할 때 수열 $\{x_n\}$을 **축약수열**(contractive sequence)이라 한다.)

14. 수열 $\{x_n\}$이 축약수열이고 $0<\alpha<1$에 대하여 $\lim_{n\to\infty}x_n=\alpha$이면 다음 부등식이 성립함을 증명하여라.

(1) $|x_n-\alpha| \le \dfrac{\alpha^{n-1}}{1-\alpha}|x_2-x_1|$

(2) $|x_n-\alpha| \le \dfrac{\alpha}{1-\alpha}|x_n-x_{n-1}|$

15. $\alpha \ne 0$일 때 수열 $\{a_n\}$은 $a_n^3 \to \alpha^3$을 만족한다고 하자.

(1) $|a_n-\alpha| \le \dfrac{|a_n^3-\alpha^3|}{\frac{3}{4}\alpha^2}$이고, 그래서 $a_n \to \alpha$임을 증명하여라.

(2) $\alpha=0$일 때 (1)의 결과가 성립하는가?

16. $0<a_1 \le \dfrac{1}{3}$이고 모든 자연수 n에 대하여 $a_{n+1}=a_n^2$인 수열 $\{a_n\}$은 축약수열임을 증명하여라.

2.3 단조수열

수렴하는 수열은 반드시 유계이지만 그 역은 성립하지 않음을 알았다. 즉 유계인 수열은 발산할 수도 있다.

이 절에서는 유계인 수열에 대한 중요한 정리 등을 다룬다.

〈정의 2.12〉

수열 $\{x_n\}$에 있어서

(1) 모든 자연수 n에 대하여 $x_n \le x_{n+1}$일 때 $\{x_n\}$을 **증가수열**(increasing sequence)이라 한다.

(2) 모든 자연수 n에 대하여 $x_n \ge x_{n+1}$일 때 $\{x_n\}$을 **감소수열**(decreasing sequence)이라 한다.

(3) 모든 자연수 n에 대하여 $x_n < x_{n+1}$일 때 $\{x_n\}$을 **순증가수열**(strictly increasing sequence)이라 한다.

(4) 모든 자연수 n에 대하여 $x_n > x_{n+1}$일 때 $\{x_n\}$을 **순감소수열**(strictly decreasing sequence)이라 한다.

(5) 수열 $\{x_n\}$이 위 4가지 수열 중 하나일 때 $\{x_n\}$을 **단조수열**(monotone sequence)이라 한다.

증가수열을 **단조증가수열**(monotone increasing sequence) 또는 **비감소수열**(nondecreasing sequence)이라 하고, 감소수열을 **단조감소수열**(monotone decreasing sequence) 또는 **비증가수열**(nonincreasing sequence)이라 한다.

참고 모든 자연수 n에 대하여 $a_n>0$인 수열 $\{a_n\}$에 대하여 다음은 동치이다.

(1) $\{a_n\}$은 증가수열이다.

(2) 모든 자연수 n에 대하여 $a_n \le a_{n+1}$이다.

(3) 모든 자연수 n에 대하여 $\dfrac{a_{n+1}}{a_n} \ge 1$이다.

(4) 모든 자연수 n에 대하여 $a_{n+1}-a_n \ge 0$이다.

예제 2.12 $a_n=n$, $b_n=3^n$, $c_n=\left(1+\dfrac{1}{n}\right)^n$으로 정의된 수열 $\{a_n\}$, $\{b_n\}$, $\{c_n\}$은 모두 증가수열이고, $d_n=\dfrac{1}{n}$, $e_n=-2n$으로 정의된 수열 $\{d_n\}$, $\{e_n\}$은 모두 감소수열이다. 따라서 이 수열들은 모두 단조수열이지만 수열 $\{(-1)^n\}$, $\{\cos n\pi\}$는 단조수열이 아니다.

다음의 정리는 유계인 수열에서 중요한 정리인 **단조수렴 정리**(montone convergence theorem)이다.

정리 2.13 (단조수렴 정리)

(1) 수열 $\{x_n\}$이 증가수열이고 위로 유계이면, $\{x_n\}$은 수렴하고 그 극한은 다음과 같다.

$$\lim x_n = \sup\{x_n \mid n \in \mathbb{N}\}$$

(2) 수열 $\{x_n\}$이 감소수열이고 아래로 유계이면, $\{x_n\}$은 수렴하고 그 극한은 다음과 같다.

$$\lim x_n = \inf\{x_n \mid n \in \mathbb{N}\}$$

(3) 유계인 단조수열은 수렴한다.

증명 (1) S를 집합 $\{x_n \mid n \in \mathbb{N}\}$이라 하자. 그러면 $S \neq \varnothing$이다. 실수의 완비성 공리에 의하여 S는 상한을 가진다. $x = \sup S$이라 하자. $\lim x_n = x$임을 보이자. $\varepsilon > 0$이라 하자. $x - \varepsilon$은 S의 상계가 아니므로

$$x - \varepsilon < x_N$$

을 만족하는 자연수 N이 존재한다. 더구나 $\{x_n\}$은 증가수열이고 x는 S의 상계이므로, $n \geq N$이면

$$x - \varepsilon < x_N \leq x_n \leq x < x + \varepsilon$$

이다. 따라서 $n \geq N$이면

$$|x_n - x| < \varepsilon$$

이므로 $\lim x_n = x$가 성립한다.

(2) (3) 연습문제로 독자에게 남긴다. ■

단조수렴 정리는 유계인 단조수열의 극한의 존재성을 보여주고 있다. 때때로 주어진 집합의 상한이나 하한을 구하기가 어려울 때가 있다. 그러나 그것들이 존재한다는 것을 알면 다른 방법으로 극한을 구할 수 있다.

유계가 아닌 단조수열의 극한은 2.5절 정리 2.26에서 배울 것이다.

예제 2.13 수열 $\left\{\frac{1}{n} \,\middle|\, n \in \mathbb{N}\right\}$은 감소수열이다. 또 0에 의하여 아래로 유계이므로 이 수열은 수렴한다. 즉 $\lim \frac{1}{n} = \inf\left\{\frac{1}{n} \,\middle|\, n \in \mathbb{N}\right\} = 0$이다.

예제 2.14 수열 $\{x_n\}$을 $x_n = \left(1 + \frac{1}{n}\right)^n$으로 정의하면 $\{x_n\}$은 수렴함을 보여라.

풀이 먼저 수열 $\{x_n\}$이 증가함을 보이자. 이항정리를 이용하면 다음을 얻는다.

$$\begin{aligned} x_n &= 1 + n \cdot \frac{1}{n} + \cdots + \frac{n(n-1)\cdots(n-k+1)}{k!}\left(\frac{1}{n}\right)^k + \cdots + \left(\frac{1}{n}\right)^n \\ &= 1 + \sum_{k=1}^{n} \frac{n(n-1)\cdots(n-k+1)}{k!}\left(\frac{1}{n}\right)^k \end{aligned}$$

같은 방법으로

$$x_{n+1} = 1 + \sum_{k=1}^{n+1} \frac{(n+1)(n)\cdots(n+1-k+1)}{k!}\left(\frac{1}{n+1}\right)^k$$

을 얻는다. 따라서 $k=1, 2, \cdots, n$에 대하여

$$\begin{aligned}(x_{n+1}\text{의 } k\text{번째 항}) &= \frac{(n+1)(n)\cdots(n+1-k+1)}{k!}\left(\frac{1}{n+1}\right)^k \\ &= \frac{n+1}{n+1}\frac{n}{n+1}\cdots\frac{n+1-k+1}{n+1}\frac{1}{k!} \\ &= (1)\left(1-\frac{1}{n+1}\right)\cdots\left(1-\frac{k-1}{n+1}\right)\frac{1}{k!} \\ &\geq (1)\left(1-\frac{1}{n}\right)\cdots\left(1-\frac{k-1}{n}\right)\frac{1}{k!} \\ &= \frac{n}{n}\frac{n-1}{n}\cdots\frac{n-k+1}{n}\frac{1}{k!} \\ &= \frac{n(n-1)\cdots(n-k+1)}{k!}\left(\frac{1}{n}\right)^k = (x_n\text{의 } k\text{번째 항})\end{aligned}$$

이므로 모든 자연수 n에 대하여 $x_n \leq x_{n+1}$이고, 그래서 $\{x_n\}$은 증가수열이다.

이제 $\{x_n\}$은 $2^{n-1} \leq n!$ (1장 1절의 연습문제 11을 보아라)임을 이용하여 위로 유계임을 보이자.

$$\begin{aligned}x_n &= 1+n\cdot\frac{1}{n}+\cdots+\frac{n(n-1)\cdots(n-k+1)}{k!}\left(\frac{1}{n}\right)^k+\cdots+\left(\frac{1}{n}\right)^n \\ &= 1+1+\frac{1}{2!}\left(1-\frac{1}{n}\right)+\frac{1}{3!}\left(1-\frac{1}{n}\right)\left(1-\frac{2}{n}\right)+\cdots \\ &\quad +\frac{1}{n!}\left(1-\frac{1}{n}\right)\left(1-\frac{2}{n}\right)\cdots\left(1-\frac{n-1}{n}\right) \\ &\leq 1+\frac{1}{1!}+\frac{1}{2!}+\cdots+\frac{1}{k!}+\cdots+\frac{1}{n!} \\ &\leq 1+\frac{1}{2^0}+\frac{1}{2^1}+\cdots+\frac{1}{2^{k-1}}+\cdots+\frac{1}{2^{n-1}} \\ &= 1+\frac{1-\left(\frac{1}{2}\right)^n}{1-\frac{1}{2}} \\ &< 1+\frac{1}{1-\frac{1}{2}} = 3\end{aligned}$$

따라서 정리 2.13(단조수렴 정리)에 의하여 수열 $\{x_n\}$은 수렴하고 그 극한은 3을 초과하지 않는다.

우리는 이 수열의 극한을 실수 e로 나타내고, 이를 **오일러의 수**(Euler's number)라고

한다. 즉 $e=\lim_{n\to\infty}\left(1+\frac{1}{n}\right)^n$이다.

예제 2.15 모든 자연수 n에 대하여 **점화식**(recurrence formula) $y_1=3$, $y_{n+1}=\frac{y_n}{2}+\frac{3}{y_n}$으로 정의된 수열 $\{y_n\}$의 수렴성에 대하여 알아보자.

$y_1=3>0$이므로 이 수열의 모든 항은 양수이다. 또

$$y_{n+1}-y_n=\frac{y_n}{2}+\frac{3}{y_n}-y_n=\frac{6-y_n^2}{2y_n}$$

이 성립한다. 이제 모든 자연수 n에 대하여 $y_n>\sqrt{6}$임을 보이면, $y_{n+1}-y_n<0$이므로 $\{y_n\}$은 감소수열이고 아래로 유계임을 알 수 있다. 분명히 $y_1>\sqrt{6}$이다. 모든 자연수 k에 대하여 $y_k>\sqrt{6}$이라 가정하면 $\sqrt{6}\,y_k>6$이고, 그래서 $\frac{1}{2}>\frac{3}{\sqrt{6}\,y_k}$이다. 따라서

$$\frac{1}{2}(y_k-\sqrt{6})>\frac{3}{\sqrt{6}\,y_k}(y_k-\sqrt{6})$$

이므로

$$\frac{y_k}{2}-\frac{\sqrt{6}}{2}>\frac{3}{\sqrt{6}}-\frac{3}{y_k}$$

이다. 그러므로

$$y_{k+1}=\frac{y_k}{2}+\frac{3}{y_k}>\frac{\sqrt{6}}{2}+\frac{3}{\sqrt{6}}=\sqrt{6}$$

이다. 따라서 모든 자연수 n에 대하여 $y_n>\sqrt{6}$이다. 그러므로 정리 2.13 (단조수렴 정리)에 의하여 수열 $\{y_n\}$은 수렴한다.

이 수열의 극한을 구하여 보자. $\lim y_n=l$이라 하면 $\lim y_{n+1}=l$이므로

$$y_{n+1}=\frac{y_n}{2}+\frac{3}{y_n}$$

에서

$$l=\frac{l}{2}+\frac{3}{l} \text{ 또는 } \frac{l}{2}=\frac{3}{l}$$

이다. $l>0$이므로 $l=\sqrt{6}$이다. 따라서 $\lim y_n=\sqrt{6}$이다.

연습문제 (2.3)

1. 수열 $\{a_n\}$을 다음과 같이 정의할 때 다음을 증명하여라.

   모든 자연수 n에 대하여 $a_n=1+\frac{1}{2^2}+\frac{1}{3^2}+\cdots+\frac{1}{n^2}$

   (1) $\{a_n\}$은 증가수열이다.

   (2) 모든 자연수 n에 대하여 $a_n \le 2-\frac{1}{n}$이다.

   (3) $\{a_n\}$은 수렴한다.

2. 수열 $\{a_n\}$을 다음과 같이 정의하자. 모든 자연수 n에 대하여

   $$a_1=1,\ a_{n+1}=\sqrt{a_n+1}$$

   그러면 $\lim a_n=\frac{1}{2}(1+\sqrt{5})$임을 증명하여라.

3. 정리 2.13(단조수렴 정리)의 증명을 완성하여라.

4. 모든 자연수 n에 대하여 $a_1=2,\ a_{n+1}=\frac{a_n^2+2}{2a_n}$로 정의된 수열 $\{a_n\}$은 $\sqrt{2}$로 수렴함을 증명하여라.

5. 수열 $\{t_n\}$을 다음과 같이 정의하자. 모든 자연수 n에 대하여

   $$t_1=1,\ t_{n+1}=\frac{t_n+1}{4}$$

   그러면 $\{t_n\}$은 감소수열임을 보이고 $\lim t_n=\frac{1}{3}$임을 증명하여라.

6. 다음 각 수열에 대하여 ① (위로 또는 아래로) 유계, ② 증가 또는 감소, ③ 수렴 또는 발산 여부를 판정하여라.

   (1) $\left\{\frac{n^2}{n^2+1}\right\}$

   (2) $\{n+(-1)^n n^2\}$

   (3) $\left\{(-1)^n+\frac{1}{n}\right\}$

   (4) $\left\{1-\frac{(-1)^n}{n}\right\}$

7. 모든 자연수 n에 대하여 수열 $\{a_n\}$이 $a_1=\sqrt{2},\ a_{n+1}=\sqrt{2+\sqrt{a_n}}$일 때 다음을 증명하여라.

   (1) $\{a_n\}$은 증가수열이다.

   (2) 모든 자연수 n에 대하여 $a_n<2$이다.

(3) $\{a_n\}$은 수렴하는 수열이다.

8. 모든 자연수 n에 대하여 $x_1=1$, $x_{n+1}=\sqrt{2x_n}$으로 정의된 수열 $\{x_n\}$은 2로 수렴함을 증명하여라.

9. 수열 $\{x_n\}$을 다음과 같이 정의할 때 물음에 답하여라.

   모든 자연수 n에 대하여 $x_1=2$, $x_{n+1}=\dfrac{2x_n+3}{x_n+2}$

   (1) 모든 자연수 n에 대하여 $x_n^2>3$임을 증명하여라.

   (2) $\{x_n\}$은 감소수열임을 증명하여라.

   (3) $\lim\limits_{n\to\infty} x_n$을 구하여라.

10. 다음 수열 $\{a_n\}$의 수렴·발산여부를 판정하여라.

   모든 자연수 n에 대하여 $a_n=\dfrac{1}{n+1}+\dfrac{1}{n+2}+\cdots+\dfrac{1}{2n}$

11. 모든 자연수 n에 대하여 $a_n=\dfrac{1\cdot3\cdot5\cdot7\cdots(2n-1)}{2\cdot4\cdot6\cdot8\cdots(2n)}$인 수열 $\{a_n\}$은 $0\leq\alpha<\frac{1}{2}$인 α로 수렴함을 증명하여라.

2.4 부분수열

수열의 부분수열에 대하여 알아보고 유계인 모든 수열은 수렴하는 부분수열을 갖는다는 수열에 대한 **볼차노-바이어슈트라스 정리**(Bolzano-Weierstrass theorem for sequences)와 수열의 극한을 구하지 않고 그 수열의 수렴·발산 여부를 판정할 수 있는 **코오시 수렴판정법**(Cauchy convergence criterion)에 대하여 알아보기로 하자.

〈정의 2.14〉

$\{x_n\}$은 수열이고 $\{n_k\}_{k=1}^{\infty}$는 $n_1<n_2<\cdots<n_k<\cdots$인 자연수의 순증가 수열이라 할 때, 수열 $\{x_{n_k}\}_{k=1}^{\infty}$를 $\{x_n\}$의 **부분수열**(subsequence)이라 한다.

앞에서 정의한 부분수열을 다음과 같이 생각하면 쉽게 이해할 수 있다.

$$\{x_n\}:\ x_1,\ x_2,\ x_3,\ x_4,\ x_5,\ x_6,\ x_7,\ x_8,\ x_9,\ x_{10},\ x_{11},\ x_{12},\ \cdots$$
$$\{x_{n_k}\}:\ x_{n_1},\qquad x_{n_2},\qquad\qquad x_{n_3},\ x_{n_4},\qquad x_{n_5},\ \cdots$$

따라서 부분수열 $\{x_{n_k}\}$에서 첨자 n_k는 $k \le n_k$가 됨을 알 수 있다(연습문제 2).

예제 2.16 수열 $\left\{\frac{1}{n^2}\right\}$과 $\left\{\frac{1}{2^n}\right\}$은 수열 $\left\{\frac{1}{n}\right\}$의 부분수열이다.

정리 2.15 수열 $\{x_n\}$이 x로 수렴하기 위한 필요충분조건은 $\{x_n\}$의 모든 부분수열 $\{x_{n_k}\}$이 x로 수렴할 때이다.

증명 $\varepsilon > 0$이라 하자. $\lim x_n = x$이므로 $n \ge N$이면

$$|x_n - x| < \varepsilon$$

을 만족하는 자연수 N이 존재한다. $k \le n_k$이므로 $k \ge N$이면 $n_k \ge N$이고, 그래서

$$|x_{n_k} - x| < \varepsilon$$

이다. 따라서 $\lim x_{n_k} = x$, 즉 부분수열 $\{x_{n_k}\}$는 x로 수렴한다.

역으로 수열 $\{x_n\}$은 자신의 부분수열이므로 $\{x_n\}$의 모든 부분수열 $\{x_{n_k}\}$이 x로 수렴하면 $\{x_n\}$은 x로 수렴한다. ■

다음의 따름정리는 위의 정리를 이용하면 쉽게 증명할 수 있다.

따름정리 2.16

(1) 수열 $\{x_n\}$이 수렴하고 어떤 실수 x로 수렴하는 부분수열이 존재하면 $\{x_n\}$은 x로 수렴한다.

(2) 서로 다른 값으로 수렴하는 수열 $\{x_n\}$의 두 개의 부분수열이 존재하면 $\{x_n\}$은 발산한다.

(3) 수열 $\{x_n\}$의 어떤 부분수열이 발산하면 $\{x_n\}$은 발산한다.

앞의 정리는 수열이 발산함을 보이는 데 유용하게 쓰인다.

예를 들면, 수열 $\{s_n\}=\{(-1)^n\}$이 어떤 실수 s로 수렴한다고 하면 이 수열의 모든 부분수열도 s로 수렴한다. 그러나 $\{s_{2n}\}$은 1로 수렴하고 $\{s_{2n-1}\}$은 -1로 수렴하므로 $\{s_n\}$은 발산한다.

정리 2.13(단조수렴 정리)을 이용하여 축소구간 정리를 증명하기 전에 구간열이 축소된다는 다음의 정의에 대하여 알아보자.

〈정의 2.17〉

구간열(sequence of intervals) $\{I_n\}$이 모든 자연수 n에 대하여 $I_n \supset I_{n+1}$, 즉

$$I_1 \supset I_2 \supset \cdots \supset I_n \supset I_{n+1} \supset \cdots$$

을 만족할 때, $\{I_n\}$은 **축소된다**(nested)고 한다.

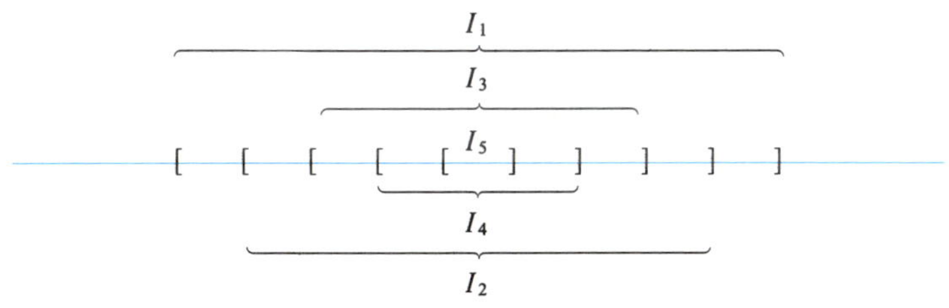

[그림 2.3] 축소구간

예를 들면, $I_n=\left[0, \frac{1}{n}\right]$이면 각 자연수 n에 대하여 $I_n \supset I_{n+1}$이고, 그래서 구간은 축소된다. 이 경우에

$$\bigcap_{n=1}^{\infty} I_n=\{0\}$$

이다. 일반적으로 축소구간이 반드시 공통점을 가질 필요는 없다. $I_n=\left(1, 1+\frac{1}{n}\right)$이라 하면 구간열은 축소된다. 그러나 공통점은 존재하지 않는다. 따라서 $\bigcap_{n=1}^{\infty} I_n=\varnothing$이다.

유계인 수열이 어떤 수렴하는 부분수열을 가짐을 증명하기 위해서 다음의 **축소구간 정리**(nested intervals theorem)가 필요하다.

정리 2.18 (축소구간 정리) 모든 자연수 n에 대하여 $I_n=[a_n, b_n]$이고 구간열 $\{I_n\}$은 축소된다고 하자. 즉

$$I_1 \supset I_2 \supset \cdots \supset I_n \supset I_{n+1} \supset \cdots$$

이라 하자. $\lim(b_n-a_n)=0$이면 모든 I_n에 속하는 유일한 실수 x가 존재한다.

증명 모든 자연수 n에 대하여 $I_n \supset I_{n+1}$이므로 $a_n \le a_{n+1} \le b_{n+1} \le b_n$이다. 따라서 수열 $\{a_n\}$에 대하여 집합 $S=\{a_n | n \in \mathbb{N}\}$이라 하자. 그러면 $S \ne \varnothing$이고 모든 자연수 n에 대하여 $a_n \le b_1$이므로 S는 위로 유계이다. 따라서 $\sup S$가 존재한다. 이를 x라 하자. 또 수열 $\{a_n\}$은 증가수열이므로 정리 2.13(단조수렴 정리)에 의하여 $\lim a_n = x$이다. 모든 자연수 n에 대하여 $x \in I_n$임을 보이자. 각 자연수 n에 대하여 b_n은 S의 상계이므로(왜?)

$$a_n \le x \le b_n$$

이고, 그래서 각 I_n에 대하여 $x \in I_n$이다. 이제 모든 자연수 n에 대하여 $y \in I_n$이라 하자. 그러면 모든 자연수 n에 대하여

$$a_n \le y \le b_n$$

이다. 그래서

$$0 \le y - a_n \le b_n - a_n$$

이고, 가정에 의하여 $\lim(b_n-a_n)=0$이므로 $\lim(y-a_n)=0$이다. 즉

$$y = \lim a_n = x$$

이다. 그러므로 x는 모든 I_n에 속하는 유일한 실수이다. ■

정리 2.19 (볼차노-바이어슈트라스 정리) 임의의 유계인 수열은 반드시 수렴하는 부분수열을 갖는다.

증명 $\{x_n\}$을 유계인 수열이라 하자. 모든 자연수 n에 대하여

$$|x_n| \le M$$

을 만족하는 실수 $M>0$이 존재한다. 그래서 모든 자연수 n에 대하여

$$x_n \in [-M, M]$$

이다. 구간 $[-M, 0]$와 $[0, M]$을 생각하자. 이 구간중 적어도 하나는 무한히 많은 x_n을 포함한다.(왜?) 이를 I_0이라 하자. 또 I_0을 두 구간으로 나누고 무한히 많은 x_n을 포함하는 구간을 I_1이라 하자. 이런 방법으로

$$I_0 \supset I_1 \supset I_2 \supset \cdots$$

인 축소구간열 $I_0, I_1, I_2, \cdots$을 얻을 수 있다. I_n의 길이는 $\frac{M}{2^n}$이고 $n \to \infty$이면

$$\frac{M}{2^n} \to 0$$

이다. 따라서 정리 2.18(축소구간 정리)에 의하여 모든 구간에 속하는 단 하나의 실수 x가 존재한다. $n_2 > n_1$가 되도록 $x_{n_1} \in I_1$, $x_{n_2} \in I_2$를 택한다. 또 $n_3 > n_2$가 되도록 $x_{n_3} \in I_3$를 택한다. (이는 I_n이 무한히 많은 x_n을 포함하기 때문에 가능하다.) 이런 방법을 계속하여 얻은 수열 $\{x_{n_k}\}$는 $\{x_n\}$의 부분수열이고

$$x_{n_k} \in I_k, \; x \in I_k$$

이므로

$$|x_{n_k} - x| < \frac{M}{2^k}$$

이다. 따라서 $\lim x_{n_k} = x$이다. 즉 유계인 수열은 수렴하는 부분수열을 갖는다. ■

이제 정리 2.19(볼차노-바이어슈트라스 정리)와 다음의 보조정리를 이용하여 실수의 집합에서 수열이 수렴할 필요충분조건은 그 수열이 코오시 수열임을 보이고자 한다.

보조정리 2.20 코오시 수열은 수렴한다.

증명 $\{x_n\}$을 코오시 수열이라 하면 정리 2.11에 의해서 유계이다. 그러므로 정리 2.19 (볼차노-바이어슈트라스 정리)에 의해서 수렴하는 부분수열 $\{x_{n_k}\}$가 존재한다. 부분수열 $\{x_{n_k}\}$가 어떤 실수 l로 수렴한다고 하자. $\varepsilon > 0$이라 하자. $m, n \geq N_1$이면

$$|x_m - x_n| < \frac{\varepsilon}{2}$$

을 만족하는 자연수 N_1이 존재한다. $\lim x_{n_k}=l$이므로 $k\geq N_2$이면

$$|x_{n_k}-l|<\frac{\varepsilon}{2}$$

을 만족하는 자연수 N_2가 존재한다. $N=\max\{N_1,\ N_2\}$이라 하자. $k\geq N$이면 $n_k\geq k$이므로

$$|x_k-l|\leq|x_k-x_{n_k}|+|x_{n_k}-l|<\frac{\varepsilon}{2}+\frac{\varepsilon}{2}=\varepsilon$$

이다. 따라서 $\lim x_n=l$이다. 그러므로 코오시 수열 $\{x_n\}$은 수렴한다. ■

실수의 집합에서 어떤 수열이 수렴하면 그 수열은 코오시 수열이고, 수열이 코오시 수열이면 그 수열은 수렴한다. 이를 이용하면 실질적으로 극한을 구할 필요없이 어떤 수열이 수렴함을 알 수 있다.

이제 중요한 **코오시 수렴 판정법**(Cauchy convergence criterion)에 대하여 알아보자.

정리 2.21 (코오시 수렴 판정법) 수열 $\{x_n\}$이 수렴할 필요충분조건은 수열 $\{x_n\}$이 코오시 수열일 때이다.

증명 보조정리 2.10에 의하여 모든 수렴하는 수열은 코오시 수열이다. 역으로 $\{x_n\}$이 코오시 수열이면 보조정리 2.20에 의하여 수열 $\{x_n\}$은 수렴한다. ■

예제 2.17 수열 $\left\{\frac{1}{n}\right\}$은 수렴한다. 이미 이 수열은 0으로 수렴함을 보였다. 이제 이 수열이 코오시 수열임을 보이면 수렴함을 알 수 있다.

$\varepsilon>0$이라 하면

$$N>\frac{2}{\varepsilon}$$

를 만족하는 자연수 N이 존재한다. 따라서 $m,\ n\geq N$이면

$$\frac{1}{m}\leq\frac{1}{N} \text{ 이고 } \frac{1}{n}\leq\frac{1}{N}$$

이다. 그러므로 $m,\ n\geq N$이면

$$\left|\frac{1}{m}-\frac{1}{n}\right| \leq \frac{1}{m}+\frac{1}{n} \leq \frac{2}{N} < \varepsilon$$

이다. ε은 임의의 양수이므로 수열 $\left\{\frac{1}{n}\right\}$은 코오시 수열이고, 정리 2.21 (코오시 수렴 판정법)에 의해서 이 수열은 수렴한다.

예제 2.18 $n \geq 3$인 모든 자연수 n에 대하여 $x_1=1$, $x_2=2$, $x_n=\frac{1}{2}(x_{n-1}+x_{n-2})$인 수열 $\{x_n\}$을 생각해 보자. 이 수열이 코오시 수열임을 보이면 수렴함을 알 수 있다.

$$|x_2-x_1|=1, \quad |x_3-x_2|=\frac{1}{2}$$

이므로, 수학적 귀납법에 의하여

$$|x_n-x_{n-1}|=\frac{1}{2^{n-2}}$$

임을 알 수 있다. 따라서 $m>n$이면

$$\begin{aligned}
|x_m-x_n| &\leq |x_m-x_{m-1}|+|x_{m-1}-x_{m-2}|+\cdots+|x_{n+1}-x_n| \\
&=\frac{1}{2^{m-2}}+\frac{1}{2^{m-3}}+\cdots+\frac{1}{2^n}+\frac{1}{2^{n-1}} \\
&=\frac{1}{2^{n-1}}\left(\frac{1}{2^{m-n-1}}+\frac{1}{2^{m-n-2}}+\cdots+\frac{1}{2^2}+\frac{1}{2}+1\right) \\
&<\frac{1}{2^{n-1}}\cdot 2=\frac{1}{2^{n-2}}
\end{aligned}$$

이다. $\varepsilon>0$이라 하자. 아르키메데스의 성질에 의하여

$$\frac{1}{2^N}<\frac{\varepsilon}{4}$$

을 만족하는 자연수 N이 존재한다. $m>n \geq N$이면

$$|x_m-x_n|<\frac{1}{2^{n-2}} \leq \frac{1}{2^{N-2}}<\varepsilon$$

이므로 $\{x_n\}$은 코오시 수열이고, 그래서 수렴한다.

연습문제 (2.4)

1. 수열 $\{x_n\}=\left\{1, \frac{1}{2}, \frac{1}{3}, \frac{1}{4}, \cdots\right\}$이고 수열 $\{u_k\}=\left\{\frac{1}{2}, \frac{1}{4}, \frac{1}{8}, \frac{1}{16}, \cdots\right\}$이라 하자. $u_k=x_{n_k}$이라 하면 n_k는 무엇인가?

2. 수열 $\{x_n\}$의 부분수열 $\{x_{n_k}\}$에서 첨자 수열 $\{n_k\}$는 $k \le n_k$가 성립함을 증명하여라.

3. 다음 수열의 극한을 구하여라.

   (1) $\left\{\left(1+\frac{1}{2n}\right)^2\right\}$ (2) $\left\{\left(1+\frac{1}{n}\right)^{2n}\right\}$

   (3) $\left\{\left(1+\frac{1}{n}\right)^{n-1}\right\}$ (4) $\left\{\left(1+\frac{1}{n^2}\right)^{n^2}\right\}$

4. 모든 자연수 n에 대하여 다음 식을 만족하는 수열 $\{x_n\}$은 수렴함을 증명하여라.

$$|x_n - x_{n+1}| \le \frac{1}{2^n}$$

5. $0<y_1<x_1$이라 하자. 모든 자연수 n에 대하여 수열 $\{x_n\}$과 $\{y_n\}$을 다음과 같이 정의할 때 물음에 답하여라.

$$x_{n+1}=\frac{x_n+y_n}{2}, \quad y_{n+1}=\sqrt{x_n y_n}$$

   (1) 모든 자연수 n에 대하여 $0<y_n<x_n$임을 증명하여라.

   (2) 수열 $\{y_n\}$은 증가수열이고 위로 유계이고, 수열 $\{x_n\}$은 감소수열이고 아래로 유계임을 증명하여라.

   (3) 모든 자연수 n에 대하여 $0<x_{n+1}-y_{n+1}<\frac{x_1-y_1}{2^n}$임을 증명하여라.

   (4) $\lim x_n=\lim y_n$임을 증명하여라.

6. $a_1>a_2>0$이고 $n\ge 2$인 모든 자연수 n에 대하여 $a_{n+1}=\frac{1}{2}(a_n+a_{n-1})$로 정의된 수열 $\{a_n\}$에 대하여 다음 물음에 답하여라.

   (1) 수열 $\{a_{2n+1}\}$은 감소수열임을 증명하여라.

   (2) 수열 $\{a_{2n}\}$은 증가수열임을 증명하여라.

   (3) 수열 $\{a_n\}$은 수렴함을 증명하여라.

   (4) 극한 $\lim a_n$을 구하여라.

7. 수열 $\{x_n\}$의 두 부분수열 $\{x_{2n}\}$과 $\{x_{2n-1}\}$이 어떤 실수 x로 수렴하면 수열 $\{x_n\}$은 수렴함을 증명하여라.

8. 수열 $\{a_n\}$과 $\{b_n\}$은 다음과 같이 정의하자.

$$a_1=1,\quad a_{n+1}=a_n+\frac{b_n}{2^n},\quad b_n=\begin{cases} \dfrac{1}{2} & (n\text{이 소수(prime)일 때}) \\ -1 & (n=1 \text{ 또는 } n\text{이 합성수일 때}) \end{cases}$$

그러면 수열 $\{a_n\}$은 수렴함을 증명하여라.

9. 다음과 같이 정의된 수열 $\{a_n\}$은 수렴함을 증명하여라.
$n\geq 2$인 모든 자연수 n에 대하여

$$a_1=\frac{1}{1!},\ a_2=a_1-\frac{1}{2!},\ a_n=a_{n-1}+(-1)^{n+1}\frac{1}{n!}$$

10. 다음과 같이 정의된 수열 $\{x_n\}$은 수렴함을 증명하여라.
모든 자연수 n에 대하여

$$|x_1-x_0|<1,\ x_{n+1}-x_n=(-1)^n|x_n-x_{n-1}|^2$$

11. 모든 자연수 n에 대하여 $F_0=1,\ F_1=1,\ F_{n+1}=F_n+F_{n-1}$로 정의된 수열

$$1,\ 1,\ 2,\ 3,\ 5,\ 8,\ 13,\ 21,\ 34,\ \cdots$$

을 **피보나찌 수열**(Fibonacci sequence)이라 한다.
모든 자연수 n에 대하여 $a_n=\dfrac{F_{n+1}}{F_n}$이라 할 때 다음 물음에 답하여라.

(1) 모든 자연수 n에 대하여 $a_{n+1}=1+\dfrac{1}{a_n}$임을 증명하여라.

(2) 수열 $\{a_n\}$은 수렴함을 증명하여라.

(3) 극한 $\lim a_n$을 구하여라.

12. $\mathbb{R}$에서 유계인 무한집합은 적어도 하나의 집적점을 가짐을 증명하여라. (이를 **집합에 대한 볼차노-바이어슈트라스 정리**(Bolzano-Weierstrass theorem for sets)라 한다. 집적점에 대한 정의는 정의 3.2를 보아라.)

13. 집합에 대한 볼차노-바이어슈트라스 정리를 이용하여 정리 2.19(수열에 대한 볼차노-바이어슈트라스 정리)를 증명하여라.

2.5 수열의 상극한과 하극한

수열 $\{n\}$은 유계가 아니므로 수렴하지 않는다. 또 수열 $\{(-1)^n n^2\}$은 진동하며 절대값은 커진다. 이 절에서는 이와 같은 수열을 다루기 위하여 상극한과 하극한의 개념을 소개하고자 한다.

〈정의 2.22〉

$\{x_n\}$을 수열이라 하자. 임의의 실수 $M>0$에 대해서 $n\geq N$이면

$$x_n > M$$

을 만족하는 자연수 N이 존재할 때, 수열 $\{x_n\}$은 ∞로 발산한다고 하고

$$\lim x_n = \infty$$

로 나타낸다. 또 임의의 실수 $M>0$에 대하여 $n\geq N$이면

$$x_n < -M$$

을 만족하는 자연수 N이 존재할 때, 수열 $\{x_n\}$은 $-\infty$로 발산한다고 하고

$$\lim x_n = -\infty$$

로 나타낸다.

예제 2.19 $\lim n^2 = \infty$임을 보여라.

풀이 임의의 실수 $M>0$에 대하여 $N>M$을 만족하는 자연수 N을 택하자. $n\geq N$이면

$$n^2 \geq n \geq N > M$$

이고, 그래서 $\lim n^2 = +\infty$이다.

예제 2.20 $\lim \dfrac{n^2+3}{n+1} = +\infty$임을 보여라.

풀이 $M>0$이라 하자. $N>2M$을 만족하는 자연수 N을 택하자. $n\geq N$이면

$$\frac{1}{2}n > M$$

이므로

$$\frac{n^2+3}{n+1} > \frac{n^2}{2n} = \frac{1}{2}n > M$$

이다. 그러므로

$$\lim \frac{n^2+3}{n+1} = +\infty$$

이다.

예제 2.21 $\lim(-n) = -\infty$임을 쉽게 알 수 있다.

정리 2.23 수열 $\{x_n\}$과 $\{y_n\}$에 대하여 $\lim x_n = \infty$이고 $\lim y_n > 0$이면, $\lim x_n y_n = \infty$이다. (사실 $\lim y_n$은 유한이거나 ∞일 수도 있다.)

증명 $M > 0$이라 하고

$$0 < l < \lim y_n$$

이 되도록 실수 l을 택하자. 그러면 $n \geq N_1$이면

$$y_n > l$$

을 만족하는 자연수 N_1이 존재한다. $\lim x_n = \infty$이므로, $n \geq N_2$이면

$$x_n > \frac{M}{l}$$

을 만족하는 자연수 N_2가 존재한다. $N = \max\{N_1, N_2\}$이라 하자. $n \geq N$이면

$$x_n y_n > \frac{M}{l} l = M$$

이므로 $\lim x_n y_n = \infty$이다. ■

정리 2.24 수열 $\{x_n\}$과 $\{y_n\}$이 모든 자연수 n에 대하여 $x_n \leq y_n$을 만족하면

(1) $\lim x_n = \infty$이면 $\lim y_n = \infty$이다.

(2) $\lim y_n = -\infty$이면 $\lim x_n = -\infty$이다.

증명은 연습문제로 독자에게 남긴다.

다음 정리는 극한을 구하는데 유용하게 사용된다.

정리 2.25 수열 $\{x_n\}$을 모든 자연수 n에 대하여 $x_n > 0$이라 하자. 그러면 $\lim x_n = \infty$일 필요충분조건은 $\lim \frac{1}{x_n} = 0$일 때이다.

증명 $\lim x_n = \infty$이라 하자. $\varepsilon > 0$이라 하고 $M = \frac{1}{\varepsilon}$이라 하자. $n \geq N$이면

$$x_n > M = \frac{1}{\varepsilon}$$

을 만족하는 자연수 N이 존재한다. 각 x_n은 양수이므로 $n \geq N$이면

$$\varepsilon > \frac{1}{x_n} > 0$$

이고, 그래서

$$\left| \frac{1}{x_n} - 0 \right| < \varepsilon$$

이 성립한다. 따라서 $\lim \frac{1}{x_n} = 0$이다.

역으로 $\lim \frac{1}{x_n} = 0$이라 가정하자. $M > 0$이라 하고 $\varepsilon = \frac{1}{M}$이라 하자. 그러면 $\varepsilon > 0$이다. 따라서 $n \geq N$이면

$$\left| \frac{1}{x_n} - 0 \right| < \varepsilon = \frac{1}{M}$$

을 만족하는 자연수 N이 존재한다. 각 x_n은 양수이므로 $n \geq N$이면

$$0 < \frac{1}{x_n} < \frac{1}{M}$$

이고, 그래서 $x_n > M$이다. 따라서 $\lim x_n = \infty$이다. ■

단조수렴 정리에 의하여 유계인 단조수열은 수렴한다. 다음의 정리에서 유계가 아닌 단조수열은 발산함을 알 수 있다. 증명은 연습문제로 독자에게 남긴다.

정리 2.26 (1) 수열 $\{x_n\}$이 위로 유계가 아닌 증가수열이면, $\lim_{n\to\infty} x_n = \sup\{x_n \mid n\in\mathbb{N}\} = \infty$이다.

(2) 수열 $\{x_n\}$이 아래로 유계가 아닌 감소수열이면, $\lim_{n\to\infty} x_n = \inf\{x_n \mid n\in\mathbb{N}\} = -\infty$이다.

수열 $\{x_n\}$과 각 자연수 k에 대하여 A_k와 B_k를

$$A_k = \sup\{x_k,\ x_{k+1},\ \cdots\} = \sup\{x_n \mid n\geq k\}$$
$$B_k = \inf\{x_k,\ x_{k+1},\ \cdots\} = \inf\{x_n \mid n\geq k\}$$

으로 정의하자. 그러면 모든 자연수 k에 대하여 $B_k \leq A_k$이다. 더구나 수열 $\{A_k\}$와 $\{B_k\}$는 모든 자연수 k에 대하여 다음을 만족한다.

$$A_k \geq A_{k+1}, \quad B_k \leq B_{k+1}$$

왜냐하면 $E_k = \{x_n \mid n\geq k\}$이라 하자. 그러면 $E_{k+1} \subset E_k$이다. 그러므로 $A_k = \sup E_k$이라 하면 모든 $n\geq k$에 대하여 $x_n \leq A_k$이다. 특히 모든 $n \geq k+1$에 대하여 $x_n \leq A_k$이다. 따라서 모든 자연수 k에 대하여

$$A_k \geq \sup E_{k+1} = A_{k+1}$$

이다. 같은 방법으로 모든 자연수 k에 대하여 $B_k \leq B_{k+1}$임을 보일 수 있다.

수열 $\{A_k\}$는 감소수열이고 $\{B_k\}$는 증가수열이므로 정리 2.13(단조수렴 정리)과 위의 정리에 의하여 극한이 항상 존재하거나 ∞ 또는 $-\infty$로 발산한다.

이제 임의의 수열에 대한 상극한과 하극한에 대하여 알아보자.

〈정의 2.27〉

수열 $\{x_n\}$에 대하여

$$A_k = \sup\{x_k,\ x_{k+1},\ \cdots\} = \sup\{x_n \mid n\geq k\}$$

로 정의하자. $x = \lim_{k\to\infty} A_k$일 때 x를 $\{x_n\}$의 **상극한**(limit superior)이라 한다. 또

$$B_k = \inf\{x_k,\ x_{k+1},\ \cdots\} = \inf\{x_n \mid n\geq k\}$$

로 정의하자. $x = \lim_{k\to\infty} B_k$일 때 x를 $\{x_n\}$의 **하극한**(limit inferior)이라 한다.

앞의 정의에서 수열 $\{x_n\}$의 상극한을

$$\limsup x_n \text{ 또는 } \overline{\lim}\, x_n$$

으로 나타내고, 하극한을

$$\liminf x_n \text{ 또는 } \underline{\lim}\, x_n$$

으로 나타낸다.

$A_1 \geq A_2 \geq \cdots \geq A_n \geq A_{n+1} \geq \cdots$이므로 $\lim_{k\to\infty} A_k = \inf\{A_k\}$이고, $B_1 \leq B_2 \leq \cdots \leq B_n \leq B_{n+1} \leq \cdots$이므로 $\lim_{k\to\infty} B_k = \sup\{B_k\}$이다. 따라서 임의의 수열은 항상 상극한과 하극한을 가진다. (물론 $\pm\infty$일 수도 있다.)

정리 2.28 수열 $\{x_n\}$에 있어서

(1) $\overline{\lim}\, x_n = \inf_n \sup_{k\geq n}\{x_k\}$이다.

(2) $\underline{\lim}\, x_n = \sup_n \inf_{k\geq n}\{x_k\}$이다.

증명은 연습문제로 독자에게 남긴다.

예제 2.22 수열 $\{x_n\} = \{(-1)^n\}$의 상극한과 하극한을 구하여라.

풀이 분명히 주어진 수열의 상한은 1이고 하한은 -1이다. 따라서 $A_k = \sup\{x_k, x_{k+1}, \cdots\}$일 때

$$A_1 = \sup\{-1, 1, -1, 1, \cdots\} = 1$$
$$A_2 = \sup\{1, -1, 1, -1, \cdots\} = 1$$
$$\vdots$$
$$A_k = \sup\{x_n \mid n \geq k\} = 1$$

이므로, $\overline{\lim}\, x_n = \lim_{k\to\infty} A_k = 1$이다.
같은 방법으로 $B_k = \inf\{x_n \mid n \geq k\} = -1$이므로, $\underline{\lim}\, x_n = \lim_{k\to\infty} B_k = -1$이다.

예제 2.23 수열 $\{(-1)^n n^2\}$의 상극한은 ∞이고 하극한은 $-\infty$이다.

예제 2.24 수열 $\left\{(-1)^n+\frac{1}{n}\right\}$의 상극한과 하극한을 구하여라.

풀이 $x_n=(-1)^n+\frac{1}{n}$이라 하자. n이 짝수이면 $x_n=1+\frac{1}{n}$이고, n이 홀수이면 $x_n=-1+\frac{1}{n}$이다. 이 수열을 수직선 위에 나타내면 다음과 같다.

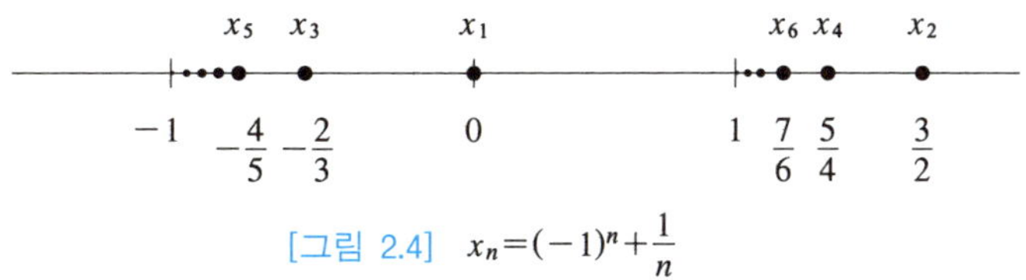

[그림 2.4] $x_n=(-1)^n+\frac{1}{n}$

집합 $E_k=\{x_n \mid n\geq k\}$이라 하자. k가 짝수이면

$$E_k=\left\{1+\frac{1}{k},\ -1+\frac{1}{k+1},\ 1+\frac{1}{k+2},\ \cdots\right\}$$

이므로 $A_k=\sup E_k=1+\frac{1}{k}$이고 $B_k=\inf E_k=-1$이다.
같은 방법으로 k가 홀수이면 $A_k=\sup E_k=1+\frac{1}{k+1}$이고 $B_k=\inf E_k=-1$이다.
따라서 모든 자연수 k에 대하여 $B_k=-1$이고

$$A_k=\begin{cases} 1+\dfrac{1}{k} & (k\text{가 짝수일 때}) \\ 1+\dfrac{1}{k+1} & (k\text{가 홀수일 때}) \end{cases}$$

이므로 $\overline{\lim}\, x_n=1$이고 $\underline{\lim}\, x_n=-1$이다.

예제 2.25 수열 $\left\{\frac{1}{n}\,\middle|\, n\in\mathbb{N}\right\}$의 상극한과 하극한을 구하여라.

풀이 각 자연수 k에 대하여

$$A_k=\sup\left\{\frac{1}{n}\,\middle|\, n\geq k\right\}=\frac{1}{k}$$

이고

$$B_k=\inf\left\{\frac{1}{n}\,\middle|\, n\geq k\right\}=0$$

이므로, $\overline{\lim}\dfrac{1}{n}=\underline{\lim}\dfrac{1}{n}=0$이다.

앞의 예제에서 수열이 수렴하면 상극한과 하극한이 같음을 알 수 있다.

다음 정리는 수열의 상극한과 하극한의 개념을 이용하여 그 수열이 수렴하는가를 알 수 있는 중요한 정리이다.

정리 2.29 유계인 수열 $\{x_n\}$이 수렴할 필요충분조건은 그 수열의 상극한과 하극한이 일치할 때이다. 이때 다음이 성립한다.

$$\lim x_n=\overline{\lim}\,x_n=\underline{\lim}\,x_n$$

증명 $\lim x_n=x$이라 하자. 임의의 $\varepsilon>0$에 대하여 $n\geq N$이면

$$|x_n-x|<\frac{\varepsilon}{2}$$

즉 $x-\dfrac{\varepsilon}{2}<x_n<x+\dfrac{\varepsilon}{2}$을 만족하는 자연수 N이 존재한다. 따라서 $n\geq N$이면

$$x-\frac{\varepsilon}{2}<A_n=\sup\{x_n,\ x_{n+1},\ \cdots\}\leq x+\frac{\varepsilon}{2}$$

이다. 따라서

$$x-\frac{\varepsilon}{2}\leq \lim A_n\leq x+\frac{\varepsilon}{2}$$

이다. 한편 $\lim A_n=\overline{\lim}\,x_n$이므로

$$x-\varepsilon<x-\frac{\varepsilon}{2}\leq\overline{\lim}\,x_n\leq x+\frac{\varepsilon}{2}<x+\varepsilon$$

즉 $|\overline{\lim}\,x_n-x|<\varepsilon$이 성립한다. ε은 임의의 양수이므로 $\overline{\lim}\,x_n=x$이다. 마찬가지로 $\underline{\lim}\,x_n=x$임을 증명할 수 있다.

역으로 수열 $\{x_n\}$의 상극한과 하극한이 일치한다고 하자. 즉

$$\overline{\lim}\,x_n=\underline{\lim}\,x_n=x$$

이라 하자.

$$x=\overline{\lim}\,x_n=\lim\sup\{x_n,\ x_{n+1},\ \cdots\}$$

이므로, 임의의 $\varepsilon>0$에 대하여 $n\geq N_1$이면

$$|\sup\{x_n,\ x_{n+1},\ \cdots\}-x|<\varepsilon$$

을 만족하는 자연수 N_1이 존재한다. 따라서 $n\geq N_1$이면 $x_n<x+\varepsilon$이다.
한편 $\underline{\lim}\, x_n=x$이므로 $n\geq N_2$이면

$$|\inf\{x_n,\ x_{n+1},\ \cdots\}-x|<\varepsilon$$

을 만족하는 자연수 N_2가 존재한다. 즉 $n\geq N_2$이면 $x_n>x-\varepsilon$이다.
$N=\max\{N_1,\ N_2\}$이라 하자. $n\geq N$이면 $x-\varepsilon<x_n<x+\varepsilon$ 즉

$$|x_n-x|<\varepsilon$$

이므로 $\lim x_n=x$이다. ■

∞로 발산하는 수열에 대해서도 앞의 정리와 비슷한 결과를 얻을 수 있다.

정리 2.30 수열 $\{x_n\}$에 대하여 $\overline{\lim}\, x_n=\infty=\underline{\lim}\, x_n$이면, 수열 $\{x_n\}$은 ∞로 발산한다.

증명 $\underline{\lim}\, x_n=\infty$이므로 임의의 실수 $M>0$에 대하여 $n\geq N$이면

$$\inf\{a_n,\ a_{n+1},\ \cdots\}>M$$

을 만족하는 자연수 N이 존재한다. 이것은 M이 집합 $\{a_n,\ a_{n+1},\ \cdots\}$의 하계임을 뜻한다. 따라서 $n\geq N$이면 $a_n>M$이므로 $\lim a_n=\infty$이다. 즉 수열 $\{x_n\}$은 ∞로 발산한다. ■

위 정리의 역도 성립함을 알 수 있다.

연습문제 (2.5)

1. 정리 2.24를 증명하여라.

2. 정리 2.26을 증명하여라.

3. 정리 2.28을 증명하여라.

4. 다음 수열 $\{x_n\}$의 상극한과 하극한을 구하여라.

$$x_n = n\sin^2\left(\frac{n\pi}{2}\right)$$

5. 다음과 같이 정의된 수열의 상극한과 하극한을 구하여라.

(1) $\{x_n\} = \{1+(-1)^n\}$

(2) $\{y_n\} = \left\{\frac{1}{2},\ 1,\ \frac{1}{4},\ \frac{1}{3},\ \frac{1}{6},\ \frac{1}{5},\ \cdots\right\}$

(3) $\{z_n\} = \{n^2[-1+(-1)^n]\}$

(4) $\{t_n\} = \left\{n\sin\frac{n\pi}{2}\right\}$

6. 수열 $\{a_n\}$이 유계일 때 다음은 동치임을 증명하여라.

(1) $\alpha = \overline{\lim}\, a_n$이다.

(2) 임의의 $\varepsilon > 0$에 대하여

(i) 적당한 자연수 n_0이 존재하여 $n \geq n_0$이면 $a_n < \alpha + \varepsilon$을 만족한다.

(ii) 임의의 자연수 n에 대하여 적당한 자연수 k가 존재하여 $k \geq n$이고 $a_k > \alpha - \varepsilon$을 만족한다.

7. 수열 $\{a_n\}$이 유계일 때 다음은 동치임을 증명하여라.

(1) $\beta = \underline{\lim}\, a_n$이다.

(2) 임의의 $\varepsilon > 0$에 대하여

(i) 적당한 자연수 n_0이 존재하여 $n \geq n_0$이면 $a_n > \beta - \varepsilon$을 만족한다.

(ii) 임의의 자연수 n에 대하여 적당한 자연수 k가 존재하여 $k \geq n$이고 $a_k < \beta + \varepsilon$을 만족한다.

8. 수열 $\{a_n\}$과 $\{b_n\}$이 유계일 때 다음이 성립함을 증명하여라.

$$\begin{aligned}\underline{\lim}\, a_n + \underline{\lim}\, b_n &\leq \underline{\lim}\,(a_n + b_n)\\ &\leq \underline{\lim}\, a_n + \overline{\lim}\, b_n\\ &\leq \overline{\lim}\,(a_n + b_n) \leq \overline{\lim}\, a_n + \overline{\lim}\, b_n\end{aligned}$$

9. 수열 $\{x_n\}$이 유계라 할 때 다음이 성립함을 증명하여라.

(1) $\underline{\lim}(-x_n) = -\overline{\lim}\, x_n$ (2) $\overline{\lim}(-x_n) = -\underline{\lim}\, x_n$

10. 수열 $\{x_n\}$은 유계인 수열이라 할 때 다음을 증명하여라.

(1) $\alpha > \limsup_{n\to\infty} x_n$이면, 모든 $n \geq N$에 대하여 $x_n < \alpha$를 만족하는 자연수 N이 존재한다.

(2) $\beta > \liminf_{n\to\infty} x_n$이면, 모든 $n \geq N$에 대하여 $x_n > \beta$를 만족하는 자연수 N이 존재한다.

3 함수의 극한

극한은 해석학의 중심 개념이다. 2장에서 수열의 극한을 다루었고 이제는 함수의 극한을 다루고자 한다. 3.1절에서는 집적점과 함수의 극한을 정의하고, 3.2절에서는 함수의 극한의 여러 가지 성질을 다룬다.

제 3 장
함수의 극한

3.1 함수의 극한

우리는 $\mathbb{R}$의 부분집합에서 정의된 함수에 대한 함수의 극한의 개념을 정의하고자 한다. 먼저 실수 a의 근방과 $\mathbb{R}$의 부분집합 D의 집적점에 대하여 알아보자.

〈정의 3.1〉

a는 실수이고 $\varepsilon>0$이라 하자. a의 ε-근방(ε-neighborhood of a)이란 a를 중심으로 하여 거리가 ε 이내에 있는 점들의 집합, 즉 유계인 열린구간 $(a-\varepsilon,\ a+\varepsilon)$를 말한다. 이를 $N_\varepsilon(a)$로 나타낸다. 즉

$$N_\varepsilon(a)=\{x\in\mathbb{R}\,|\,|x-a|<\varepsilon\}=\{x\in\mathbb{R}\,|\,a-\varepsilon<x<a+\varepsilon\}$$

이다. 그리고 집합 D에 포함되는 ε-근방 $N_\varepsilon(a)$가 존재하면 집합 D를 a의 근방이라 한다.

$N_\varepsilon(a)$에서 a를 제외한 집합을 **a를 제외한 ε-근방**(ε-deleted neighborhood of a)이라 하고 $N_\varepsilon^*(a)$로 나타낸다. 즉

$$N_\varepsilon^*(a)=\{x\in\mathbb{R}\,|\,0<|x-a|<\varepsilon\}=(a-\varepsilon,\ a)\cup(a,\ a+\varepsilon)$$

이다.

앞의 정의에서 a의 ε-근방은 임의의 $\varepsilon>0$에 대하여 구간 $(a-\varepsilon,\ a+\varepsilon)$이고, a를 제외한 ε-근방은 임의의 $\varepsilon>0$에 대하여 구간 $(a-\varepsilon,\ a+\varepsilon)-\{a\}$이다.

[그림 3.1]

예제 3.1 (1) $I=\{x\mid 0<x<1\}$이고 $a\in I$이라 하자. $\varepsilon=\min\{a,\ 1-a\}$이라 하면 $\varepsilon>0$이므로 $N_\varepsilon(a)$는 a의 한 ε-근방이다. 한편 임의의 $x\in N_\varepsilon(a)$이면 $0\le a-\varepsilon<x<a+\varepsilon\le 1$이므로 $x\in I$이다. 따라서 $N_\varepsilon(a)\subset I$이므로 I는 a의 근방이다.

(2) $I=\{x\mid 0\le x\le 1\}$이면 I는 0의 근방이 아니다. 왜냐하면 임의의 $\varepsilon>0$에 대하여 $|x|<\varepsilon$을 만족하는 $x<0$(그래서 $x\notin I$이다)이 존재하기 때문이다.

(3) 실수 a와 임의의 $\varepsilon>0$에 대하여 $x\in N_\varepsilon(a)$이면 $x=a$이다. 왜냐하면 임의의 $\varepsilon>0$에 대하여 $x\in N_\varepsilon(a)$이면 $|x-a|<\varepsilon$이므로 따름정리 1.18에 의하여 $x=a$이기 때문이다.

〈정의 3.2〉

D를 $\mathbb{R}$의 부분집합이라 하고 x를 실수라고 하자. 임의의 $\varepsilon>0$에 대하여

$$(x-\varepsilon,\ x+\varepsilon)\cap(D-\{x\})\neq\varnothing$$

일 때, 즉 x의 임의의 ε-근방 $N_\varepsilon(x)=(x-\varepsilon,\ x+\varepsilon)$가 x와 다른 D의 점을 적어도 하나 포함할 때 x를 D의 **집적점**(accumulation point 또는 cluster point) 또는 **극한점**(limit point)이라 한다. 어떤 점이 D에 속하지만 집적점이 아닐 때 이런 점을 D의 **고립점**(isolated point)이라 한다.

위의 집적점의 정의는 다음과 같이 바꿀 수 있다.
「각 자연수 n에 대하여 $0<|x-x_n|<\dfrac{1}{n}$을 만족하는 $x_n\in D$이 존재하면 점 x를 D의 집적점이라 한다.」

예제 3.2 (1) 0은 집합 $S=\left\{\frac{1}{n}\middle| n\in\mathbb{N}\right\}$의 집적점이다. 왜냐하면 0의 임의의 ε-근방은 S의 무한히 많은 점을 포함하기 때문이다. 사실 0은 S의 유일한 집적점이다. $r<0$이면 r의 근방 $\left(r-\frac{|r|}{2},\ r+\frac{|r|}{2}\right)\cap S=\varnothing$이다. $r>0$이면 r에 가장 가까운 S의 원소 $\frac{1}{m}\neq r$이 되도록 자연수 m을 택하자. $\varepsilon=\left|r-\frac{1}{m}\right|$이라 하면 r의 ε-근방 $N_\varepsilon(r)$은 S의 점을 많아야 하나 포함한다.(왜?) 따라서 $r\neq 0$인 r은 S의 집적점이 아니다. 여기서 $0\notin S$이다.

(2) 집합 $S=\{0\}\cup\left\{\frac{1}{n}\middle| n\in\mathbb{N}\right\}$의 집적점은 0이다. 여기서 $0\in S$이다.

(3) 구간 $(0,\ 1)$, $(0,\ 1]$, $[0,\ 1)$, $[0,\ 1]$의 집적점들의 집합은 $[0,\ 1]$이다.

(4) 유한집합 $A=\{x_1,\ x_2,\ \cdots,\ x_n\}$은 집적점을 가지지 않는다.(왜?)

정리 3.3 실수 a가 $\mathbb{R}$의 부분집합 D의 집적점일 필요충분조건은 $\lim a_n=a$이고 모든 자연수 n에 대하여 $a_n\neq a$인 D에서의 수열 $\{a_n\}$이 존재할 때이다.

증명 a가 D의 집적점이라 하면 임의의 자연수 n에 대하여 적어도 하나의 D의 원소 a_n이 a의 $\frac{1}{n}$-근방 $N_{\frac{1}{n}}(a)$에 존재한다. 그러므로 모든 자연수 n에 대하여 $a_n\in D$, $a_n\neq a$이고 $|a_n-a|<\frac{1}{n}$이므로 $\lim a_n=a$이다. 역으로 $\lim a_n=a$이고 모든 자연수 n에 대하여 $a_n\neq a$인 D에서의 수열 $\{a_n\}$이 존재한다고 하면, 임의의 $\varepsilon>0$에 대하여 $n\geq N$이면 $a_n\in N_\varepsilon(a)$를 만족하는 자연수 N이 존재한다. 그러므로 a의 ε-근방 $N_\varepsilon(a)$는 $n\geq N$이면 $a_n\in D$, $a_n\neq a$인 a_n을 포함한다. 따라서 a는 D의 집적점이다. ■

지금까지 우리는 함수 f가 점 a에서 어떤 실수 l로 수렴한다는 것은 x가 a에 한없이 가까이 접근할 때 함수값 $f(x)$는 l에 한없이 가까이 접근한다는 것임을 배웠다. 이 극한에 대한 설명은 직관적인 것이다. x가 a에 한없이 가까이 접근한다는 것은 얼마나 가깝게 있어야 충분히 가깝다는 것으로 볼 수 있는가 하는 문제를 가지고 있기 때문이다. 이러한 직관적인 정의로부터 벗어나서 논리적인 방법으로 함수의 극한을 정의하고자 한다. 이러한 방법을 ε-δ **방법**(ε-δ method)이라 한다.

앞으로 주어진 함수의 정의역으로 D를 사용하는 데 이는 $\mathbb{R}$의 공집합이 아닌 부분집합으로 생각한다. 그러나 함수의 정의역에 대한 특별한 언급이 없으면 함수의 정의역은 우리가 필요로 하는 적당한 영역으로 하기로 한다.

점 a에서 함수 f의 극한이 의미가 있으려면(meaningful) 점 a의 근방에서 함수 f가 정의되어야 한다. 그러나 점 a에서 함수가 정의될 필요는 없고 a의 가까운 점에서 정의되어야 한다. 이것이 다음 정의가 필요한 이유이다.

〈정의 3.4〉

함수 $f: D \to \mathbb{R}$이고 a를 D의 집적점이라 하자. 임의의 $\varepsilon > 0$에 대하여 $0 < |x-a| < \delta,\ x \in D$이면

$$|f(x) - l| < \varepsilon$$

을 만족하는 $\delta > 0$가 존재할 때 $x = a$에서 f의 **극한**(limit of f at $x = a$)을 l이라 한다. 또는 f는 $x = a$에서 극한 l에 **수렴한다**(converges to l)고 한다. 이때 기호로

$$\lim_{x \to a} f(x) = l, \quad \text{또는} \quad x \to a\text{이면} \quad f(x) \to l$$

로 나타낸다.

만일 함수 f가 a에서 극한을 가지지 않으면 f는 a에서 **발산한다**(diverges at a)고 한다.

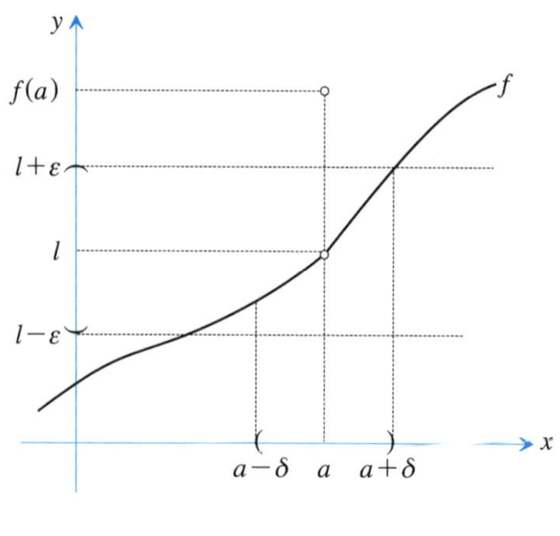

[그림 3.2]

주의 (1) f가 $x = a$에서 정의될 필요는 없다. 즉 정의되거나 정의되지 않아도 극한에는 아무 상관 없다.

(2) 위의 정의에서 $0 < |x-a| < \delta,\ x \in D$는 $x \in (a-\delta,\ a+\delta) \cap (D - \{a\})$ 또는 $x \in$

$N_\delta^*(a)\cap D$로 나타낼 수도 있다. 또 $x=a$에서 함수 f의 극한을 가지도록 임의의 $\varepsilon>0$을 선택한다. 이 ε은 통상 매우 작은 값이다. $x\in(a-\delta,\ a+\delta)$이고 x가 f의 정의역 D에 속하면 적당한 실수 l에 대하여 $f(x)\in(l-\varepsilon,\ l+\varepsilon)$을 만족하는 $\delta>0$를 찾아야 한다. 실제로 ε의 값이 변하면 δ의 값도 변하므로 δ는 ε의 함수로 볼 수도 있다.

예제 3.3 $\lim_{x\to a} b=b$임을 보여라.

풀이 $\varepsilon>0$이 주어지면 $\delta=\varepsilon$라 하자. 또 $f(x)=b$이라 하자. $0<|x-a|<\delta$이면 $|f(x)-b|=|b-b|=0<\varepsilon$이다. 그러므로 $\lim_{x\to a} b=b$이다.

예제 3.4 $\lim_{x\to a} x^2=a^2$임을 보여라.

풀이 $\varepsilon>0$이 주어지면 $\delta=\min\left\{1,\ \dfrac{\varepsilon}{2|a|+1}\right\}$라 하자.

$0<|x-a|<\delta\le 1$이면 $|x|<|a|+1$이다. 그리고

$$\begin{aligned}|x^2-a^2|&=|x+a|\,|x-a|\\&\le(|x|+|a|)|x-a|\le(2|a|+1)|x-a|\\&<(2|a|+1)\delta\le(2|a|+1)\frac{\varepsilon}{2|a|+1}=\varepsilon\end{aligned}$$

이다. 즉 $0<|x-a|<\delta$이면 $|x^2-a^2|<\varepsilon$이다. 그러므로 $\lim_{x\to a} x^2=a^2$이다.

예제 3.5 $a>0$일 때 $\lim_{x\to a}\dfrac{1}{x}=\dfrac{1}{a}$임을 보여라.

풀이 $f(x)=\dfrac{1}{x}$이라 하자. $x>0$에 대하여

$$\left|f(x)-\frac{1}{a}\right|=\left|\frac{1}{x}-\frac{1}{a}\right|=\frac{1}{ax}|x-a|$$

임을 알 수 있다. $|x-a|<\dfrac{1}{2}a$이면 $\dfrac{1}{2}a<x<\dfrac{3}{2}a$이므로

$$0<\frac{1}{ax}<\frac{2}{a^2}$$

이다. 그리고

$$\left|f(x)-\frac{1}{a}\right|<\frac{2}{a^2}|x-a|$$

이다. 이것이 $\varepsilon>0$보다 작아지기 위해서는 $|x-a|<\frac{1}{2}a^2\varepsilon$을 만족하면 충분하다. 이제 우리는 δ를 찾을 충분한 준비를 하였다. $\delta=\min\left\{\frac{1}{2}a,\ \frac{1}{2}a^2\varepsilon\right\}$으로 택하자. $0<|x-a|<\delta$이면 $|x-a|<\frac{1}{2}a^2\varepsilon$이고, 그래서

$$\left|f(x)-\frac{1}{a}\right|=\left|\frac{1}{x}-\frac{1}{a}\right|<\frac{2}{a^2}|x-a|<\varepsilon$$

이므로

$$\lim_{x\to a}\frac{1}{x}=\frac{1}{a}$$

이 성립한다.

정의 3.1과 정의 3.4를 이용하여 다음의 정리가 성립함을 보일 수 있다. 증명은 독자에게 남긴다.

정리 3.5 함수 $f: D\to\mathbb{R}$이고 a가 D의 집적점일 때 $\lim_{x\to a}f(x)=l$일 필요충분조건은 l의 임의의 ε-근방 $N_\varepsilon(l)$에 대하여 $x\in N_\delta^*(a)\cap D$이면 $f(x)\in N_\varepsilon(l)$을 만족하는 a의 δ-근방 $N_\delta(a)$가 존재할 때이다.

함수 $f: D\to\mathbb{R}$는 D의 집적점 a에서 극한을 가지지 않지만 $D\cap(a,\ \infty)$ 또는 $D\cap(-\infty,\ a)$으로의 제한함수는 a에서 극한을 가지는 경우가 있다. 이 제한함수의 극한을 **편측극한**(one-sided limit)이라 한다.

따라서 함수 f의 편측극한은 a의 δ-근방으로 $(a,\ a+\delta)$와 $(a-\delta,\ a)$인가에 따라 다음과 같이 정의한다.

〈정의 3.6〉

함수 $f: D\to\mathbb{R}$이고 a를 D의 집적점이라 하자.

(1) 임의의 $\varepsilon>0$에 대하여 $x\in(a,\ a+\delta)$, $x\in D$ 즉 $0<x-a<\delta$, $x\in D$이면

$$|f(x)-l|<\varepsilon$$

을 만족하는 $\delta>0$가 존재할 때, $x=a$에서 f의 **우극한**(right-hand limit)은 l이라 하고

$$\lim_{x\to a+} f(x)=l \text{ 또는 } f(a+)=l$$

으로 나타낸다.

(2) 임의의 $\varepsilon>0$에 대하여 $x\in(a-\delta,\ a)$, $x\in D$ 즉 $0<a-x<\delta$, $x\in D$이면

$$|f(x)-l|<\varepsilon$$

을 만족하는 $\delta>0$가 존재할 때, $x=a$에서 f의 **좌극한**(left-hand limit)은 l이라 하고

$$\lim_{x\to a-} f(x)=l \text{ 또는 } f(a-)=l$$

로 나타낸다.

다음의 정리는 극한과 편측극한의 관계를 말한다.

정리 3.7 함수 $f: D\to\mathbb{R}$이고 a를 집합 $D\cap(a,\ \infty)$와 $D\cap(-\infty,\ a)$의 집적점이라 하고 l은 실수이라 하자. 그러면 $\lim_{x\to a} f(x)=l$일 필요충분조건은 $\lim_{x\to a+} f(x)=l=\lim_{x\to a-} f(x)$일 때이다.

증명 만일 $\lim_{x\to a} f(x)=l$이라 하자. 임의의 $\varepsilon>0$에 대하여 $0<|x-a|<\delta$이면 $|f(x)-l|<\varepsilon$을 만족하는 $\delta>0$가 존재한다. 분명히 $0<x-a<\delta$이면 $|f(x)-l|<\varepsilon$이고, $0<a-x<\delta$이면 $|f(x)-l|<\varepsilon$이다. 그러므로 $\lim_{x\to a+} f(x)=l=\lim_{x\to a-} f(x)$가 성립한다. 역으로 $\lim_{x\to a+} f(x)=l=\lim_{x\to a-} f(x)$이라 하자. 임의의 $\varepsilon>0$이라 하자. $0<x-a<\delta_1$이면 $|f(x)-l|<\varepsilon$을 만족하는 $\delta_1>0$이 존재한다. 또한 $0<a-x<\delta_2$이면 $|f(x)-l|<\varepsilon$을 만족하는 $\delta_2>0$가 존재한다. 여기서 $\delta=\min\{\delta_1,\ \delta_2\}$라고 하면 $0<|x-a|<\delta$이면 $|f(x)-l|<\varepsilon$이 성립한다. 그러므로 $\lim_{x\to a} f(x)=l$이다. ■

예제 3.6 $x\neq0$일 때 함수 $f(x)=|x|+\dfrac{x}{|x|}$이라 하면, $\lim_{x\to0+} f(x)=1$이고 $\lim_{x\to0-} f(x)$

$=-1$이다. 그러나 $x=0$에서 $f(x)$는 정의되지 않는다.

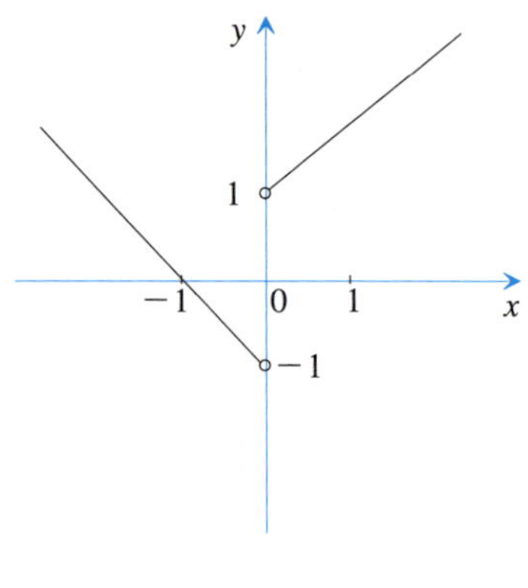

[그림 3.3]

예제 3.7 함수 $f(x)$가 다음과 같을 때 $x=1$에서 좌극한과 우극한을 구하여라.

$$f(x)=\begin{cases} 2x+1 & (x>1\text{일 때}) \\ \dfrac{x}{2} & (x\le 1\text{일 때}) \end{cases}$$

풀이 $\varepsilon>0$이라 하고 $\delta=\dfrac{\varepsilon}{2}$으로 택하자. $1<x<1+\delta$이면 분명히 $|x-1|<\delta$이다. 따라서

$$|f(x)-3|=|(2x+1)-3|=2|x-1|<2\delta=\varepsilon$$

이므로 $\lim_{x\to 1+} f(x)=3$이다. $\delta=2\varepsilon$으로 택하여 $\lim_{x\to 1-} f(x)=\dfrac{1}{2}$임을 보일 수 있다.

연습문제 (3.1)

1. 함수 $h:\mathbb{R}-\{0\}\to\mathbb{R}$가 $h(x)=\dfrac{\sqrt{x+1}-1}{x}$일 때, $\lim_{x\to 0} h(x)$의 값을 구하여라.

2. 함수 $f:\mathbb{R}\to\mathbb{R}$가 다음과 같을 때 모든 실수 a에 대하여 $\lim_{x\to a} f(x)$가 존재하지 않음을 증명하여라.

$$f(x)=\begin{cases} 1 & (x\text{는 유리수일 때}) \\ 0 & (x\text{는 무리수일 때}) \end{cases}$$

3. 극한 $\lim_{x\to 0}\frac{x}{|x|}$가 존재하는가?

4. 극한 $\lim_{x\to 0}\left(\frac{x+|x|(1+x)}{x}\sin\frac{1}{x}\right)$이 존재하면 구하여라.

5. 함수 $f(x)=2^{\frac{1}{x-1}}$에 대하여 $x=1$에서의 좌극한과 우극한을 구하여라.

6. 함수 $f: D\to\mathbb{R}$이고 a를 D의 집적점이라 하자. $\lim_{x\to a}f(x)=l$이면, $\lim_{x\to a}|f(x)|=|l|$임을 증명하여라.

7. 함수 $f:\mathbb{R}\to\mathbb{R}$가 다음과 같을 때 $\lim_{x\to 0}f(x)=0$임을 증명하여라.

$$f(x)=\begin{cases} x^2 & (x\geq 0\text{일 때}) \\ -x & (x<0\text{일 때}) \end{cases}$$

8. 함수 $f(x)=\frac{1}{x+2}$일 때 $\lim_{x\to -3}f(x)=-1$임을 정의 3.4를 이용하여 증명하여라.

9. 함수 $f:\mathbb{R}\to\mathbb{R}$가 다음과 같을 때 $\lim_{x\to 1}f(x)$가 존재하지 않음을 증명하여라.

$$f(x)=\begin{cases} 2x & (x>1\text{일 때}) \\ x & (x\leq 1\text{일 때}) \end{cases}$$

10. 함수 $f: D\to\mathbb{R}$이고 a를 D의 집적점이라 할 때 다음이 성립함을 증명하여라.

$$\lim_{x\to a}f(x)=\lim_{h\to 0}f(a+h)$$

11. 함수 $f(x)=x\left[\frac{2}{x}\right]+\frac{x}{2}-1$일 때 $\lim_{x\to 0+}f(x)=1$임을 증명하여라.

12. 함수 $f(x)=x-[x]$일 때 $\lim_{x\to 1+}f(x)=0$이고 $\lim_{x\to 1-}f(x)=1$임을 증명하여라.

13. 정의 3.6을 이용하여 다음 극한이 성립함을 증명하여라.

(1) $\lim_{x\to 0+}e^{-\frac{1}{x}}=0$

(2) $\lim_{x\to 0+}\frac{x^2}{x+|x|}=0$

14. 다음 극한이 존재하면 그 값을 구하여라.

(1) $\lim_{x \to 0-} \frac{2|x|}{x}$ (2) $\lim_{x \to 2+} \frac{x^2-4}{|x-2|}$

(3) $\lim_{x \to 0+} \left|\sin \frac{1}{x}\right|$ (4) $\lim_{x \to 0+} x^{\frac{1}{x}}$

(5) $\lim_{x \to 0+} \frac{4x[x]}{2x+|x|}$ (6) $\lim_{x \to 0-} \frac{4x[x]}{2x+|x|}$

15. $\lim_{x \to a+} f(x)=l$이고 $\lim_{x \to a+} g(x)=m$이면 $\lim_{x \to a+} [f(x)+g(x)]=l+m$임을 증명하여라.

3.2 함수의 극한의 성질

여기서는 함수의 극한의 몇 가지 성질들을 살펴보고자 한다.

정리 3.8 만일 함수의 극한이 존재한다면, 그 극한은 유일하다.

증명 함수 $f: D \to \mathbb{R}$이고 a를 D의 집적점이라 하자. $\lim_{x \to a} f(x)=l_1$이고 $\lim_{x \to a} f(x)=l_2$이면 $l_1=l_2$임을 보이자. $l_1 \neq l_2$라 가정하고 모순을 유도하여 보자. $\varepsilon=\frac{|l_1-l_2|}{2}>0$이라 하자. 그러면 $0<|x-a|<\delta_1$, $x \in D$이면 $|f(x)-l_1|<\varepsilon$을 만족하는 $\delta_1>0$이 존재한다. 또 $0<|x-a|<\delta_2$, $x \in D$이면 $|f(x)-l_2|<\varepsilon$을 만족하는 $\delta_2>0$가 존재한다. $\delta=\min\{\delta_1, \delta_2\}$이라 하자. $0<|x-a|<\delta$, $x \in D$이면

$$\begin{aligned} |l_1-l_2| &\leq |l_1-f(x)+f(x)-l_2| \\ &\leq |l_1-f(x)|+|f(x)-l_2| \\ &<\varepsilon+\varepsilon=2\varepsilon=|l_1-l_2| \end{aligned}$$

이다. 그러면 $|l_1-l_2|<|l_1-l_2|$이므로, 이것은 모순이다. 그러므로 $l_1=l_2$이다. ■

다음의 정리는 함수의 극한과 수열의 극한 사이의 관계를 보여주는 중요한 내용이다. 이를 **수열 판정법**(sequential criterion)이라 한다.

정리 3.9 (수열 판정법) 함수 $f: D \to \mathbb{R}$이고 a를 D의 집적점이라 하자. $\lim_{x\to a} f(x)=l$일 필요충분조건은 모든 자연수 n에 대하여 $x_n \neq a$이고 a에 수렴하는 D에서의 임의의 수열 $\{x_n\}$에 대하여

$$\lim_{n\to\infty} f(x_n)=l$$

일 때이다.

증명 $\varepsilon>0$이라 하자. $\lim_{x\to a} f(x)=l$이므로 $0<|x-a|<\delta$, $x\in D$이면

$$|f(x)-l|<\varepsilon$$

을 만족하는 $\delta>0$가 존재한다. $\lim_{n\to\infty} x_n=a$이므로 이러한 $\delta>0$에 대하여 $n\geq N$이면

$$|x_n-a|<\delta$$

를 만족하는 자연수 N이 존재한다. 한편 $x_n\neq a$이므로 $0<|x_n-a|$이다. $n\geq N$이면 $0<|x_n-a|<\delta$이므로

$$|f(x_n)-l|<\varepsilon$$

이다. 즉 $\lim_{n\to\infty} f(x_n)=l$이 성립한다.

역으로 $\lim_{x\to a} f(x)\neq l$이라 하자. 그러면 적당한 $\varepsilon_0>0$이 존재하여 모든 $\delta>0$에 대하여 $0<|z_\delta-a|<\delta$, $x\in D$이고 $|f(z_\delta)-l|\geq\varepsilon_0$을 만족하는 z_δ가 존재한다. 자연수 n에 대하여 $\delta=\frac{1}{n}$이라 하면 $0<\left|z_{\frac{1}{n}}-a\right|<\frac{1}{n}$이고

$$\left|f\left(z_{\frac{1}{n}}\right)-l\right|\geq\varepsilon_0$$

을 만족하는 $z_\delta=z_{\frac{1}{n}}$이 존재한다. $x_n=z_{\frac{1}{n}}$이라 하면 수열 $\{x_n\}$이 존재하여 $x_n\neq a$이고 $\lim_{n\to\infty} x_n=a$이다. 그러나

$$\lim_{n\to\infty} f(x_n)\neq l$$

이다. 이것은 모순이다. 그러므로 $\lim_{x\to a} f(x)=l$이 성립한다. ■

따름정리 3.10 함수 $f: D\to\mathbb{R}$이고 a를 D의 집적점이라 하면 다음은 동치이다.

(1) 함수 f는 a에서 극한을 갖지 않는다.
(2) 수열 $\{x_n\}$은 a로 수렴하지만 수열 $\{f(x_n)\}$은 수렴하지 않는 모든 자연수 n에 대하여 $x_n \neq a$인 D에서의 수열 $\{x_n\}$이 존재한다.

증명은 독자에게 남긴다.

예제 3.8 $x \neq 0$일 때 함수 $f(x) = \sin\frac{1}{x}$이라 하면 $\lim_{x\to 0} f(x)$는 존재하지 않음을 보여라.

풀이 $x_n = \frac{1}{n\pi}$이라 하면, $\lim_{n\to\infty} x_n = 0$이고 $\lim_{x\to\infty} f(x_n) = 0$이다. $y_n = \frac{1}{\frac{\pi}{2} + 2n\pi}$이라 하면, $\lim_{n\to\infty} y_n = 0$이고 $\lim_{n\to\infty} f(y_n) = 1$이다. 그러므로

$$\lim_{n\to\infty} f(x_n) \neq \lim_{n\to\infty} f(y_n)$$

이 성립한다. 이것은 $\lim_{x\to 0} f(x)$가 존재하지 않음을 말하는 것이다.

함수 $f,\ g : D \to \mathbb{R}$의 합(sum) $f+g$, 차(difference) $f-g$ 그리고 곱(product) fg를 다음과 같이 정의한다. 모든 $x \in D$에 대하여

$$(f \pm g)(x) = f(x) \pm g(x)$$
$$(fg)(x) = f(x)g(x)$$

또 실수 k에 대하여 스칼라 배(multiple) kf는 모든 $x \in D$에 대하여

$$(kf)(x) = kf(x)$$

로 정의하고, 몫(quotient) $\frac{f}{g}$는 모든 $x \in D$에 대하여 $g(x) \neq 0$일 때

$$\left(\frac{f}{g}\right)(x) = \frac{f(x)}{g(x)}$$

로 정의한다.

〈정의 3.11〉

함수 $f : D \to \mathbb{R}$에 대하여 모든 $x \in D$일 때 $|f(x)| \leq M$인 실수 $M > 0$이 존재할

때, 함수 f를 D에서 **유계함수**(bounded function)이라 한다.

참고 함수 $f: D \to \mathbb{R}$가 유계함수란 f의 치역 $f(D)=\{f(x) \mid x \in D\}$가 유계인 집합을 뜻한다.

다음은 쉬우면서도 많이 이용하는 보조정리에 대하여 알아보자.

보조정리 3.12 함수 $f: D \to \mathbb{R}$이고 a를 D의 집적점이라 하자. $\lim_{x \to a} f(x) = l$이면 a를 제외한 적당한 근방에서 함수 f는 유계이다. 즉 $\delta > 0$가 존재하여 $N_\delta^*(a)$에서 f는 유계이다.

증명 $\varepsilon = 1 > 0$을 생각하자. 그러면 $0 < |x-a| < \delta$, $x \in D$이면

$$|f(x) - l| < 1$$

을 만족하는 $\delta > 0$가 존재한다. 이것은 삼각부등식에 의하여 $|f(x)| - |l| < 1$이고 $|f(x)| < |l| + 1$이다. 따라서 $0 < |x-a| < \delta$, $x \in D$이면 $|f(x)| < |l| + 1$이다. 즉 $N_\delta^*(a)$에서 f는 유계이다. ■

위의 보조정리에서 함수 $f: D \to \mathbb{R}$가 D의 집적점 a에서 극한을 갖는다고 하면 f는 a의 어떤 근방에서 유계함수임을 알 수 있다.

예제 3.9 $\lim_{x \to 1} \frac{1}{|x-1|}$은 존재하지 않음을 보여라.

풀이 함수 $f(x) = \frac{1}{|x-1|}$는 $x \neq 1$인 모든 점에서 정의된다. 임의의 $N_\delta^*(1)$과 $M > 0$에 대하여 $|x-1| < \frac{1}{M}$을 만족하는 $x \in N_\delta^*(1)$를 택하자. 그러면 $f(x) = \frac{1}{|x-1|} > M$이 되고, 그래서 f는 $N_\delta^*(1)$에서 유계가 아니다. $N_\delta^*(1)$은 임의이므로 f는 $x=1$의 제외한 임의의 근방에서 유계가 아니다. 보조정리 3.12에 의하여 $\lim_{x \to 1} \frac{1}{|x-1|}$은 존재하지 않는다.

보조정리 3.13 함수 $f: D \to \mathbb{R}$이고 a를 D의 집적점이라 하고 $\lim_{x \to a} f(x) > 0$이라 하자. 그러면 $0 < |x-a| < \delta$, $x \in D$이면 $f(x) > 0$를 만족하는 $\delta > 0$가 존재한다.

증명 $\lim_{x\to a} f(x)=l$이라 하자. $\varepsilon=\frac{l}{2}>0$에 대하여 $0<|x-a|<\delta$, $x\in D$이면

$$|f(x)-l|<\varepsilon=\frac{l}{2}$$

이고, 그래서

$$-\frac{l}{2}<f(x)-l<\frac{l}{2}$$

을 만족하는 $\delta>0$가 존재한다. 따라서 $0<|x-a|<\delta$, $x\in D$이면

$$0<\frac{l}{2}<f(x)$$

이다. 즉 $0<|x-a|<\delta$, $x\in D$이면 $f(x)>0$을 만족하는 $\delta>0$가 존재한다. ■

다음의 정리를 이용하여 극한값을 구하면, 정의에 의해서 극한값을 구하는 것보다 편리하다.

정리 3.14 함수 $f, g: D\to\mathbb{R}$이고 a를 D의 집적점이라 하자. $\lim_{x\to a} f(x)=l$, $\lim_{x\to a} g(x)=m$이라 하면 다음이 성립한다.

(1) $\lim_{x\to a}(f+g)(x)=l+m$.

(2) $\lim_{x\to a}(f-g)(x)=l-m$.

(3) $\lim_{x\to a}(fg)(x)=lm$.

(4) 실수 k에 대하여 $\lim_{x\to a}(kf)(x)=kl$.

(5) 모든 $x\in D$에 대하여 $g(x)\neq 0$이고 $m\neq 0$일 때 $\lim_{x\to a}\left(\frac{f}{g}\right)(x)=\frac{l}{m}$.

증명 (1)과 (2)의 증명은 비슷하므로 (1)을 증명하기로 한다.
$\varepsilon>0$이라 하자. $0<|x-a|<\delta_1$, $x\in D$이면

$$|f(x)-l|<\frac{\varepsilon}{2}$$

이고, $0<|x-a|<\delta_2$, $x\in D$이면

$$|g(x)-m|<\frac{\varepsilon}{2}$$

을 만족하는 $\delta_1>0$과 $\delta_2>0$가 존재한다. $\delta=\min\{\delta_1, \delta_2\}$이라 하자.
$0<|x-a|<\delta$, $x\in D$이면

$$|f(x)+g(x)-(l+m)|\le|f(x)-l|+|g(x)-m|<\frac{\varepsilon}{2}+\frac{\varepsilon}{2}=\varepsilon$$

이다. 따라서 $\lim_{x\to a}(f+g)(x)=\lim_{x\to a}[f(x)+g(x)]=l+m$이 성립한다.

(3) $\varepsilon>0$이라 하자.

$$\begin{aligned}|f(x)g(x)-lm|&=|f(x)g(x)-lg(x)+lg(x)-lm|\\&\le|f(x)-l||g(x)|+|l||g(x)-m|\end{aligned}$$

이다. 보조정리 3.12에 의해서 $0<|x-a|<\delta_1$, $x\in D$이면

$$|g(x)|\le|m|+1$$

을 만족하는 $\delta_1>0$이 존재한다. 가정에서

$$\lim_{x\to a}f(x)=l,\quad \lim_{x\to a}g(x)=m$$

이므로, $0<|x-a|<\delta_2$, $x\in D$이면

$$|f(x)-l|<\frac{\varepsilon}{2(|m|+1)}$$

을 만족하는 $\delta_2>0$가 존재하고, $0<|x-a|<\delta_3$, $x\in D$이면

$$|g(x)-m|<\frac{\varepsilon}{2(|l|+1)}$$

을 만족하는 $\delta_3>0$이 존재한다. $\delta=\min\{\delta_1, \delta_2, \delta_3\}$이라 하자.
$0<|x-a|<\delta$, $x\in D$이면

$$\begin{aligned}|f(x)g(x)-lm|&\le|f(x)-l||g(x)|+|l||g(x)-m|\\&<\frac{\varepsilon}{2(|m|+1)}(|m|+1)+(|l|+1)\frac{\varepsilon}{2(|l|+1)}\\&=\frac{\varepsilon}{2}+\frac{\varepsilon}{2}=\varepsilon\end{aligned}$$

이므로

$$\lim_{x\to a}(fg)(x)=\lim_{x\to a}f(x)g(x)=lm$$

이 성립한다.

(4) $\varepsilon>0$이라 하자. $\lim_{x\to a}f(x)=l$이므로 $0<|x-a|<\delta$, $x\in D$이면

$$|f(x)-l|<\frac{\varepsilon}{|k|+1}$$

을 만족하는 $\delta>0$가 존재한다. 그러므로 $0<|x-a|<\delta,\ x\in D$이면

$$|(kf)(x)-kl|=|kf(x)-kl|=|k||f(x)-l|<(|k|+1)\frac{\varepsilon}{|k|+1}=\varepsilon$$

이 성립한다. 따라서

$$\lim_{x\to a}(kf)(x)=\lim_{x\to a}kf(x)=kl$$

이 성립한다.

(5) $\lim\limits_{x\to a}\dfrac{1}{g(x)}=\dfrac{1}{m}$임을 먼저 보이자. $\varepsilon>0$이라 하자.

$$\left|\frac{1}{g(x)}-\frac{1}{m}\right|=\frac{|m-g(x)|}{|g(x)m|}=\frac{1}{|g(x)||m|}|g(x)-m|$$

이다. $m\neq 0$이므로 $\dfrac{|m|}{2}>0$이다. $\lim\limits_{x\to a}g(x)=m$이므로 $0<|x-a|<\delta_1,\ x\in D$이면

$$|g(x)-m|<\frac{|m|}{2}$$

을 만족하는 $\delta_1>0$이 존재한다. 즉 $0<|x-a|<\delta_1, x\in D$이면 $\big||g(x)|-|m|\big|<\dfrac{|m|}{2}$이고, 그래서 $\dfrac{|m|}{2}<|g(x)|$이다. 따라서 $0<|x-a|<\delta_1,\ x\in D$이면

$$\frac{1}{|g(x)|}<\frac{2}{|m|}$$

이다. 그러므로 $0<|x-a|<\delta_1,\ x\in D$이면

$$\left|\frac{1}{g(x)}-\frac{1}{m}\right|=\frac{1}{|g(x)||m|}|g(x)-m|<\frac{2}{|m|^2}|g(x)-m|$$

이 성립한다. $\lim\limits_{x\to a}g(x)=m$이므로 $0<|x-a|<\delta_2,\ x\in D$이면

$$|g(x)-m|<\frac{|m|^2}{2}\varepsilon$$

을 만족하는 $\delta_2>0$가 존재한다. 이제 $\delta=\min\{\delta_1,\ \delta_2\}$이라 하자.
$0<|x-a|<\delta,\ x\in D$이면

$$\begin{aligned}\left|\frac{1}{g(x)}-\frac{1}{m}\right|&=\frac{1}{|g(x)||m|}|g(x)-m|\\&<\frac{2}{|m|^2}|g(x)-m|<\frac{2}{|m|^2}\frac{|m|^2}{2}\varepsilon=\varepsilon\end{aligned}$$

이다. 따라서 $\lim_{x\to a}\frac{1}{g(x)}=\frac{1}{m}$이 성립한다. 그러므로 (3)을 이용하면

$$\lim_{x\to a}\left(\frac{f}{g}\right)(x)=\lim_{x\to a}\frac{f(x)}{g(x)}=\lim_{x\to a}f(x)\frac{1}{g(x)}=l\frac{1}{m}=\frac{l}{m}$$

이 성립한다. ■

예제 3.5를 다음과 같이 쉽게 보일 수 있다.

예제 3.10 $a\neq 0$일 때 $\lim_{x\to a}\frac{1}{x}=\frac{1}{\lim_{x\to a}x}=\frac{1}{a}$이므로 $\lim_{x\to a}\frac{1}{x}=\frac{1}{a}$이다.

예제 3.11 $\lim_{x\to 2}\frac{x^2-4}{3x-6}=\frac{4}{3}$임을 보여라.

풀이 $f(x)=x^2-4$라 하면 $\lim_{x\to 2}f(x)=0$이다. $g(x)=3x-6$이라 하면 $\lim_{x\to 2}g(x)=0$이다. 그러므로 정리 3.14의 (5)를 이용할 수 없다. 그러나 $x\neq 2$이면

$$\frac{x^2-4}{3x-6}=\frac{(x+2)(x-2)}{3(x-2)}=\frac{x+2}{3}$$

이므로, $\lim_{x\to 2}\frac{x^2-4}{3x-6}=\lim_{x\to 2}\frac{x+2}{3}=\frac{4}{3}$이다.

예제 3.12 $\lim_{x\to 0}\frac{1}{x}$은 존재하지 않음을 보여라.

풀이 정리 3.14의 (5)를 이용할 수 없다. 왜냐하면 $m=\lim_{x\to 0}x=0$이기 때문이다. 함수 $f(x)=\frac{1}{x}$이라 하고 $x_n=\frac{1}{n}$이라 하자. 그러면

$$\lim_{n\to\infty}x_n=\lim_{n\to\infty}\frac{1}{n}=0$$

이다. 그러나 수열 $\{f(x_n)\}=\{n\mid n\in\mathbb{N}\}$은 유계가 아니다. 즉

$$\lim_{n\to\infty}f(x_n)$$

이 존재하지 않는다. 그러므로 따름정리 3.10에 의해서

$$\lim_{x\to 0}\frac{1}{x}$$

은 존재하지 않는다.

정리 3.15 함수 $f, g: D \to \mathbb{R}$이고 a를 D의 집적점이라 하자. 모든 $x \in D$에 대하여 $f(x) \le g(x)$이고 $\lim_{x \to a} f(x)$와 $\lim_{x \to a} g(x)$가 존재하면 다음이 성립한다.

$$\lim_{x \to a} f(x) \le \lim_{x \to a} g(x)$$

증명 결론을 부정하자. 즉 $\lim_{x \to a} f(x) - \lim_{x \to a} g(x) = k > 0$이라 하자. 정리 3.14의 (2)에 의하여 $k = \lim_{x \to a} [f(x) - g(x)]$가 성립한다. $\varepsilon = \frac{k}{2} > 0$이라 하자.
$0 < |x - a| < \delta$, $x \in D$이면

$$|f(x) - g(x) - k| < \varepsilon = \frac{k}{2}$$

를 만족하는 $\delta > 0$가 존재한다. 그러므로 $0 < |x - a| < \delta$, $x \in D$이면

$$-\frac{k}{2} < f(x) - g(x) - k < \frac{k}{2}$$

가 성립한다. 따라서 $0 < |x - a| < \delta$, $x \in D$이면 $f(x) - g(x) > \frac{k}{2} > 0$이다. 이것은 모든 $x \in D$에 대하여 $f(x) \le g(x)$에 모순이다. 그러므로

$$\lim_{x \to a} f(x) \le \lim_{x \to a} g(x)$$

이다. ■

주의 $f(x) < g(x)$이지만 $\lim_{x \to a} f(x) \le \lim_{x \to a} g(x)$일 수도 있다.

이제 정리 2.6(짜내기 정리)과 유사한 결과를 서술할 것이다. 증명은 연습문제로 독자에게 남긴다.

정리 3.16 (짜내기 정리) 함수 $f, g, h: D \to \mathbb{R}$이고 a를 D의 집적점이라 하자. 모든 $x \in D$에 대하여 $f(x) \le g(x) \le h(x)$이고 $\lim_{x \to a} f(x) = l = \lim_{x \to a} h(x)$이면 $\lim_{x \to a} g(x) = l$이다.

정리 3.17 함수 $f,\ g: D \to \mathbb{R}$이고 a를 D의 집적점이라 하자. 그러면 g는 D에서 유계함수이고 $\lim_{x\to a} f(x)=0$이면 $\lim_{x\to a} f(x)g(x)=0$이다.

증명은 연습문제로 독자에게 남긴다.

예제 3.13 $\lim_{x\to 0} x\sin\frac{1}{x}=0$임을 보여라.

풀이 먼저 정리 3.16(짜내기 정리)을 이용하자.

$-1\le\sin\frac{1}{x}\le 1$이고 $-|x|\le x\sin\frac{1}{x}\le|x|$이므로

$$0=-\lim_{x\to 0}|x|\le\lim_{x\to 0}x\sin\frac{1}{x}\le\lim_{x\to 0}|x|=0$$

이다. 그러므로 $\lim_{x\to 0} x\sin\frac{1}{x}=0$이다.

한편 정리 3.17을 이용하여 $\lim_{x\to 0} x\sin\frac{1}{x}=0$임을 보일 수 있다.

$f(x)=x,\ \ g(x)=\sin\frac{1}{x}$이라 하면 $\lim_{x\to 0} f(x)=0$이고 $g(x)$는 $\mathbb{R}$에서 유계이므로 $\lim_{x\to 0} f(x)g(x)=\lim_{x\to 0} x\sin\frac{1}{x}=0$이다.

x가 어떤 실수 a로 수렴할 때 함수 f는 무한히 커지거나 작아지는 경우가 있다.

〈정의 3.18〉

함수 $f: D\to\mathbb{R}$이고 a를 D의 집적점이라 하자.

(1) 임의의 실수 $M>0$에 대하여 $0<|x-a|<\delta,\ x\in D$이면 $f(x)>M$을 만족하는 $\delta>0$가 존재할 때,

$$\lim_{x\to a} f(x)=\infty,\ \text{또는}\ x\to a\text{이면}\ f(x)\to\infty$$

로 나타낸다.

(2) 임의의 실수 $M>0$에 대하여 $0<|x-a|<\delta,\ x\in D$이면 $f(x)<-M$을 만족하는 $\delta>0$가 존재할 때,

$$\lim_{x\to a} f(x) = -\infty, \text{ 또는 } x\to a\text{이면 } f(x)\to -\infty$$

로 나타낸다.

예제 3.14 $\lim_{x\to 1}\frac{1}{(x-1)^2}=\infty$임을 보여라.

풀이 임의의 실수 $M>0$에 대하여 $\delta=\frac{1}{\sqrt{M}}$이라 하자. $0<|x-1|<\delta$이면 $(x-1)^2 =|x-1|^2<\delta^2=\frac{1}{M}$, 즉 $\frac{1}{(x-1)^2}>M$이므로 $\lim_{x\to 1}\frac{1}{(x-1)^2}=\infty$이다.

예제 3.15 $\lim_{x\to 0}\log|x|=-\infty$임을 보여라.

풀이 임의의 실수 $M>0$에 대하여 $\delta=e^{-M}$이라 하자. $0<|x-0|=|x|<\delta$이면 $|x|<e^{-M}$, 즉 $\log|x|<-M$이므로 $\lim_{x\to 0}\log|x|=-\infty$이다.

우리는 $\lim_{x\to a+} f(x)=\infty$, $\lim_{x\to a-} f(x)=\infty$, $\lim_{x\to a+} f(x)=-\infty$ 그리고 $\lim_{x\to a-} f(x)=-\infty$에 대하여 정의 3.18과 유사한 방법으로 정의할 수 있다.

예제 3.16 $x\neq 1$일 때 함수 $f(x)=\frac{1}{x-1}$이라 하자. 임의의 실수 $M>0$에 대하여 $\delta=\frac{1}{M}$이라 하자. $0<x-1<\delta$이면 $f(x)=\frac{1}{x-1}>\frac{1}{\delta}=M$이므로 $\lim_{x\to 1+} f(x)=\infty$이다. 한편 $0<1-x<\delta$이면 $f(x)<-\frac{1}{\delta}=-M$이므로 $\lim_{x\to 1-} f(x)=\frac{1}{x-1}=-\infty$이다.

이제 $\lim_{x\to\infty} f(x)=l$과 $\lim_{x\to\infty} f(x)=\infty$에 대하여 정의하고자 한다. 전자는 x가 무한히 커질 때 $f(x)$가 l에 한없이 가까이 접근함을 의미하고, 후자는 x가 무한히 커질 때 $f(x)$가 무한히 커짐을 의미한다.

〈정의 3.19〉

함수 $f : D\to\mathbb{R}$이라 하자.

(1) 임의의 $\varepsilon>0$에 대하여 $x>M$이면

$$|f(x)-l|<\varepsilon$$

을 만족하는 실수 $M>0$이 존재할 때 $\lim_{x\to\infty}f(x)=l$이라 한다.

(2) 임의의 실수 $M>0$에 대하여 $x>K$이면

$$f(x)>M$$

을 만족하는 실수 $K>0$가 존재할 때 $\lim_{x\to\infty}f(x)=\infty$이라 한다.

우리는 $\lim_{x\to\infty}f(x)=-\infty$, $\lim_{x\to-\infty}f(x)=l$, $\lim_{x\to-\infty}f(x)=\infty$ 그리고 $\lim_{x\to-\infty}f(x)=-\infty$에 대하여 위의 정의와 유사한 방법으로 정의할 수 있다.

예제 3.17 $\lim_{x\to\infty}\left(-\frac{1}{2x+3}\right)=0$임을 보여라.

풀이 $\varepsilon>0$이라 하자. $M=\frac{1}{2\varepsilon}$이라 하자. 그러면 $M>0$이다. 따라서 $x>M$이면

$$\left|-\frac{1}{2x+3}-0\right|=\frac{1}{2x+3}<\frac{1}{2x}<\frac{1}{2M}=\varepsilon$$

이므로 $\lim_{x\to\infty}\left(-\frac{1}{2x+3}\right)=0$이다.

예제 3.18 $\lim_{x\to\infty}\sqrt{x}=\infty$이다. 왜냐하면 임의의 실수 $M>0$에 대하여 $K=M^2$이라 하자. $x>K$이면 $\sqrt{x}>\sqrt{K}=M$이므로 $\lim_{x\to\infty}\sqrt{x}=\infty$이다.

연습문제 (3.2)

1. 함수 $f:D\to\mathbb{R}$이고 a를 D의 집적점이라 하자. 모든 $x\in D$에 대하여 $f(x)\geq 0$이고 $\lim_{x\to a}f(x)=l$이면

$$\lim_{x\to a}\sqrt{f(x)}=\sqrt{l}$$

임을 증명하여라.

2. $x \neq 0$일 때 함수 $f(x)=\frac{1}{\sqrt{|x|}}$이라 하면, $\lim_{x\to 0+} f(x)=\lim_{x\to 0-} f(x)=\infty$임을 증명하여라.

3. 함수 $f:\mathbb{R}\to\mathbb{R}$가 모든 실수 x, y에 대하여

$$f(x+y)=f(x)+f(y)$$

를 만족하고 $\lim_{x\to 0} f(x)$가 존재하면 다음이 성립함을 증명하여라.

(1) $\lim_{x\to 0} f(x)=0$이다.

(2) 모든 실수 a에 대하여 $\lim_{x\to a} f(x)$가 존재한다.

4. 정리 3.16(짜내기 정리)을 증명하여라.

5. 정리 3.17을 증명하여라.

6. 정리 3.16(짜내기 정리)을 이용하여 다음을 증명하여라.

(1) $\lim_{x\to 0} \sin x=0$

(2) $\lim_{x\to 0} \cos x=1$

(3) $\lim_{x\to 0} \frac{\sin x}{x}=1$

(4) $\lim_{x\to 0} \frac{\cos x-1}{x}=0$

7. 함수 $f:\mathbb{R}\to\mathbb{R}$가 다음과 같을 때 $\lim_{x\to 0} f(x)$가 존재함을 증명하여라.

$$f(x)=\begin{cases} x & (x\text{는 유리수일 때}) \\ 0 & (x\text{는 무리수일 때}) \end{cases}$$

8. 함수 f, $g:D\to\mathbb{R}$이고 a를 D의 집적점이라 하자. 모든 $x\in D$에 대하여 $f(x)\leq g(x)$이고 $\lim_{x\to a} f(x)=\infty$이면 $\lim_{x\to a} g(x)=\infty$임을 증명하여라.

9. 함수 f, $g:(a, \infty)\to\mathbb{R}$이라 하자. 모든 $x\in(a, \infty)$에 대하여 $f(x)\leq g(x)$이고 $\lim_{x\to\infty} f(x)$와 $\lim_{x\to\infty} g(x)$가 존재하면, $\lim_{x\to\infty} f(x)\leq\lim_{x\to\infty} g(x)$가 성립함을 증명하여라.

10. 함수 $f:(a, \infty)\to\mathbb{R}$이고 l은 실수이라 하자. $\lim_{x\to\infty} xf(x)=l$이면 $\lim_{x\to\infty} f(x)=0$임을 증명하여라.

11. 다음을 증명하여라.

(1) $\lim_{x\to 0}\dfrac{1}{x^2}=\infty$　　　　(2) $\lim_{x\to -\infty}\dfrac{1}{x}=0$

12. $a>0$이라 하자. 함수 $f:(a,\infty)\to\mathbb{R}$일 때 $g(t)=f\left(\dfrac{1}{t}\right)$인 함수 $g:\left(0,\dfrac{1}{a}\right)\to\mathbb{R}$를 정의하자. 그러면 $\lim_{x\to\infty}f(x)=l$일 필요충분조건은 $\lim_{t\to 0}g(t)=l$일 때임을 증명하여라.

13. 함수 $f:\mathbb{R}-\{0\}\to\mathbb{R}$가 $f(x)=\dfrac{1}{|x|}$로 정의되었을 때 $\lim_{x\to 0}f(x)=\infty$임을 증명하여라.

14. $a>0$이라 하자. 함수 $f:[a,\infty)\to\mathbb{R}$에 대하여 $\lim_{x\to\infty}f(x)$가 존재한다고 가정하자. 그러면 임의의 $\varepsilon>0$에 대하여 $x, y>M$이면 $|f(x)-f(y)|<\varepsilon$을 만족하는 $M\in[a,\infty)$이 존재함을 증명하여라.

15. 함수 $f:\mathbb{R}\to\mathbb{R}$가 다음과 같을 때 $\lim_{x\to 0-}f(x)$와 $\lim_{x\to 0+}f(x)$가 존재하면 구하여라.

$$f(x)=\begin{cases} 1 & (x\in(-1,0)\text{일 때}) \\ \sin\dfrac{1}{x} & (x\in(0,1)\text{일 때}) \end{cases}$$

16. 함수 $f, g:D\to\mathbb{R}$이고 a를 D의 집적점이라 하자. $\lim_{x\to a}f(x)=l$, $\lim_{x\to a}g(x)=m$이고 a를 제외한 근방 $N_\delta^*(a)$ 안에 있는 모든 점 x에 대하여 $f(x)\le g(x)$이면 $l\le m$임을 증명하여라.

4

연속함수

해석학에서 다루는 함수 중에서 가장 중요한 함수는 연속함수이다. 이 장에서는 연속함수를 $\varepsilon-\delta$를 사용하여 엄밀히 정의하고 그에 따른 여러 가지 성질을 다룬다.

4.1절과 4.2절에서는 연속함수를 정의하고 최대 • 최소값의 정리, 중간값 정리 그리고 구간보존정리 등의 연속함수의 여러 가지 중요한 정리를 다루고, 4.3절에서는 함수의 균등연속성과 연속성과의 차이점 그리고 균등연속인 함수의 성질을 다룬다.

제 4 장

연속함수

4.1 연속함수

실수 a에서 함수 f의 극한은 a에서의 함수의 성질과 관계가 없음을 보았다. 다시 말하면 $f(a)$가 존재하지 않든지 또는 존재한다 하더라도 극한과 다를 수 있다. a에서의 극한이 $f(a)$와 같을 때 함수 f는 a에서 연속이라 한다. 이 절에서는 $\varepsilon-\delta$를 사용하여 **연속함수**(continuous function)를 정의하고 극한과 수열, 연속함수와의 관계에 대하여 공부하고자 한다.

이 장에서는 함수의 정의역으로 D를 사용하는데 이는 $\mathbb{R}$의 공집합이 아닌 부분집합으로 생각한다. 그러나 함수의 정의역에 대한 특별한 언급이 없으면 함수의 정의역은 우리가 필요로 하는 적당한 영역으로 하기로 한다.

〈정의 4.1〉

함수 $f: D\to\mathbb{R}$이고 $a\in D$이라 하자. 임의의 $\varepsilon>0$에 대하여 $|x-a|<\delta$, $x\in D$이면

$$|f(x)-f(a)|<\varepsilon$$

을 만족하는 $\delta>0$가 존재할 때, f는 a에서 **연속**(continuous at a)이라 한다.

f가 D의 모든 점에서 연속일 때, f는 D에서 **연속**(continuous on D)이라 한다.
f가 a에서 연속이 아닐 때, f는 a에서 **불연속**(discontinuous at a)이라 한다.

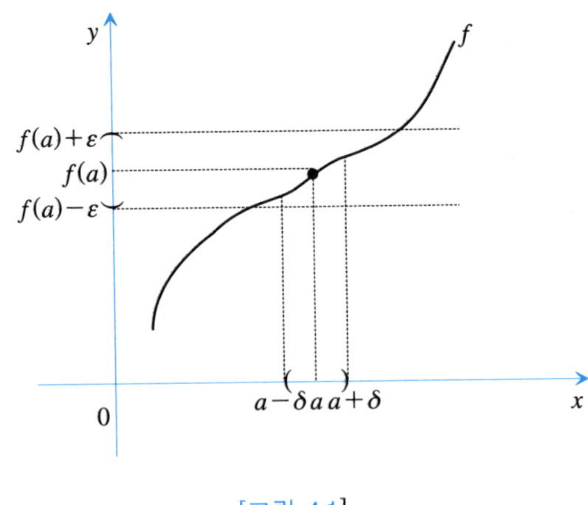

[그림 4.1]

위의 연속함수에 대한 정의는 다음과 같이 바꿀 수 있다.
「함수 $f: D \to \mathbb{R}$가 $a \in D$에서 연속일 필요충분조건은 임의의 $\varepsilon > 0$에 대하여 $x \in N_\delta(a) \cap D$이면 $f(x) \in N_\varepsilon(f(a))$를 만족하는 $\delta > 0$가 존재할 때이다.」

함수의 연속성의 정의와 함수의 극한의 정의는 매우 비슷하다. 그러나 몇 가지 중요한 차이점도 있다. 함수 f가 $x=a$에서 연속이 되려면 점 a는 반드시 함수 f의 정의역 D에 속해야 하고, $f(a)$가 정의되어야 한다. 그러나 점 a는 D의 집적점일 필요는 없다. 사실 $x=a$가 D의 고립점이라 하면 적당한 $\delta > 0$가 존재하여 $|x-a| < \delta$를 만족시키는 $x \in D$가 $x=a$뿐이다. 따라서 $|x-a| < \delta$이면 임의의 $\varepsilon > 0$에 대하여 $|f(x)-f(a)| = 0 < \varepsilon$이므로, 명백히 f는 $x=a$에서 연속이 됨을 알 수 있다.

만일 a가 D의 집적점이면 f가 a에서 연속일 필요충분조건은

$$\lim_{x \to a} f(x) = f(a)$$

일 때이다. 다시 말하면 f가 a에서 연속일 필요충분조건은

(1) $f(a)$가 정의되어야 하고,

(2) 극한 $\lim_{x \to a} f(x)$가 존재해야 하고,

(3) $\lim_{x \to a} f(x) = f(a)$가 성립할 때이다.

예제 4.1 상수함수는 연속이다. 실수 a에 대하여 함수 $f:\mathbb{R}\to\mathbb{R}$를 $f(x)=a$이라 하자. 임의의 실수 b에서의 f의 연속성을 조사하여 보자. 임의의 $\varepsilon>0$에 대하여 $|x-b|<\delta$이면 $|f(x)-f(b)|<\varepsilon$을 만족시키는 $\delta>0$가 존재함을 보이면 된다. 그런데 $|f(x)-f(b)|=|a-a|=0$이므로 $\delta=\varepsilon$에 대하여 $|x-b|<\delta$이면 $|f(x)-f(b)|=0<\varepsilon$이 성립한다. 따라서 f는 $x=b$에서 연속이다. b는 임의의 실수이므로 상수함수 f는 $\mathbb{R}$에서 연속이다.

예제 4.2 함수 $f:\mathbb{R}\to\mathbb{R}$를 $f(x)=x$이라 하자. f는 $\mathbb{R}$에서 연속임을 보여라.

풀이 임의의 실수 a를 고정하고 이 점에서 f의 연속성을 조사하여 보자.
임의의 $\varepsilon>0$에 대하여 $|x-a|<\delta$이면 $|f(x)-f(a)|<\varepsilon$을 만족시키는 $\delta>0$가 존재함을 보이면 된다. 그런데 $|f(x)-f(a)|=|x-a|$이므로 $\delta=\varepsilon$이라 하자. 그러면 $|x-a|<\delta$이면 $|f(x)-f(a)|=|x-a|<\delta=\varepsilon$이 성립한다. 따라서 f는 $x=a$에서 연속이다. a는 임의의 실수이므로 함수 $f(x)=x$는 $\mathbb{R}$에서 연속이다.

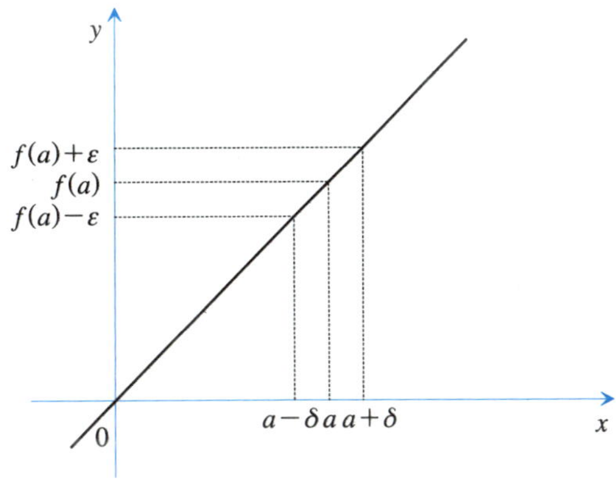

[그림 4.2] $f(x)=x$

예제 4.3 함수 $f(x)=x^2$은 $\mathbb{R}$에서 연속이다. 왜냐하면 임의의 실수 a에 대하여 3장의 예제 3.4에 의하여 $\lim_{x\to a} f(x)=a^2$이고 $f(a)=a^2$이므로 f는 $x=a$에서 연속이다. a는 임의의 실수이므로 함수 $f(x)=x^2$은 $\mathbb{R}$에서 연속이다.

예제 4.4 $D=(-1,\ 0)\cup(1,\ 2)\cup\{3\}$일 때 함수 $f:D\to\mathbb{R}$를

$$f(x)=\begin{cases} 0 & (x\in(-1,\ 0)\text{일 때}) \\ 1 & (x\in(1,\ 2)\text{일 때}) \\ 2 & (x=3\text{일 때}) \end{cases}$$

으로 정의할 때 f는 D에서 연속임을 보여라.

풀이 점 $x=3$은 D의 고립점이므로 함수 f는 $x=3$에서 연속이다. 또 구간 $(-1,\ 0)$과 $(1,\ 2)$에서 f는 각각 상수함수이므로 주어진 구간에서 연속이다. 따라서 f는 D에서 연속함수이다.

예제 4.5 함수 $f:\mathbb{R}\to\mathbb{R}$를

$$f(x)=\begin{cases} x\sin\dfrac{1}{x} & (x\neq 0\text{일 때}) \\ 0 & (x=0\text{일 때}) \end{cases}$$

으로 정의할 때 $x=0$에서의 f의 연속성을 조사하여라.

풀이 모든 실수 x에 대하여

$$|f(x)-f(0)|=\left|x\sin\frac{1}{x}\right|\leq|x|=|x-0|$$

이다. $\varepsilon>0$이라 하고 $\delta=\varepsilon$으로 택하자. 그러면 $|x-0|<\delta$이면

$$|f(x)-f(0)|\leq|x-0|<\delta=\varepsilon$$

이므로 f는 $x=0$에서 연속이다.

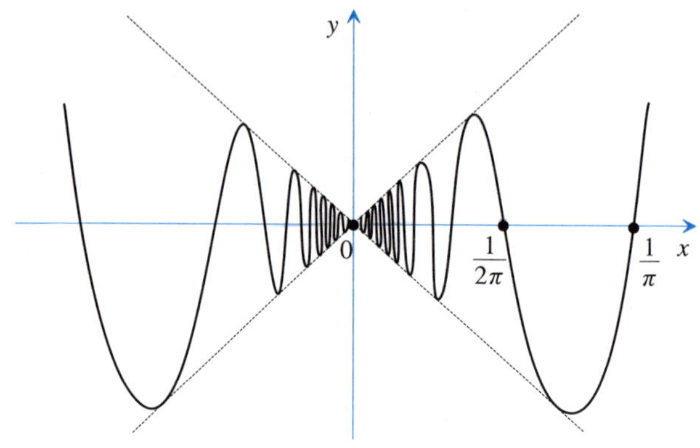

[그림 4.3] $f(x)=x\sin\frac{1}{x}(x\neq 0)$, $f(0)=0$

정리 4.2 함수 $f: D \to \mathbb{R}$이고 $a \in D$라고 하자. f가 a에서 연속일 필요충분조건은 a로 수렴하는 D에서의 임의의 수열 $\{x_n\}$에 대하여 수열 $\{f(x_n)\}$은 $f(a)$로 수렴할 때이다.

이 정리의 증명은 정리 3.9(수열 판정법)를 약간 수정하면 보일 수 있다. 다음의 **불연속 판정법**(discontinuity criterion)은 정리 4.2와 동치인 결과이다. 증명은 독자에게 남긴다.

정리 4.3 (불연속 판정법) 함수 $f: D \to \mathbb{R}$이고 $a \in D$라고 하자. f가 a에 불연속일 필요충분조건은 수열 $\{x_n\}$은 a에서 수렴하지만 수열 $\{f(x_n)\}$은 $f(a)$에 수렴하지 않는 D에서의 적당한 수열 $\{x_n\}$이 존재할 때이다.

참고 함수 $f: D \to \mathbb{R}$이고 $a \in D$라고 할 때 f가 a에서 연속이면, $x_n \to a$일 때

$$\lim_{n\to\infty} f(x_n) = f\left(\lim_{n\to\infty} x_n\right)$$

이 성립한다. 즉 f가 a에서 연속이면 극한기호 $\lim\limits_{n\to\infty}$와 함수기호 f는 서로 바꿀 수 있다.

예제 4.6 함수 $f: \mathbb{R} \to \mathbb{R}$를

$$f(x) = \begin{cases} 0 & (x\text{는 유리수일 때}) \\ x & (x\text{는 무리수일 때}) \end{cases}$$

으로 정의하면 f는 0에서 연속이고 그 외의 점에서는 불연속임을 보여라.

풀이 $\lim\limits_{x\to 0} f(x) = f(0)$임을 증명하자. $\varepsilon > 0$이라 하자. $\delta = \varepsilon$으로 택하자.
$|x-0| = |x| < \delta$이면

$$|f(x)-f(0)| = |f(x)-0| = |f(x)| \le |x| < \delta = \varepsilon$$

이므로 $\lim\limits_{x\to 0} f(x) = 0 = f(0)$이다. 따라서 f는 0에서 연속이다.
$x \ne 0$이면 $|x| > 0$이고 자연수 n_0이 존재하여 $\dfrac{1}{n_0} < |x|$를 만족한다.
x가 무리수인 경우에 먼저 증명하자. 각 자연수 n에 대하여

$$x_n = x - \frac{1}{n_0 + n}$$

이라 하면 x_n은 무리수이고 $x_n < y_n < x$를 만족하는 유리수 y_n이 존재한다. 그러면 무리수의 수열 $\{x_n\}$에 대하여 $\lim_{n\to\infty} x_n = x$이므로 유리수의 수열 $\{y_n\}$에 대하여 $\lim_{n\to\infty} y_n = x$이다. 따라서 수열 $\{f(y_n)\}$에 대하여

$$\lim_{n\to\infty} f(y_n) = 0 \neq x = f(x)$$

이다. x가 유리수인 경우에는 각 자연수 n에 대하여

$$x_n = x - \frac{1}{n_0 + n}$$

은 유리수이므로 $x_n < y_n < x$를 만족하는 무리수 y_n이 존재한다. 그러면 유리수의 수열 $\{x_n\}$에 대하여 $\lim_{n\to\infty} x_n = x$이므로 무리수의 수열 $\{y_n\}$에 대하여 $\lim_{n\to\infty} y_n = x$이다. 따라서 수열 $\{f(y_n)\}$에 대하여

$$\lim_{n\to\infty} f(y_n) = \lim_{n\to\infty} y_n = x \neq 0 = f(x)$$

이다. 그러므로 x가 0이 아닌 유리수이든 무리수이든 f는 x에서 불연속이다.

예제 4.7 함수 $f : \mathbb{R} \to \mathbb{R}$를

$$f(x) = \begin{cases} 1 & (x\text{는 유리수일 때}) \\ 0 & (x\text{는 무리수일 때}) \end{cases}$$

으로 정의하면 f는 모든 점에서 불연속임을 보여라.

풀이 a를 실수이라 하자. a가 유리수일 때 a로 수렴하는 무리수의 수열 $\{x_n\}$을 택하자.(따름정리 1.33(무리수의 조밀성)에 의하여 이 수열의 존재성이 보장된다.) 그러면 모든 자연수 n에 대하여 $f(x_n) = 0$이므로

$$\lim_{n\to\infty} f(x_n) = 0 \neq 1 = f(a)$$

이다. 따라서 f는 a에서 연속이 아니다. 즉 f는 a에서 불연속이다.

a가 무리수일 때 a로 수렴하는 유리수의 수열 $\{x_n\}$을 택하자.(정리 1.31(유리수의 조밀성)에 의하여 이 수열의 존재성이 보장된다.) 그러면 모든 자연수 n에 대하여 $f(x_n) = 1$이므로

$$\lim_{n\to\infty} f(x_n) = 1 \neq 0 = f(a)$$

이다. 따라서 f는 a에서 연속이 아니다. 즉 f는 a에서 불연속이다. 그러므로 f는 모든 점에서 불연속이다.

다음 함수는 무리수에서는 연속이고 유리수에서는 불연속인 아름다운 함수이다. 이 함수를 **디리클레 함수**(Dirichlet function)이라 한다.

예제 4.8 (디리클레 함수) 함수 $h : (0, 1) \to \mathbb{R}$를 다음과 같이 정의한다. $x \in (0, 1)$일 때

$$h(x) = \begin{cases} \dfrac{1}{n} & \left(x = \dfrac{m}{n}(m,\ n \in \mathbb{N})\text{이 기약분수일 때}\right) \\ 0 & (x\text{는 무리수일 때}) \end{cases}$$

예를 들면, $h\left(\frac{1}{4}\right) = h\left(\frac{3}{4}\right) = \frac{1}{4}$, $h\left(\frac{1}{5}\right) = h\left(\frac{2}{5}\right) = h\left(\frac{3}{5}\right) = h\left(\frac{4}{5}\right) = \frac{1}{5}$이다. 또 $h\left(\frac{\sqrt{3}}{4}\right) = 0$이다. 그러면 함수 h는 $(0, 1)$의 모든 무리수에서는 연속이지만, 유리수에서는 불연속임을 보여라.

풀이 $c \in (0, 1)$를 유리수이라 하자. 무리수의 수열 $x_n \in (0, 1)$이 존재하여 $\lim_{n\to\infty} x_n = c$를 만족한다. 그러면 모든 자연수 n에 대하여 $h(x_n) = 0$이므로 $\lim_{n\to\infty} h(x_n) = 0$이다. 그러나 c는 유리수이므로 $h(c) > 0$이다. 따라서

$$\lim_{n\to\infty} h(x_n) \neq h(c)$$

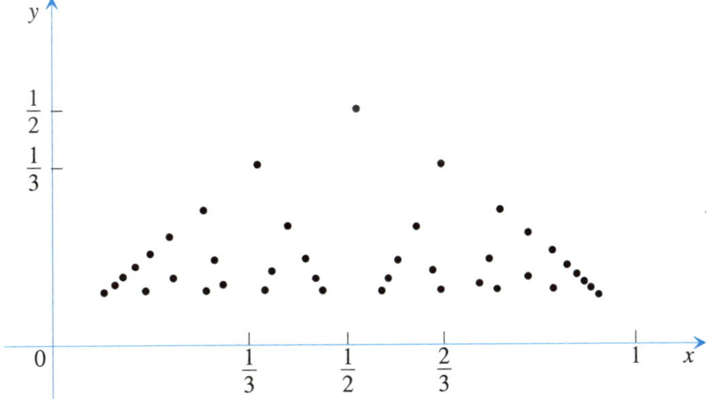

[그림 4.4]

이고, 그래서 h는 유리수 c에서 불연속이다.

이제 $d\in(0, 1)$가 무리수일 때 h는 d에서 연속임을 보이자. $\varepsilon>0$이라 하자. 그러면 $\frac{1}{n_0}<\varepsilon$인 자연수 n_0이 존재한다. 0과 1 사이에 있는 유리수 $\frac{m}{n}$(기약분수)으로서 그 분모 n이 $n\le n_0$인 수들의 집합을 Q_{n_0}이라 하면

$$\begin{aligned} Q_{n_0} &= \left\{\frac{m}{n} \,\middle|\, 1\le n\le n_0,\ 0<m<n\right\} \\ &= \left\{\frac{1}{2}, \frac{1}{3}, \frac{2}{3}, \frac{1}{4}, \frac{3}{4}, \frac{1}{5}, \cdots, \frac{1}{n_0}, \cdots, \frac{n_0-1}{n_0}\right\} \end{aligned}$$

이므로 Q_{n_0}은 유한집합이다. $d\notin Q_{n_0}$에 대하여 $\min\{|d-x| \mid x\in Q_{n_0}\}=\delta$로 놓으면 $\delta>0$이다. 구간 $(d-\delta,\ d+\delta)$ 안에 있는 유리수의 분모는 모두 n_0보다 큰 수를 가진다. 즉 $\frac{m}{n}\in(0,\ 1)$이 $\left|\frac{m}{n}-d\right|<\delta$가 성립하려면 $n>n_0$이어야 한다. 따라서 $|x-d|<\delta,\ x\in(0,\ 1)$이면

$$|h(x)-h(d)|=|h(x)|\le\frac{1}{n_0}<\varepsilon$$

이다. 그러므로 h는 무리수 d에서 연속이다.

정리 3.14의 응용으로 연속함수인 두 함수의 대수적 연산을 하여도 연속함수가 됨을 다음 정리에서 알 수 있다.

정리 4.4 $a\in D$이고 $f,\ g: D\to\mathbb{R}$가 a에서 연속함수이면 다음이 성립한다.

(1) 함수 $f+g,\ f-g$는 a에서 연속이다.

(2) k가 실수일 때 함수 kf는 a에서 연속이다.

(3) 함수 fg는 a에서 연속이다.

(4) 모든 $x\in D$에 대하여 $g(x)\neq0$이면 함수 $\frac{f}{g}$는 a에서 연속이다.

증명 정리 4.2와 정리 3.14를 이용하면 쉽게 증명할 수 있다. ■

다음의 정리는 주어진 함수의 정의역 D의 모든 점에 적용한 정리 4.4의 직접적인 결과이다.

따름정리 4.5 함수 $f,\ g : D \to \mathbb{R}$는 D에서 연속이고 k가 실수이라 하면 다음이 성립한다.

(1) 함수 $f+g,\ f-g,\ kf$ 그리고 fg는 D에서 연속이다.

(2) 모든 $x \in D$에 대하여 $g(x) \neq 0$이면 함수 $\dfrac{f}{g}$는 D에서 연속이다.

예제 4.9 다항식 $p(x) = a_n x^n + \cdots + a_1 x + a_0$는 $\mathbb{R}$에서 연속이다.

풀이 예제 4.1과 4.2 그리고 정리 4.4와 수학적 귀납법에 의하여 $a_0,\ x,\ x^2,\ \cdots,\ x^n$은 $\mathbb{R}$에서 연속이고, 그래서 $a_1 x,\ a_2 x^2,\ \cdots,\ a_n x^n$은 $\mathbb{R}$에서 연속이다. 그러므로 따름정리 4.5와 수학적 귀납법에 의하여 다항식 $P(x) = a_n x^n + \cdots + a_1 x + a_0$는 $\mathbb{R}$에서 연속이다.

예제 4.10 함수 $f(x) = \sin x$는 $\mathbb{R}$에서 연속임을 보여라.

풀이 실수 $x,\ y,\ z$에 대하여 $|\sin z| \leq |z|,\ |\cos z| \leq 1$이고

$$\sin x - \sin y = 2\sin\left[\frac{1}{2}(x-y)\right]\ \cos\left[\frac{1}{2}(x+y)\right]$$

이므로, 임의의 실수 a에 대하여

$$|\sin x - \sin a| \leq 2\left|\frac{1}{2}(x-a)\right| = |x-a|$$

이다. 그런데 $\lim_{x \to a} |x-a| = 0$이므로 $\lim_{x \to a} \sin x = \sin a$이다. 그러므로 f는 a에서 연속이다. a는 임의의 실수이므로 f는 $\mathbb{R}$에서 연속이다.

예제 4.11 함수 $g(x) = \dfrac{1}{x}$은 $x \neq 0$인 실수 x에서 연속임을 보여라.

풀이 함수 $h(x) = 1$는 $\mathbb{R}$에서 연속이고 항등함수 $i_d(x) = x$도 $\mathbb{R}$에서 연속이다. $x \neq 0$이면 $i_d(x) = x \neq 0$이므로

$$g(x) = \frac{1}{x} = \frac{h(x)}{i_d(x)}$$

이다. 따라서 정리 4.4의 (4)에 의해서 g는 $x \neq 0$인 실수 x에서 연속이다.

이제 우리는 함수 $f: A \to \mathbb{R}$는 a에서 연속이고 함수 $g: B \to \mathbb{R}$가 $f(a)$에서 연속이면 합성함수 $g \circ f$는 a에서 연속임을 보일 것이다.

정리 4.6 $a \in A$이고 함수 $f: A \to \mathbb{R}$, $g: B \to \mathbb{R}$라고 하자. 또한 $f(A) \subset B$이라 하자. f가 a에서 연속이고 g가 $f(a)$에서 연속이면 합성함수 $g \circ f$는 a에서 연속이다. 따라서 f가 A에서 연속이고 g가 B에서 연속이면 $g \circ f$는 A에서 연속이다.

증명 $\varepsilon > 0$이 주어지면 g가 $f(a)$에서 연속이므로 $|y - f(a)| < \delta_1$, $y \in B$이면

$$|g(y) - g(f(a))| < \varepsilon$$

을 만족하는 $\delta_1 > 0$이 존재한다. 이러한 $\delta_1 > 0$에 대하여 f가 a에서 연속이므로 $|x - a| < \delta$, $x \in A$이면

$$|f(x) - f(a)| < \delta_1$$

을 만족하는 $\delta > 0$가 존재한다. 따라서 $|x - a| < \delta$, $x \in A$이면

$$|f(x) - f(a)| < \delta_1$$

이고, 그래서

$$|(g \circ f)(x) - (g \circ f)(a)| = |g(f(x)) - g(f(a))| < \varepsilon$$

이다. 그러므로 $g \circ f$는 a에서 연속이다. ■

예제 4.12 함수 $f(x) = \dfrac{1}{x}$는 $x \neq 0$인 실수 x에서 연속이고 함수 $g(x) = \sin x$는 모든 실수 x에서 연속이므로, 합성함수 $(g \circ f)(x) = \sin \dfrac{1}{x}$는 $x \neq 0$인 실수 x에서 연속이다.

연습문제 (4.1)

1. 정리 4.2를 증명하여라.

2. 함수 $f: \mathbb{R} \to \mathbb{R}$를 다음과 같이 정의하자.

$$f(x)=\begin{cases} x & (x\text{는 유리수일 때}) \\ 1-x & (x\text{는 무리수일 때}) \end{cases}$$

그러면 f가 실수 a에서 연속일 필요충분조건은 $a=\frac{1}{2}$일 때임을 증명하여라.

3. 함수 $f:(a,\ b)\to\mathbb{R}$가 $c\in(a,\ b)$에서 연속이고 $f(c)>0$이라 하면, $|x-c|<\delta$인 모든 $x\in(a,\ b)$에 대하여 $f(x)>0$을 만족하는 $\delta>0$가 존재함을 증명하여라.

4. 함수 $f:[0,\ 1]\to\mathbb{R}$을 다음과 같이 정의하자.

$$f(x)=\begin{cases} x & (x\text{는 유리수일 때}) \\ x^2 & (x\text{는 무리수일 때}) \end{cases}$$

그러면 f는 $x=0,\ 1$에서 연속이지만 $(0,\ 1)$의 어떤 점에서도 연속이 아님을 증명하여라.

5. 다음과 같이 정의된 함수 $f:\mathbb{R}\to\mathbb{R}$는 0에서 불연속임을 증명하여라.

$$f(x)=\begin{cases} \dfrac{e^{\frac{1}{x}}}{1+e^{\frac{1}{x}}} & (x\neq 0\text{일 때}) \\ \dfrac{1}{2} & (x=0\text{일 때}) \end{cases}$$

6. 다음과 같이 정의된 함수 $f:\mathbb{R}\to\mathbb{R}$는 $\mathbb{R}$에서 연속임을 증명하여라.

$$f(x)=\begin{cases} e^{-\frac{1}{x^2}} & (x\neq 0\text{일 때}) \\ 0 & (x=0\text{일 때}) \end{cases}$$

7. 함수 $f,\ g:D\to\mathbb{R}$가 D에서 연속함수이면 다음이 성립함을 증명하여라.
   (1) $\max\{f,\ g\}(x)=\max\{f(x),\ g(x)\}$는 D에서 연속이다.
   (2) $\min\{f,\ g\}(x)=\min\{f(x),\ g(x)\}$는 D에서 연속이다.
   (3) $f^+(x)=\max\{f(x),\ 0\}$는 D에서 연속이다.

8. 연속함수 $f:\mathbb{R}\to\mathbb{R}$가 모든 유리수 r에 대하여 $f(r)=0$이면, 모든 실수 x에 대하여 $f(x)=0$임을 증명하여라.

9. 함수 $f(x)=\cot x$가 연속이 되는 x의 값을 구하여라.

10. 함수 $f(x)=x^x$는 $(0,\ \infty)$에서 연속인가?

11. 함수 $f:\mathbb{R}\to\mathbb{R}$가 모든 실수 $x,\ y$에 대하여

$$f(x+y)=f(x)+f(y)$$

이고 f가 0에서 연속이면, f는 모든 실수에서 연속임을 증명하여라.

12. $f:\mathbb{R}\to\mathbb{R}$는 연속함수이고 모든 실수 x, y에 대하여

$$f(x+y)=f(x)+f(y)$$

를 만족한다고 하면, 모든 실수 x에 대하여 $f(x)=ax$를 만족하는 실수 a가 존재함을 증명하여라.

13. 다음과 같은 함수 $f:[0, 1]\to\mathbb{R}$의 예를 말하여라.
「f는 $[0, 1]$의 모든 점에서 불연속이지만 $|f|$는 $[0, 1]$의 모든 점에서 연속이다.」

14. 함수 $f:(-1, 1)\to\mathbb{R}$를 $x=0$에서 연속이라 하자. 모든 $x\in(-1, 1)$에 대하여 $f(x)=f(x^2)$이라 하면, 모든 $x\in(-1, 1)$에 대하여 $f(x)=f(0)$임을 증명하여라.

15. (1) $f(x)=|x|$는 모든 실수에서 연속임을 증명하여라.
   (2) 함수 $f:\mathbb{R}\to\mathbb{R}$이고 $|f|$를 $|f|(x)=|f(x)|$라고 정의하자. (1)을 이용하여 f가 $\mathbb{R}$에서 연속이면, $|f|$도 $\mathbb{R}$에서 연속임을 증명하여라.

16. $a_n=\log(n+1)-\log n$일 때 수열 $\{a_n\}$의 수렴·발산 여부를 판정하여라.

4.2 연속함수의 성질

유계인 닫힌구간에서 정의된 연속함수는 특별한 성질을 가진다. 이 절에서는 이러한 성질－최대·최소값의 정리, 중간값 정리 등－을 다루고자 한다.

함수 $f:D\to\mathbb{R}$의 정의역 D가 닫힌구간일 때 끝점에서의 f의 연속성은 앞으로 배울 4.3절의 정의 4.21의 정의(편측연속)를 따르기로 한다. 이를 미리 보면 다음과 같다.

함수 $f:[a, b]\to\mathbb{R}$이라 하자. f가 (a, b)에서 연속이고 $\lim_{x\to a+} f(x)=f(a)$, $\lim_{x\to b-} f(x)=f(b)$를 만족하면 f는 $[a, b]$에서 연속이라 한다.

예제 4.13 함수 $f(x)=\sqrt{x}$는 $[0, 2]$에서 연속이다. 왜냐하면 $f(x)=\sqrt{x}$는 $(0, 2)$에서 연속이고 $\lim_{x\to 0+} f(x)=0$이고 $\lim_{x\to 2-} f(x)=\sqrt{2}$이기 때문이다.

주의 일반적으로 연속함수라고 반드시 유계는 아니다.

예를 들면, (0, 1)에서 정의된 함수 f를

$$f(x)=\frac{1}{x}$$

이라 하면 f는 유계가 아니다. 만약 f가 유계라면 $M>0$이 존재하여 모든 $x\in(0,\ 1)$에 대하여 $|f(x)|\leq M$을 만족해야 한다. 그러나 $\frac{1}{M+1}=x_0$이라 하면, $x_0\in(0,\ 1)$이고 $|f(x_0)|=M+1>M$이므로 이것은 모순이다. 그러므로 f는 (0, 1)에서 유계가 아니다.

다음의 보조정리에서 정의역이 유계인 닫힌구간이면 연속함수는 유계함수가 됨을 알 수 있다.

보조정리 4.7 함수 $f:[a,\ b]\to\mathbb{R}$가 $[a,\ b]$에서 연속이면 f는 $[a,\ b]$에서 유계함수이다.

증명 f가 $[a,\ b]$에서 유계가 아니라고 하자. 자연수 n에 대하여 $x_n\in[a,\ b]$이 존재하여 $|f(x_n)|>n$을 만족한다. 수열 $\{x_n\}$은 $[a,\ b]$에서의 수열이므로 $\{x_n\}$은 유계수열이다. 정리 2.19(볼차노-바이어슈트라스 정리)에 의하여 수렴하는 부분수열 $\{x_{n_k}\}$가 존재한다. $\lim\limits_{k\to\infty}x_{n_k}=c$이라 하자. $a\leq x_{n_k}\leq b$이므로 $a\leq c\leq b$이다. 즉 $c\in[a,\ b]$이다. f는 c에서 연속이므로

$$\lim_{k\to\infty}f(x_{n_k})=f(c)$$

이다. 여기서 $f(c)$는 실수이므로 $\{f(x_{n_k})\}$는 유계이다. 이것은 $|f(x_{n_k})|\geq n_k$이고

$$\lim_{k\to\infty}|f(x_{n_k})|\geq\lim_{k\to\infty}n_k=\infty$$

에 모순이다. 그러므로 f는 $[a,\ b]$에서 유계이다. ■

참고 위의 정리의 가정의 조건이 하나라도 만족하지 않으면 정리가 성립하지 않음을 알 수 있다.

(1) 정의역의 구간은 반드시 유계이어야 한다. 함수 $f(x)=x$는 유계가 아닌 닫힌구간 $[0,\ \infty)$에서 연속함수이지만 유계함수는 아니다.

(2) 정의역의 구간은 반드시 닫힌구간이어야 한다. 함수 $f(x)=\frac{1}{x}$는 열린구간 (0, 1)에

서 연속함수이지만 유계함수는 아니다.

(3) 함수는 반드시 연속이어야 한다. 다음과 같이 정의된 함수 $f(x)$는 유계인 닫힌 구간 $[0, 1]$에서 연속함수가 아니고, 또 유계함수도 아니다.

$$f(x)=\begin{cases} \dfrac{1}{x} \left(x\in(0,\ 1]\text{일 때}\right) \\ 1\ (x=0\text{일 때}) \end{cases}$$

다음은 최댓값과 최솟값을 갖는 필요조건을 보여주는 중요한 **최대·최소값의 정리** (maximum-minimum theorem)에 대하여 알아보자.

> **정리 4.8 (최대·최소값의 정리)** $f:[a,\ b]\to\mathbb{R}$를 $[a,\ b]$에서 연속함수이라 하면, 모든 $x\in[a,\ b]$에 대하여 $f(p)\le f(x)\le f(q)$를 만족하는 $p,\ q\in[a,\ b]$가 존재한다.

증명 보조정리 4.7에 의해서 f는 $[a,\ b]$에서 유계함수이므로

$$S^*=\sup\{f(x)\,|\,x\in[a,\ b]\},\quad S_*=\inf\{f(x)\,|\,x\in[a,\ b]\}$$

가 존재한다. 집합의 상한의 정의에 의하여 자연수 n에 대하여 $x_n\in[a,\ b]$이 존재하여

$$S^*-\frac{1}{n}<f(x_n)\le S^*$$

를 만족한다. 그러면 수열 $\{x_n\}$은 유계이므로 수렴하는 부분수열 $\{x_{n_k}\}$가 존재한다. 즉 $\lim_{k\to\infty}x_{n_k}$가 존재한다. 이것을 q이라 하자. $a\le x_{n_k}\le b$이므로 $a\le q\le b$이다. f는 q에서 연속이므로

$$\lim_{k\to\infty}f(x_{n_k})=f(q)$$

이고, 한편 모든 자연수 k에 대하여

$$S^*-\frac{1}{n_k}<f(x_{n_k})\le S^*$$

이므로

$$\lim_{k\to\infty}f(x_{n_k})=S^*$$

이고, 그래서 $f(q)=\lim_{k\to\infty}f(x_{n_k})=S^*=\sup\{f(x)\,|\,x\in[a,\ b]\}$이다.
같은 방법으로 $p\in[a,\ b]$가 존재하여 $f(p)=S_*$임을 증명할 수 있다. ■

다음의 정리는 어떤 구간에서의 연속함수는 두 함수값 사이에 있는 실수를 적어도 한번은 함수값으로 갖는다는 **중간값 정리**(intermediate value theorem)이다.

정리 4.9 (중간값 정리) $f:[a, b]\to\mathbb{R}$를 $[a, b]$에서 연속함수이라 하고 $f(a)<f(b)$이라 하자. 이때, $f(a)<r<f(b)$이면 $f(c)=r$인 $c\in(a, b)$가 존재한다.

증명 집합 $A=\{x\in[a, b] \mid f(x)<r\}$이라 하자. $a\in A$이므로 $A\neq\varnothing$이다. 또한 A는 b에 의해서 위로 유계이므로 A의 상한이 존재한다. 이를 $c=\sup A$이라 하자. b가 A의 상계이므로 $c\leq b$이다.

이제 $f(c)=r$임을 보이자. c는 A의 상한이므로 모든 자연수 n에 대하여

$$c-\frac{1}{n}<x_n\leq c$$

를 만족하는 A에서의 수열 $\{x_n\}$이 존재한다. 따라서 $\lim_{n\to\infty} x_n=c$이고 $x_n\in A$이므로 $f(x_n)<r$이다. f가 c에서 연속이므로

$$f(c)=\lim_{n\to\infty} f(x_n)\leq r$$

이다. $f(c)<r$이라 하고

$$\varepsilon=\frac{1}{2}[r-f(c)]>0$$

이라 하자. f는 c에서 연속이므로 $|x-c|<\delta$, $x\in[a, b]$이면 $|f(x)-f(c)|<\varepsilon$ 즉

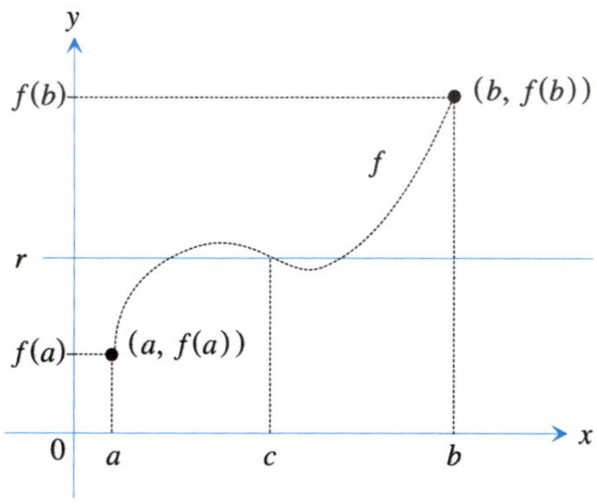

[그림 4.5] 중간값 정리

$$f(c)-\varepsilon<f(x)<f(c)+\varepsilon$$

을 만족하는 $\delta>0$가 존재한다. $f(c)<r$이므로 $c\neq b$이고, 그래서 $(c, c+\delta)\cap(c, b]\neq\varnothing$이다. 한편 모든 $x\in(c, c+\delta)\cap(c, b]$에 대하여

$$f(x)<f(c)+\varepsilon=f(c)+\frac{1}{2}[r-f(c)]=\frac{1}{2}[r+f(c)]<\frac{1}{2}(r+r)=r$$

이다. 즉 $x\in(c, c+\delta)\cap(c, b]$이면 $f(x)<r$이다. 따라서 $x\in A$이고 $x>c$이다. 이것은 $c=\sup A$에 모순이다. 그러므로 $f(c)=r$이다. ■

위의 정리의 가정에서 $f(a)<f(b)$를 $f(a)>f(b)$로 하여도 정리가 성립함을 같은 방법으로 증명할 수 있다.

참고 정의역의 구간이 유계인 닫힌구간 $[a, b]$ 대신에 유리수들의 집합

$$D=\{r\in\mathbb{Q}\,|\,0\leq r\leq 2\}$$

에서는 위의 정리가 성립하지 않는다. 모든 $x\in D$에 대하여 함수 $f(x)=x^2$이라 하자. f는 D에서 연속이고 $f(0)<2<f(2)$이다. 그러나 $f(r)=2$를 만족하는 $r\in D$은 존재하지 않는다.

보조정리 4.10 적어도 두 점을 포함하는 $\mathbb{R}$의 부분집합 I가 다음 성질을 만족하면 I는 구간이다.

$$x, y\in I,\ x<y\text{이면 } [x, y]\subset I\text{이다.}$$

증명 연습문제로 독자에게 남긴다. ■

다음의 정리는 연속함수에 의한 구간의 상은 또한 구간임을 보여주는 **구간 보존 정리**(preservation of intervals theorem)이다.

정리 4.11 (구간 보존 정리) I는 구간이고 함수 $f: I\to\mathbb{R}$가 I에서 연속이면 집합 $f(I)$는 구간이다.

증명 $s,\ t\in f(I)$이고 $s<t$라 하자. 그러면 $f(a)=s,\ f(b)=t$를 만족하는 $a\neq b$인 $a,\ b\in I$가 존재한다. $r\in[s,\ t]$이면, 정리 4.9(중간값 정리)에 의하여 $f(c)=r$이 되는 c가 a와 b 사이에 존재한다. 따라서 $r\in f(I)$이므로

$$[s,\ t]\subset f(I)$$

이다. 그러므로 보조정리 4.10에 의하여 집합 $f(I)$는 구간이다. ■

다음 따름정리의 증명은 연습문제로 독자에게 남긴다.

따름정리 4.12 함수 $f:[a,\ b]\to\mathbb{R}$는 $[a,\ b]$에서 연속이고 임의의 실수 d에 대하여

$$\inf\{f(x)\,|\,x\in[a,\ b]\}\leq d\leq\sup\{f(x)\,|\,x\in[a,\ b]\}$$

이면, $f(c)=d$인 $c\in[a,\ b]$가 존재한다.

예제 4.14 임의의 양수 r과 자연수 n에 대하여 $y^n=r$인 유일한 양수 y가 존재함을 보여라.

풀이 함수 $f(x)=x^n$이라 하면 f는 $\mathbb{R}$에서 연속이다. $r>0$에 대하여 $a=0,\ b=r+1$이라 하면

$$f(a)=0<r<(r+1)^n=f(b)$$

이다. 정리 4.9(중간값 정리)의 가정을 만족하므로 양수 y가 존재하여 $f(y)=r$이다. 즉 $y^n=r$이다.

다음은 y의 유일성에 관하여 증명하기로 하자.

양수 $y_1,\ y_2$가 존재하여 $y_1\neq y_2$이고

$$y_1^n=r=y_2^n$$

이라 하자. 일반성을 잃지 않고 $y_1<y_2$이라 하자. $y_1<1<y_2$이면 $y_1^n<1<y_2^n$이고, $1<y_1<y_2$이거나 $y_1<y_2<1$이면 $y_1^n<y_2^n$이다. 어느 경우에도 $y_1^n=y_2^n$에 모순이다. 그러므로 $y_1=y_2$이다.

다음은 정리 4.9(중간값 정리)의 응용으로 **고정점 정리**(fixed point theorem)를 증명한 것이다. **고정점**(fixed point)이란 함수 $y=f(x)$와 직선 $y=x$가 만나는 점을 말한다.

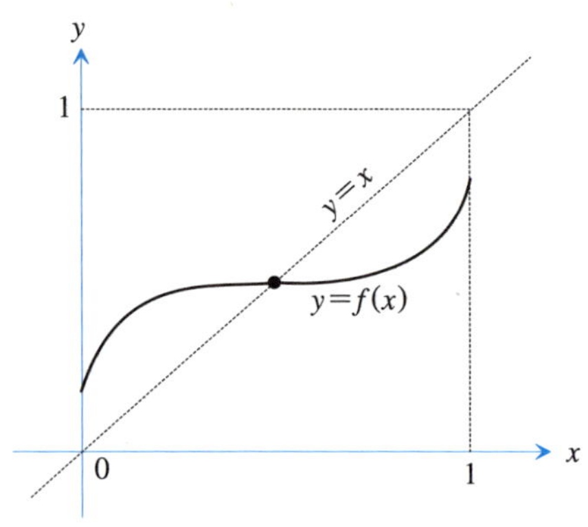

[그림 4.6] 고정점 정리

정리 4.13 (고정점 정리) 함수 $f:[0,\ 1]\to[0,\ 1]$가 $[0,\ 1]$에서 연속이면 $f(c)=c$를 만족하는 $c\in[0,\ 1]$가 존재한다.

증명 $f(0)=0$ 또는 $f(1)=1$이라 하면 고정점은 당연히 존재한다. 따라서 $f(0)\neq0$이고 $f(1)\neq1$이라 하자. 모든 $x\in[0,\ 1]$에 대하여 $g(x)=f(x)-x$이라 하면 g는 $[0,\ 1]$에서 연속이다. $g(0)=f(0)>0$이고 $g(1)=f(1)-1<0$이다. 따라서 정리 4.9(중간값 정리)에 의하여 $g(c)=0$을 만족하는 $c\in(0,\ 1)$가 존재한다. 즉 $g(c)=f(c)-c=0$이므로 $f(c)=c$이다. 따라서 c가 고정점이다. ■

연습문제 (4.2)

1. 함수 $f:[0,\ 1]\to\mathbb{R}$가 $[0,\ 1]$에서 연속이고 모든 $x\in[0,\ 1]$에 대하여 $f(x)>0$이라 하자. 그러면 모든 $x\in[0,\ 1]$에 대하여 $f(x)\geq\alpha$인 실수 $\alpha>0$가 존재함을 증명하여라.

2. 함수 $f:[0,\ 1]\to\mathbb{R}$가 $[0,\ 1]$에서 연속이고 각 $x\in[0,\ 1]$에 대하여 $y\in[0,\ 1]$가

존재하여 $|f(y)| \le \frac{1}{2}|f(x)|$를 만족한다고 하자. 그러면 $f(c)=0$을 만족하는 $c \in [0, 1]$가 존재함을 증명하여라.

3. 함수 $f:[0, 1] \to \mathbb{R}$가 $[0, 1]$에서 연속이고 각 $x \in [0, 1]$에 대하여 $f(x)$가 유리수이면 f는 $[0, 1]$에서 상수함수인가?

4. 함수 $f:\mathbb{R} \to \mathbb{R}$가 $\mathbb{R}$에서 연속이고 β는 실수이라 하자. $f(x_0) < \beta$이면, 실수 $\delta > 0$가 존재하여 $x \in (x_0 - \delta, x_0 + \delta)$이면 $f(x) < \beta$임을 증명하여라.

5. 함수 f, $g:[0, 1] \to \mathbb{R}$를 $[0, 1]$에서 연속이라 하고 $f(0) < g(0)$, $f(1) > g(1)$이라 하자. 그러면 $f(x) = g(x)$를 만족하는 $x \in (0, 1)$가 존재함을 증명하여라.

6. $(0, 1)$에서 유계이지만 최댓값이나 최솟값을 갖지 않는 연속함수 $f:(0, 1) \to \mathbb{R}$의 예를 말하여라.

7. 방정식 $x = \cos x$는 $\left(0, \frac{\pi}{2}\right)$에서 적어도 하나의 해를 가짐을 다음의 정리를 이용하여 증명하여라.
   (1) 정리 4.9(중간값 정리)
   (2) 정리 4.13(고정점 정리)

8. 보조정리 4.10을 증명하여라.

9. 따름정리 4.12를 증명하여라.

10. $(0, 1)$에서 유계가 아닌 연속함수 $f:(0, 1) \to \mathbb{R}$의 예를 말하여라.

11. 정리 4.9(중간값 정리)의 역은 성립하지 않음을 예를 들어 설명하여라.

12. 정리 2.18(축소구간 정리)을 이용하여 정리 4.9(중간값 정리)를 증명하여라.

13. 함수 $f:[a, b] \to \mathbb{R}$가 $[a, b]$에서 연속이고 $x_1, x_2 \in [a, b]$이라 하면, $f(c) = \dfrac{f(x_1)+f(x_2)}{2}$를 만족하는 $c \in (a, b)$가 존재함을 증명하여라.

14. (1) 함수 $f:[a, b] \to \mathbb{R}$은 $[a, b]$에서 연속이라 하자. $f(a) < 0 < f(b)$ 또는 $f(b) < 0 < f(a)$이면 $f(c) = 0$을 만족하는 $c \in (a, b)$가 존재함을 증명하여라.(이를 **근의 위치 정리**(location of roots theorem)이라 한다.)
   (2) 정리 4.9(중간값 정리)를 이용하여 (1)을 증명하여라.

15. 방정식 $(x^2-1)\cos x+\sqrt{2}\sin x=0$은 $\left(0, \frac{\pi}{2}\right)$에서 적어도 하나의 해를 가짐을 증명하여라.

4.3 균등연속함수

먼저 다음 예제를 보자.

예제 4.15 함수 $f:\mathbb{R}\to\mathbb{R}$이 $f(x)=x^2$으로 정의되었을 때 f는 $\mathbb{R}$에서 연속이다. 임의의 실수 a를 고정하고 $\varepsilon>0$이라 하자. $|x-a|<1$이면 삼각부등식에 의하여 $|x|<1+|a|$이므로 $|x+a|\le|x|+|a|<1+2|a|$이다. 따라서 $|x-a|<1$이면

$$|f(x)-f(a)|=|x^2-a^2|\le(|x|+|a|)|x-a|<(1+2|a|)|x-a|$$

이다. 이제 $\delta=\min\left\{1, \frac{\varepsilon}{1+2|a|}\right\}$으로 택하자. 그러면 $|x-a|<\delta$이면 $|f(x)-f(a)|<(1+2|a|)|x-a|<\varepsilon$이 되어 f는 a에서 연속이다. 여기서 δ는 ε과 a에 종속되어 있다. 예를 들면, $\varepsilon=\frac{1}{4}$이라 할 때 $a=3$이면 $\delta=\frac{1}{28}$이고, $a=10$이면 $\delta=\frac{1}{84}$이다([그림 4.7]).

함수 $f:D\to\mathbb{R}$가 D에서 연속이라는 것은, 임의의 $\varepsilon>0$과 각 $a\in D$에 대하여 $|x-a|<\delta$, $x\in D$이면

$$|f(x)-f(a)|<\varepsilon$$

을 만족하는 $\delta>0$가 존재함을 뜻한다. 여기서 δ는 ε과 a에 종속된다. 즉 ε과 a에 따라 δ가 변한다. 그래서 δ를 $\delta(\varepsilon, a)$로 쓰기도 한다.

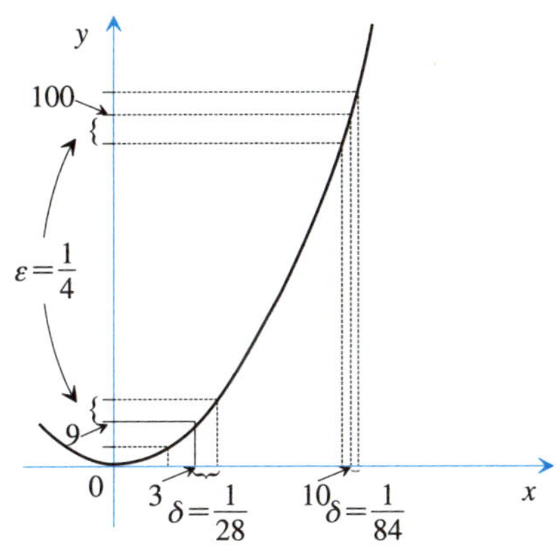

[그림 4.7] $f(x)=x^2$

이제 a에는 종속되지 않고 ε에만 종속되는 $\delta(\varepsilon)$가 존재하는 함수에 대하여 알아보자.

〈정의 4.14〉

함수 $f: D\to\mathbb{R}$이라 하자. 임의의 $\varepsilon>0$에 대하여 $|x-y|<\delta$, x, $y\in D$이면 $|f(x)-f(y)|<\varepsilon$을 만족하는 $\delta>0$가 존재할 때, f를 D에서 **균등연속**(uniformly continuous on D)이라 한다.

예제 4.16 모든 실수 x에 대하여 함수 $f(x)=2x$를 생각해 보자.

$$|f(x)-f(y)|=|2x-2y|=2|x-y|$$

이고, 따라서 임의의 $\varepsilon>0$에 대하여 $\delta=\frac{\varepsilon}{2}$를 택할 수 있다. 그러면 $|x-y|<\delta$, x, $y\in\mathbb{R}$이면

$$|f(x)-f(y)|=2|x-y|<2\delta=\varepsilon$$

이므로 $f(x)=2x$는 $\mathbb{R}$에서 균등연속이다.

실제로 a, b가 실수일 때 함수 $f(x)=ax+b$는 $\mathbb{R}$에서 균등연속이다([그림 4.8]).

예제 4.17 함수 $f:[1, 2]\to\mathbb{R}$가 $f(x)=x^2$으로 정의되었을 때, f는 $[1, 2]$에서 균등연속임을 보여라.

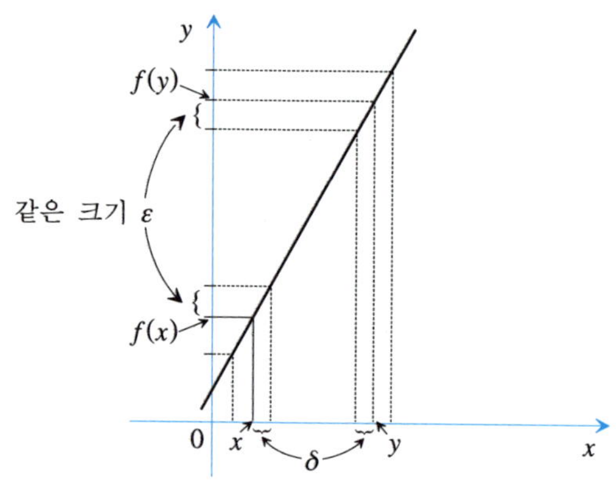

[그림 4.8] $f(x)=ax+b$

풀이 모든 x, $y\in[1, 2]$에 대하여 $1\le x\le 2$, $1\le y\le 2$이므로

$$\begin{aligned}|f(x)-f(y)| &= |x^2-y^2| = |x+y||x-y| \\ &\le(|x|+|y|)|x-y|\le 4|x-y|\end{aligned}$$

이 성립한다. $\varepsilon>0$에 대하여 $\delta=\dfrac{\varepsilon}{4}$이라 하자. x, $y\in[1, 2]$, $|x-y|<\delta$이면

$$|f(x)-f(y)|\le 4|x-y|<4\delta=\varepsilon$$

이므로 f는 $[1, 2]$에서 균등연속이다.

정리 4.15 함수 $f:D\to\mathbb{R}$에 대하여 다음 동치이다.

(1) 함수 f는 D에서 균등연속이 아니다.

(2) 임의의 $\delta>0$에 대하여 적당한 x, $y\in D$가 존재하여 $|x-y|<\delta$이지만 $|f(x)-f(y)|\ge\varepsilon_0$을 만족하는 $\varepsilon_0>0$이 존재한다.

(3) $\lim(x_n-y_n)=0$이고 $|f(x_n)-f(y_n)|\ge\varepsilon_0$을 만족하는 $\varepsilon_0>0$과 D에서의 수열 $\{x_n\}$, $\{y_n\}$이 존재한다.

증명은 독자에게 남긴다.

함수 $f:D\to\mathbb{R}$가 D에서 균등연속이면 f는 D의 모든 점에서 연속이다. 그러나 일반적으로 그 역은 성립하지 않는다.

예제 4.18 (0, 1)에서 $f(x)=\frac{1}{x}$로 정의된 함수 f는 (0, 1)에서 연속이지만 균등연속이 아님을 보여라.

풀이 함수 f가 (0, 1)에서 연속인 것은 이미 알고 있다. f가 (0, 1)에서 균등연속이라 하자. 그러면 $0<\varepsilon\leq 1$인 ε에 대하여 $|x-y|<\delta$, x, $y\in(0, 1)$이면

$$|f(x)-f(y)|=\left|\frac{1}{x}-\frac{1}{y}\right|<\varepsilon$$

을 만족하는 $\delta>0$가 존재한다. $0<\delta<1$이라 가정하자. $x=\frac{1}{10}\delta$, $y=\frac{1}{11}\delta$라 하면 x, $y\in(0, 1)$이고

$$|x-y|=\left|\frac{\delta}{10}-\frac{\delta}{11}\right|=\frac{1}{110}\delta<\delta$$

이지만

$$|f(x)-f(y)|=\left|\frac{1}{x}-\frac{1}{y}\right|=\left|\frac{10}{\delta}-\frac{11}{\delta}\right|=\frac{1}{\delta}>1$$

이 성립한다. 이것은 $|f(x)-f(y)|=\left|\frac{1}{x}-\frac{1}{y}\right|<\varepsilon$에 모순이다. 그러므로 f는 (0, 1)에서 균등연속이 아니다.

예제 4.19 함수 $f:[0, \infty)\to\mathbb{R}$가 $f(x)=x^2$으로 정의되었을 때, f는 $[0, \infty)$에서 균등연속이 아님을 보여라.

풀이 $|f(x)-f(y)|=|x^2-y^2|=|x+y||x-y|$이다. 여기서 $|f(x)-f(y)|<\varepsilon$이 되도록 하려면 $|x+y|$의 크기에 대하여 알아야 한다. 사실 [그림 4.7]을 보면 임의의 $\varepsilon>0$에 대하여 x와 y의 값이 증가하면 δ의 값은 감소한다. 이제 $\varepsilon=1$이라 하자. 임의의 $\delta>0$에 대하여 $|x-y|<\delta$이면 $|f(x)-f(y)|\geq 1$을 만족하는 x, $y\in[0, \infty)$가 존재함을 보이자. $x=\frac{1}{\delta}$, $y=x+\frac{\delta}{2}$이라 하면 $|x-y|=\frac{\delta}{2}<\delta$이고 $|f(x)-f(y)|=|x+y||x-y|=\left|\frac{1}{\delta}+\frac{1}{\delta}+\frac{\delta}{2}\right|\left|\frac{\delta}{2}\right|>\frac{2}{\delta}\cdot\frac{\delta}{2}=1$이다. 따라서 f는 $[0, \infty)$에서 균등연속이 아니다.

예제 4.17과 예제 4.19를 보면 함수의 정의역에 따라 균등연속일 수도 있고 아닐 수도 있다.

다음의 정리는 유계인 닫힌구간 $[a, b]$에서의 연속함수가 $[a, b]$에서 균등연속임을 보장하는 중요한 것이다.

정리 4.16 함수 $f:[a, b]\to\mathbb{R}$가 $[a, b]$에서 연속함수이면 f는 $[a, b]$에서 균등연속이다.

증명 f를 $[a, b]$에서 균등연속이 아니라고 하자. 그러면 $\varepsilon_0>0$과 자연수 n에 대하여 $x_n, y_n\in[a, b]$이 존재하여

$$|x_n-y_n|<\frac{1}{n}$$

이고

$$|f(x_n)-f(y_n)|\geq\varepsilon_0$$

이다. 수열 $\{x_n\}$은 유계이므로 수렴하는 부분수열 $\{x_{n_k}\}$가 존재한다. $\lim_{k\to\infty} x_{n_k}=c$이라 하자. 물론 $c\in[a, b]$이다.

$$|y_{n_k}-c|\leq|y_{n_k}-x_{n_k}|+|x_{n_k}-c|$$

이므로

$$\lim_{k\to\infty} y_{n_k}=c$$

이다. f가 c에서 연속이므로

$$\lim_{k\to\infty} f(x_{n_k})=f(c),\quad \lim_{k\to\infty} f(y_{n_k})=f(c)$$

가 성립한다. 한편,

$$\varepsilon_0\leq\lim_{k\to\infty}|f(x_{n_k})-f(y_{n_k})|=|f(c)-f(c)|=0$$

이다. 이것은 모순이다. 그러므로 f는 $[a, b]$에서 균등연속이다. ■

이제 주어진 함수가 균등연속이 되는 충분조건에 대하여 알아보자.

〈정의 4.17〉

함수 $f:D\to\mathbb{R}$이라 하자. $K>0$가 존재하여 모든 $x, y\in D$에 대하여

$$|f(x)-f(y)|\leq K|x-y|$$

를 만족할 때 f를 D에서 **립쉬쯔 함수**(Lipschitz function)이라 한다. 또는 f는 D에서 **립쉬쯔 조건**(Lipschitz condition)을 만족한다고 한다. 이때 K를 **립쉬쯔 상수**(Lipschitz constant)이라 한다.

예제 4.20 함수 $f:[0,\ 2]\to\mathbb{R}$를 $f(x)=x^2$이라 하자. 모든 $x,\ y\in[0,\ 2]$에 대하여

$$\begin{aligned}|f(x)-f(y)|&=|x^2-y^2|=|x+y|\,|x-y|\\&\le(|x|+|y|)|x-y|\le 4|x-y|\end{aligned}$$

이므로, f는 $[0,\ 2]$에서 립쉬쯔 함수이다.

정리 4.18 함수 $f:D\to\mathbb{R}$가 D에서 립쉬쯔 함수이면 f는 D에서 균등연속이다.

증명 $K>0$이라 하자. 모든 $x,\ y\in D$에 대하여

$$|f(x)-f(y)|\le K|x-y|$$

이라 하자. $\varepsilon>0$이 주어지면

$$\delta=\frac{\varepsilon}{K}$$

으로 택하자. 그러면 $|x-y|<\delta,\ x,\ y\in D$이면

$$|f(x)-f(y)|\le K|x-y|<K\delta=\varepsilon$$

이다. 그러므로 f는 D에서 균등연속이다. ■

위의 정리의 역은 성립하지 않는다.

$[0,\ 1]$에서 함수 $g(x)=\sqrt{x}$는 연속이므로 균등연속이다. 그러나 g는 $[0,\ 1]$에서 립쉬쯔 함수는 아니다.(연습문제 2를 보아라.)

정리 4.19 함수 $f:D\to\mathbb{R}$가 D에서 균등연속이고 수열 $\{x_n\}$이 D에서 코오시 수열이면, 수열 $\{f(x_n)\}$은 $\mathbb{R}$에서 코오시 수열이다.

증명 $\varepsilon>0$이 주어지면 f는 D에서 균등연속이므로 $|x-y|<\delta,\ x,\ y\in D$이면

$$|f(x)-f(y)|<\varepsilon$$

을 만족하는 $\delta>0$가 존재한다. 이러한 $\delta>0$에 대하여 $\{x_n\}$이 코오시 수열이므로 $m,\ n\ge N$이면

$$|x_m - x_n| < \delta$$

를 만족하는 자연수 N이 존재한다. 따라서 $m,\ n \geq N$이면

$$|f(x_m) - f(x_n)| < \varepsilon$$

이다. 그러므로 수열 $\{f(x_n)\}$은 $\mathbb{R}$에서 코오시 수열이다. ■

참고 예제 4.18은 정리 4.19를 이용하면 쉽게 증명할 수 있다.
수열 $\left\{\frac{1}{n}\right\}$은 $(0,\ 1)$에서 코오시 수열이지만 수열 $\left\{f\left(\frac{1}{n}\right)\right\} = \{n\}$은 $\mathbb{R}$에서 코오시 수열이 아니다. 그러므로 함수 $f(x) = \frac{1}{x}$은 $(0,\ 1)$에서 균등연속이 아니다.

위의 정리를 이용하면, 주어진 함수가 유계인 열린구간에서 균등함수가 되는지의 여부를 판단할 수 있는 유용한 결과를 유도할 수 있다.

함수 $f : D \to \mathbb{R}$에 대하여 $D \subset E$이고, 모든 $x \in D$에 대하여 $f(x) = f^*(x)$이면 함수 $f^* : E \to \mathbb{R}$를 f의 **확장함수**(extension of a function f)이라 한다.

다음은 실해석학에서 매우 중요한 **연속의 확장 정리**(continuous extension theorem)이다.

정리 4.20 (연속의 확장 정리) 연속함수 $f : (a,\ b) \to \mathbb{R}$가 $(a,\ b)$에서 균등연속일 필요충분조건은 f의 확장함수 f^*가 $[a,\ b]$에서 연속이 되도록 양 끝점 $a,\ b$에서 f^*를 정의할 수 있을 때이다.

증명 f가 유계인 닫힌구간 $[a,\ b]$에서 연속인 함수 f^*로 확장할 수 있다면 f^*는 $[a,\ b]$에서 균등연속이다. 그러므로 f^* (따라서 f)는 부분집합 $(a,\ b)$에서 균등연속이다.
역으로 f는 $(a,\ b)$에서 균등연속이라 가정하자. $\lim_{x \to a} f(x)$와 $\lim_{x \to b} f(x)$가 존재함을 보이면 된다. 이를 보이기 위하여 $(a,\ b)$에서의 수열 $\{x_n\}$이 a로 수렴한다고 하자. 그러면 수열 $\{x_n\}$은 코오시 수열이고, 그래서 정리 4.19에 의하여 수열 $\{f(x_n)\}$은 역시 코오시 수열이다. 정리 2.21(코오시 수렴 판정법)에 의하여 수열 $\{f(x_n)\}$은 어떤 실수로 수렴한다. 이 실수를 p라 하자. 따라서 $\lim_{x \to a} f(x) = p$이다.
같은 방법으로, 적당한 실수 q에 대하여 $\lim_{x \to b} f(x) = q$가 성립한다.
이제, 함수 $f^* : [a,\ b] \to \mathbb{R}$를 다음과 같이 정의하자.

$$f^*(x)=\begin{cases} f(x) & (a<x<b\text{일 때}) \\ p & (x=a\text{일 때}) \\ q & (x=b\text{일 때}) \end{cases}$$

그러면 f^*는 f의 확장함수이다. f가 $(a,\ b)$에서 연속함수이므로 f^*도 $(a,\ b)$에서 연속함수이다. 또, f^*는 a와 b에서 연속함수이므로 f^*는 $[a,\ b]$에서 연속함수이다. ■

이제 **편측연속**(one-sided continuity)에 대하여 알아보자.

〈정의 4.21〉

함수 $f : D\to\mathbb{R}$이고 $a\in D$이라 하자.

(1) 임의의 $\varepsilon>0$에 대하여 $a<x<a+\delta$, $x\in D$이면

$$|f(x)-f(a)|<\varepsilon$$

을 만족하는 $\delta>0$가 존재할 때, f는 a에서 **우연속 함수**(right-continuous function)이라 한다.

(2) 임의의 $\varepsilon>0$에 대하여 $a-\delta<x<a$, $x\in D$이면

$$|f(x)-f(a)|<\varepsilon$$

을 만족하는 $\delta>0$가 존재할 때, f는 a에서 **좌연속 함수**(left-continuous function)이라 한다.

보조정리 4.22 함수 $f : (a,\ b)\to\mathbb{R}$이고 $c\in(a,\ b)$이라 하자. f가 c에서 우연속 함수일 필요충분조건은 $f(c+)$가 존재하고 $f(c+)=f(c)$일 때이다.

증명 f가 c에서 우연속 함수이라 하자. $\varepsilon>0$이라 하자. 그러면 $\delta>0$가 존재하여 $c<x<c+\delta$, $x\in(a,\ b)$이면 $|f(x)-f(c)|<\varepsilon$이고, 그래서 $f(c+)=f(c)$이다. 역으로 $f(c+)=f(c)$이면 정의 4.21에 의해서 f는 c에서 우연속 함수이다. ■

보조정리 4.23 함수 $f:(a,\ b)\to\mathbb{R}$이고 $c\in(a,\ b)$라 하자. f가 c에서 좌연속 함수일 필요충분조건은 $f(c-)$가 존재하고 $f(c-)=f(c)$일 때이다.

증명 f가 c에서 좌연속 함수이라 하자. $\varepsilon>0$이라 하자. 그러면 $\delta>0$가 존재하여 $c<x<c+\delta,\ x\in(a,\ b)$이면 $|f(x)-f(c)|<\varepsilon$이고, 그래서 $f(c+)=f(c)$이다. 역으로 $f(c-)=f(c)$이면 정의 4.21에 의해서 f는 c에서 좌연속 함수이다. ■

보조정리 4.22와 보조정리 4.23에 의하여 다음의 정리가 성립한다.

정리 4.24 함수 $f:(a,\ b)\to\mathbb{R}$이고 $c\in(a,\ b)$이라 하자. f가 c에서 연속일 필요충분조건은

(1) $f(c+)$와 $f(c-)$가 존재하고,

(2) $f(c+)=f(c)=f(c-)$일 때이다.

증명 함수 f가 c에서 연속이라 하자. $\lim_{x\to c}f(x)=f(c)$이므로 당연히 $f(c+)$와 $f(c-)$가 존재하고 $f(c+)=f(c)=f(c-)$이다.
역으로 $c\in(a,\ b)$에 대하여 $f(c+)$와 $f(c-)$가 존재하고 $f(c+)=f(c)=f(c-)$이라 하자. $\varepsilon>0$이라 하자. 함수의 좌극한과 우극한의 정의에 의하여 $c<x<c+\delta_1$, $x\in(a,\ b)$이면 $|f(x)-f(c)|<\varepsilon$이고, $c-\delta_2<x<c,\ x\in(a,\ b)$이면 $|f(x)-f(c)|<\varepsilon$을 만족하는 $\delta_1,\ \delta_2>0$가 존재한다. $\delta=\min\{\delta_1,\ \delta_2\}$이라 하자. 그러면 $|x-c|<\delta$, $x\in(a,\ b)$이면 $|f(x)-f(c)|<\varepsilon$이므로 f는 c에서 연속이다. ■

위의 정리에서 함수 f가 c에서 연속일 필요충분조건은

(1) $f(c+)$와 $f(c-)$가 존재하고,

(2) $f(c+)=f(c)=f(c-)$

임을 증명하였다. 그러면 어떤 조건에서 f가 c에서 불연속인가?

〈정의 4.25〉

$\lim_{x\to a}f(x)$가 존재하나 $\lim_{x\to a}f(x)\neq f(a)$이거나 $f(a)$가 정의되지 않으면 f는 a에서

불연속(discontinuous at a)이다. 이런 경우에 점 a를 **제거가능 불연속점**(removable discontinuous point)이라 한다. $f(a+)$와 $f(a-)$가 존재하지만 $f(a+)\neq f(a-)$일 때, f는 a에서 **도약불연속**(jump discontinuous at a)이라 한다.

제거가능 불연속 또는 도약불연속을 **단순**(또는 **제1종**) **불연속**(simple discontinuity 또는 discontinuity of the first kind)이라 하고, 그 외 모든 종류의 불연속을 **제2종 불연속**(discontinuity of the second kind)이라 한다.

예제 4.21 함수 $g:\mathbb{R}\to\mathbb{R}$를

$$g(x)=\begin{cases} \dfrac{x^2-4}{x-2} & (x\neq 2\text{일 때}) \\ 2 & (x=2\text{일 때}) \end{cases}$$

으로 정의하면

$$\lim_{x\to 2} g(x)=4\neq g(2)$$

이므로 $x=2$에서 연속이 아니다. 그러므로 $x=2$는 제거가능 불연속점이다.

예제 4.22 함수 $f:[0,\infty)\to\mathbb{R}$를

$$f(x)=\begin{cases} 3-x^2 & (x>1\text{일 때}) \\ x & (0\leq x\leq 1\text{일 때}) \end{cases}$$

으로 정의하면 $f(1-)=1$, $f(1+)=2$이고 $f(1-)\neq f(1+)$이므로 f는 $x=1$에서 도약불연속이다.

〈정의 4.26〉

함수 $f:D\to\mathbb{R}$라 하자.

(1) $x_1, x_2\in D$에 대하여 $x_1<x_2$이면 $f(x_1)\leq f(x_2)$일 때, f를 D에서 **증가함수**(increasing function)이라 한다.

(2) $x_1, x_2\in D$에 대하여 $x_1<x_2$이면 $f(x_1)\geq f(x_2)$일 때, f를 D에서 **감소함수**

(decreasing function)이라 한다.

(3) $x_1, x_2 \in D$에 대하여 $x_1 < x_2$이면 $f(x_1) < f(x_2)$일 때, f를 D에서 **순증가함수**(strictly increasing function)이라 한다.

(4) $x_1, x_2 \in D$에 대하여 $x_1 < x_2$이면 $f(x_1) > f(x_2)$일 때, f를 D에서 **순감소함수**(strictly decreasing function)이라 한다.

(5) 함수 f가 위 4가지 함수 중 하나일 때 f를 **단조함수**(monotone function)이라 한다.

증가함수를 **단조증가함수**(monotone increasing function) 또는 **비감소함수**(nondecreasing function)이라 하고, 감소함수를 **단조감소함수**(monotone decreasing function) 또는 **비증가함수**(nonincreasing function)이라 한다.

정리 4.27 I를 열린구간이라 하고 $f: I \to \mathbb{R}$를 I에서 증가함수이라 하자. 그러면 모든 $c \in I$에 대하여 $f(c+)$, $f(c-)$가 존재하고

$$\sup\{f(x) \mid x < c,\ x \in I\} = f(c-) \le f(c) \le f(c+) = \inf\{f(x) \mid c < x,\ x \in I\}$$

이다. 더구나 $c, d \in I$이고 $c < d$이면 $f(c+) \le f(d-)$가 성립한다.

증명 c를 고정하자. f가 I에서 증가함수이므로 집합 $\{f(x) \mid x < c,\ x \in I\}$는 $f(c)$에 의하여 위로 유계이다. 그러므로 상한

$$\sup\{f(x) \mid x < c,\ x \in I\}$$

이 존재한다. 이를 l이라 하면 $l \le f(c)$이다. $f(c-) = \lim_{x \to c-} f(x) = l$임을 증명하자. $\varepsilon > 0$이라 하자. l이 집합 $\{f(x) \mid x < c,\ x \in I\}$의 상한이므로

$$l - \varepsilon < f(x_c) \le l$$

을 만족하는 x_c가 존재한다. x_c는 $x_c \in I$, $x_c < c$를 만족한다. $\delta = c - x_c$이라 하자. $0 < c - x < \delta$이면 $x_c < x < c$이고 f는 I에서 증가함수이므로

$$l - \varepsilon < f(x_c) \le f(x) \le l$$

이다. 그러므로 $0 < c - x < \delta$이면

$$|f(x) - l| < \varepsilon$$

이다. 즉 $f(c-)=\lim_{x\to c-} f(x)=l$이다. 따라서

$$\sup\{f(x)\,|\,x<c,\ x\in I\}=f(c-)\le f(c)$$

가 성립한다. 같은 방법으로

$$f(c)\le f(c+)=\inf\{f(x)\,|\,c<x,\ x\in I\}$$

임을 증명할 수 있다.

$c<d$일 때 다음이 성립한다.

$$\begin{aligned} f(c+)&=\inf\{f(x)\mid c<x,\ x\in I\}\\ &\le\inf\{f(x)\mid c<x<d\}\\ &\le\sup\{f(x)\mid c<x<d\}\\ &\le\sup\{f(x)\mid x<d,\ x\in I\}=f(d-) \end{aligned}$$ ■

f는 구간 I에서 순증가함수이라 하자. $x\neq y$인 $x,\ y\in I$에 대하여 $x<y$이면 $f(x)<f(y)$이고 $x>y$이면 $f(x)>f(y)$이다. 따라서 $x\neq y$이면 $f(x)\neq f(y)$이므로 f는 일대일 함수이다. 그러므로 f는 $f(I)$에서 정의되는 역함수 f^{-1}를 가진다.

다음의 정리는 f는 구간 I에서 순증가함수이고 연속함수이면 역함수 f^{-1}도 $f(I)$에서 연속이라는 연속함수의 역함수에 대한 중요한 성질인 **연속역정리**(continuous inverse theorem)이다.

정리 4.28 (연속역정리) I는 구간이고 $f: I\to\mathbb{R}$는 I에서 순증가(또는 순감소)하는 연속함수이면, 역함수 f^{-1}가 $f(I)=J$에서 존재하고 순증가(또는 순감소)하는 연속함수이다.

증명 정리 4.11(구간 보존 정리)에 의해서 $f(I)=J$는 구간이다. f는 순증가함수이므로 일대일 함수이다. 따라서 $f: I\to J$는 일대일 대응이다. 그러므로 $f^{-1}: J\to I$가 존재한다.

이제, $f^{-1}: J\to I$가 순증가함수임을 보이자. $y_1<y_2$인 $y_1,\ y_2\in J$에 대하여

$$f(x_1)=y_1,\ f(x_2)=y_2$$

를 만족하는 $x_1,\ x_2\in I$가 존재한다. 만일 $x_1\ge x_2$이라 하면

$$y_1=f(x_1)\geq f(x_2)=y_2$$

이므로, 이것은 가정에 모순이다. 그러므로 $x_1<x_2$이다. 따라서 $y_1<y_2$이면

$$f^{-1}(y_1)=x_1<x_2=f^{-1}(y_2)$$

이므로 f^{-1}은 J에서 순증가함수이다.

마지막으로 f^{-1}가 J에서 연속임을 보이자.

f^{-1}가 $a\in J$에서 연속이 아니라고 가정하자. 그러면 정리 4.27에 의해서

$$\lim_{y\to a-} f^{-1}(y)=f^{-1}(a-)<f^{-1}(a+)=\lim_{y\to a+} f^{-1}(y)$$

이다. 그리고 $x\neq f^{-1}(a)$이고

$$f^{-1}(a-)<x<f^{-1}(a+)$$

를 만족하는 x를 택하자. 그러면 모든 $y\in J$에 대하여

$$x\neq f^{-1}(y)$$

이다. 그러므로 $x\notin I$이다. 이것은 I가 구간이라는 사실에 모순이다. 그러므로 f^{-1}는 J에서 연속이다.

같은 방법으로 f가 I에서 순감소함수일 때도 증명할 수 있다. ■

위의 정리를 이용하면 다음을 쉽게 얻을 수 있다.

예제 4.23 함수 $f:[0, \infty)\to\mathbb{R}$를 $f(x)=x^2$으로 정의하면

$$J=f([0, \infty))=[0, \infty)$$

이다. f가 $[0, \infty)$에서 순증가하는 연속함수이므로, 정리 4.28(연속역정리)에 의하여 역함수 $f^{-1}(y)=\sqrt{y}$는 $J=[0, \infty)$에서 순증가하는 연속함수이다.

같은 방법을 구간 $[0, \infty)$에서 함수 $f(x)=x^n$에 적용하면 역함수 $g(x)=\sqrt[n]{x}$는 $[0, \infty)$에서 순증가함수이고 연속함수임을 보일 수 있다.

끝으로 위상수학(Topology)에서 중요하게 다루는 **하이네-보렐 정리**(Heine-Borel theorem)에 대하여 알아보기로 하자.

I는 첨자집합이라 하고 모든 $i\in I$에 대하여 I_i는 열린구간이라 하자. 유계인 닫힌

구간 $[a, b]$에 대하여

$$[a, b] \subset \bigcup_{i \in I} I_i$$

이면, 즉 임의의 $x \in [a, b]$에 대하여 $x \in I_i$인 I_i가 적어도 하나 존재하면 집합족 $\{I_i | i \in I\}$를 $[a, b]$의 **열린덮개**(open covering)이라 한다. 열린덮개의 부분집합족(subcollection)을 **부분덮개**(subcovering)이라 하고, 부분덮개가 유한 개의 부분집합족으로 구성되어 있으면 이 부분덮개를 **유한부분덮개**(finite subcovering)이라 한다.

참고 집합 X가 주어졌을 때 어떤 집합 I의 각각의 원소 i에 대하여 X의 부분집합 A_i가 하나씩 대응되었을 때, 이들 A_i로 이루어진 집합족을 $\{A_i | i \in I\}$ 또는 $\{A_i\}_{i \in I}$로 나타낸다. 이때 i를 **첨자**(index)라 하고 집합 I를 **첨자집합**(indexed set)이라 한다.

정리 4.29 (하이네-보렐 정리) $[a, b]$는 유계인 닫힌구간이라 하고 I는 첨자집합일 때 모든 $i \in I$에 대하여 I_i는 열린구간이라 하자. 집합족 $\{I_i | i \in I\}$를 $[a, b]$의 열린덮개이라 하면, 즉 $[a, b] \subset \bigcup_{i \in I} I_i$이라 하면

$$[a, b] \subset \bigcup_{i=1}^{n} I_{\alpha_i} = I_{\alpha_1} \cup I_{\alpha_2} \cup \cdots \cup I_{\alpha_n}$$

을 만족하는 유한부분덮개 $\{I_{\alpha_i} | i = 1, 2, \cdots, n\}$가 존재한다.

증명 결론을 부정하자. $[a, b] \subset \bigcup_{i=1}^{n} I_{\alpha_i}$인 유한부분덮개 $\{I_{\alpha_i} | i = 1, 2, \cdots, n\}$가 존재하지 않는다고 하자. $[a, b]$를 이등분한 두 개의 닫힌구간 $\left[a, \frac{a+b}{2}\right]$와 $\left[\frac{a+b}{2}, b\right]$ 중 적어도 하나는 열린덮개 $\{I_i | i \in I\}$의 유한부분덮개로 덮을 수 없다. 왜냐하면 두 개의 닫힌구간이 각각 유한부분덮개를 가지면 주어진 열린덮개도 유한부분덮개를 가지므로 모순이기 때문이다. 이제 $[a, b] = [a_0, b_0]$이라 하자. $[a, b]$의 열린덮개 $\{I_i | i \in I\}$의 어떠한 유한부분덮개로 덮을 수 없는 부분구간을 $[a_1, b_1]$이라 하자.

또 $[a_1, b_1]$을 이등분하여 열린덮개 $\{I_i | i \in I\}$의 어떠한 유한부분덮개로 덮을 수 없는 부분구간을 $[a_2, b_2]$이라 하자. 이러한 과정을 반복하여 모든 자연수 n에 대하여

$$[a, b] = [a_0, b_0] \supset [a_1, b_1] \supset [a_2, b_2] \supset \cdots \supset [a_n, b_n] \supset \cdots$$

이고 $b_n - a_n = \frac{b_{n-1} - a_{n-1}}{2} = \frac{b-a}{2^n}$이다. 또 모든 자연수 n에 대하여 $[a_n, b_n]$은 열린덮개 $\{I_i | i \in I\}$의 어떠한 유한부분덮개로 덮을 수 없다.

$$\lim_{n \to \infty} (b_n - a_n) = 0$$

이므로, 정리 2.18(축소구간 정리)에 의하여

$$\alpha \in \bigcap_{n=1}^{\infty} [a_n, b_n]$$

을 만족하는 유일한 $\alpha \in [a, b]$가 존재한다. 그런데 $[a, b] \subset \bigcup_{i \in I} I_i$이므로 $\alpha \in (c_{\alpha_0}, d_{\alpha_0})$인 적당한 $I_{\alpha_0} = (c_{\alpha_0}, d_{\alpha_0})$가 존재한다. $b_N - a_N < \min\{\alpha - c_{\alpha_0}, d_{\alpha_0} - \alpha\}$를 만족하는 충분히 큰 N을 택하자. 그런데 $\alpha \in [a_N, b_N]$이므로 $[a_N, b_N] \subset (c_{\alpha_0}, d_{\alpha_0}) = I_{\alpha_0}$이다. 닫힌구간 $[a_N, b_N]$은 열린덮개 $\{I_i | i \in I\}$의 어떠한 유한부분덮개로 덮을 수 없는데 단 하나의 I_{α_0}만으로 덮을 수 있으므로 이것은 모순이다. 그러므로 $[a, b] \subset \bigcup_{i \in I} I_i$이라 하면

$$[a, b] \subset \bigcup_{i=1}^{n} I_{\alpha_i} = I_{\alpha_1} \cup I_{\alpha_2} \cup \cdots \cup I_{\alpha_n}$$

를 만족하는 유한부분덮개 $\{I_{\alpha_i} | i = 1, 2, \cdots, n\}$이 존재한다. ■

위의 정리를 이용하면 이미 증명한 바 있는 정리 4.8(최대·최소값 정리)과 정리 4.16의 또 다른 방법으로 증명을 얻을 수 있다(연습문제 20과 21을 보아라).

연습문제 (4.3)

1. (a, ∞)에서 정의된 함수 $f(x) = \frac{1}{x}$에 대하여 다음 경우에 f의 균등연속성을 조사하여라.

   (1) $a = 0$　　　(2) $a > 0$

2. 함수 $g : [0, 1] \to \mathbb{R}$를 $g(x) = \sqrt{x}$로 정의하면 $x \in [0, 1]$에 대하여

$$|g(x)| \le K|x|$$

를 만족하는 $K>0$가 존재하지 않음을 증명하여라.

3. 함수 $f:[0, 1]\to\mathbb{R}$가 $f(x)=x^3$이라 하면 f는 $[0, 1]$에서 균등연속임을 증명하여라.

4. 함수 $f(x)=\dfrac{1}{1+x^2}$는 $\mathbb{R}$에서 균등연속임을 증명하여라.

5. 함수 $f, g: D\to\mathbb{R}$가 D에서 균등연속이라 할 때 다음이 성립함을 증명하여라.
   (1) 함수 $f\pm g$는 D에서 균등연속이다.
   (2) k가 실수일 때 함수 kf는 D에서 균등연속이다.
   (3) D가 유계집합이면 함수 f는 D에서 유계함수이다.
   (4) 함수 f와 g가 D에서 유계함수이면 함수 fg는 D에서 균등연속이다.
   (5) D가 유계인 닫힌집합이면 함수 fg는 D에서 균등연속이다.
   (6) D가 유계인 닫힌집합이고 임의의 $x\in D$에 대하여 $g(x)\neq 0$이면 함수 $\dfrac{f}{g}$는 D에서 균등연속이다.

6. 함수 $f:(0, 1)\to\mathbb{R}$가 $f(x)=x\sin\dfrac{1}{x}$이라 하면 f는 $(0, 1)$에서 균등연속임을 증명하여라.

7. 함수 $f:D\to\mathbb{R}$가 D에서 유계함수이고 연속함수이면 f는 D에서 균등연속인가?

8. (1) 함수 $f:[a, \infty)\to\mathbb{R}$가 $[a, \infty)$에서 연속이고 $\lim\limits_{x\to\infty} f(x)$가 존재하면 f는 $[a, \infty)$에서 균등연속임을 증명하여라.
   (2) (1)의 역은 성립하는가?

9. 실수 a, b, c를 $a<b<c$이라 하자. 함수 f가 $[a, b]$에서 균등연속이고, 또 $[b, c]$에서 균등연속이라 하면, f는 $[a, c]$에서 균등연속임을 증명하여라.

10. 수열 $\{x_n\}$이 구간 I에서 코오시 수열일 때 수열 $\{f(x_n)\}$이 발산하는 연속함수 $f:I\to\mathbb{R}$의 예를 말하여라.

11. 함수 $f(x)=\sin\dfrac{1}{x}$은 $\left(0, \dfrac{1}{\pi}\right)$에서 균등연속인가?

12. 함수 $f(x)=\sqrt{x}$은 $[0, \infty)$에서 균등연속임을 증명하여라.

13. 함수 $f:\mathbb{R}\to\mathbb{R}$가 모든 실수 x에 대하여 $f(x+a)=f(x)$인 $a>0$가 존재하면 f를

$\mathbb{R}$에서 **주기함수**(periodic function)이라 한다. 그러면 연속인 주기함수 f는 $\mathbb{R}$에서 유계함수이고 균등연속임을 증명하여라.

14. 함수 f가 열린구간 I에서 단조함수이면 f의 불연속점은 많아야 가산(countable)개임을 증명하여라.

15. 다음과 같이 정의된 함수 f는 $x=0$에서 연속임을 증명하여라.

$$f(x)=\begin{cases} \dfrac{[x]}{x} & (x>0\text{일 때}) \\ x[x] & (x\leq 0\text{일 때}) \end{cases}$$

16. 함수 $f(x)=\sin(2\pi x[x])$는 $\mathbb{R}$에서 유계이고 연속이지만 균등연속이 아님을 증명하여라.

17. 다음 함수는 립쉬쯔 함수인가?

(1) $f(x)=x^2,\ x\in(-2,\ 1]$

(2) $f(x)=x\sin\dfrac{1}{x},\ x\in(0,\ 1]$

(3) $f(x)=\sqrt{x},\ x\in[a,\ \infty),\ a>0$

18. 함수 $f:(0,\ 1]\to\mathbb{R}$가 $f(x)=\cos\dfrac{1}{x}$일 때 f는 $(0,\ 1]$에서 균등연속인가?

19. 다음 함수의 모든 불연속점을 구하고 그 불연속점이 제거가능 불연속점, 도약불연속점 또는 제2종 불연속점인지를 구별하여라. 또 함수가 우연속함수인지 좌연속함수인지를 결정하여라.

(1) $f(x)=x+[-x]$

(2) $f(x)=\begin{cases} [x+1]\sin\dfrac{1}{x} & (x\in(-1,0)\cup(0,1)\text{일 때}) \\ 0 & (x\in(-\infty,\ -1]\cup\{0\}\cup[1,\ \infty)\text{일 때}) \end{cases}$

20. 하이네-보렐 정리를 이용하여 보조정리 4.7을 증명하여라.
「함수 $f:[a,\ b]\to\mathbb{R}$가 $[a,\ b]$에서 연속이면 f는 $[a,\ b]$에서 유계함수이다.」

21. 하이네-보렐 정리를 이용하여 정리 4.16을 증명하여라.
「함수 $f:[a,\ b]\to\mathbb{R}$가 연속함수이면 f는 $[a,\ b]$에서 균등연속이다.」

5

미 분

극한의 개념을 바탕으로 하여 도함수와 미분가능 함수를 정의한다.
5.1절과 5.2절에서는 롤의 정리, 평균값 정리 등과 같은 미분가능 함수에 대한 여러 가지 성질을 다루고, 5.3절에서는 코오시의 평균값 정리를 이용하여 부정형의 극한을 구하는 로피탈의 법칙을 다룬다.

제 5 장 미 분

5.1 도함수

우리는 미적분학에서 x의 변화에 대한 함수 f의 변화의 비율을 나타내는 새로운 함수 f'이 함수 f의 도함수임을 알고 있다.

〈정의 5.1〉

I는 구간이라 하고 $a \in I$이고 함수 $f : I \to \mathbb{R}$이라 하자. 극한

$$\lim_{x \to a} \frac{f(x)-f(a)}{x-a}$$

가 존재할 때, f는 a에서 **도함수**(derivative at a)를 가진다고 하고 이를 $f'(a)$로 나타낸다. 즉

$$f'(a) = \lim_{x \to a} \frac{f(x)-f(a)}{x-a}$$

이다.(a가 I의 끝점일 때에는 적절한 편측극한이 존재함을 가정한다.)
a에서 $f'(a)$가 존재할 때 f는 a에서 **미분가능**(differentiable at a)하다고 한다.
함수 f가 I의 각 점에서 미분가능할 때, f는 구간 I에서 미분가능(differentiable

on I)하다고 한다.
한편 a에서 $f'(a)$가 존재하지 않을 때, f는 a에서 **미분불가능**하다고 한다.

참고 (1) 도함수 $f'(a)$를 f의 a에서의 **미분계수**(differential coefficient)라 부르기도 한다.
(2) 앞의 정의에서의 극한은 $x=a+h$라 하면 다음과 같이 나타낼 수 있음을 알 수 있다.

$$f'(a)=\lim_{h\to 0}\frac{f(a+h)-f(a)}{h}$$

함수 f가 구간 I에서 미분가능할 때 f의 도함수 f'을 다음과 같이 나타내기도 한다.

$$D_x f, \qquad \frac{df}{dx}, \qquad \frac{dy}{dx}\ (y=f(x)\text{일 때})$$

함수 f가 I에서 미분가능하면 f의 도함수 f'은 I에서의 함수가 된다. 그러므로 한 점 $a\in I$에서 함수 f'의 도함수를 생각할 수 있다. 만일 $a\in I$에서 극한

$$\lim_{x\to a}\frac{f'(x)-f'(a)}{x-a}$$

이 존재하면 f'은 a에서 도함수를 갖는다고 하고, 이를 $f''(a)$로 나타낸다. 이 $f''(a)$를 a에서 f의 **이계도함수**(second derivative)라 한다.
같은 방법으로 a에서 f의 **n계도함수**(nth derivative) $f^{(n)}(a)$를 정의한다. 즉

$$f^{(n)}(a)=\lim_{x\to a}\frac{f^{(n-1)}(x)-f^{(n-1)}(a)}{x-a}$$

이다. 여기서 a에서 f의 n계도함수의 존재성은 그 점에서 f의 $(n-1)$계도함수의 존재성이 보장되어야 한다.

예제 5.1 모든 실수 x에 대하여 함수 $f(x)=x^3$이라 하자. 임의의 실수 a에 대하여

$$\begin{aligned} f'(a)&=\lim_{x\to a}\frac{f(x)-f(a)}{x-a}\\ &=\lim_{x\to a}\frac{x^3-a^3}{x-a}\end{aligned}$$

$$=\lim_{x\to a}(x^2+ax+a^2)$$
$$=3a^2$$

이다.

보통 f가 x의 함수일 때 f'은 x의 함수로 나타낼 수 있다. 따라서 모든 실수 x에 대하여 함수 $f(x)=x^3$의 도함수는 $f'(x)=3x^2$이다. 같은 방법으로 계산하면 $f''(x)=6x$이고 $f'''(x)=6$이다. 그리고 $n\geq 4$이면 $f^{(n)}(x)=0$이다.

예제 5.2 모든 실수 x에 대하여 함수 $f(x)=x|x|$이라 하자. 그러면

$$f(x)=\begin{cases} x^2 & (x\geq 0\text{일 때}) \\ -x^2 & (x<0\text{일 때}) \end{cases}$$

이 된다. $a>0$이라 하자. $a+h>0$이 되도록 충분히 작은 $|h|$를 잡으면

$$f'(a)=\lim_{h\to 0}\frac{f(a+h)-f(a)}{h}$$
$$=\lim_{h\to 0}\frac{(a+h)^2-a^2}{h}$$
$$=\lim_{h\to 0}\frac{h(2a+h)}{h}$$
$$=\lim_{h\to 0}(2a+h)$$
$$=2a$$

이다. $a<0$이라 하자. $a+h<0$이 되도록 충분히 작은 $|h|$를 잡으면

$$f'(a)=\lim_{h\to 0}\frac{f(a+h)-f(a)}{h}$$
$$=\lim_{h\to 0}\frac{-(a+h)^2+a^2}{h}$$
$$=\lim_{h\to 0}\frac{-h(2a+h)}{h}$$
$$=\lim_{h\to 0}(-2a-h)$$
$$=-2a$$

이다. 끝으로

$$f'(0)=\lim_{h\to 0}\frac{f(0+h)-f(0)}{h}=\lim_{h\to 0}\frac{h|h|}{h}=\lim_{h\to 0}|h|=0$$

이므로, 모든 실수 x에 대하여 $f'(x)=2|x|$임을 알 수 있다.

정의 5.1에서 점 a가 구간 I의 끝점일 경우에는 함수 f의 편측극한이 존재한다고 한다. a가 I의 좌측 끝점이면

$$f'(a)=\lim_{x\to a+}\frac{f(x)-f(a)}{x-a}=\lim_{h\to 0+}\frac{f(a+h)-f(a)}{h}$$

이고, a가 I의 우측 끝점이면

$$f'(a)=\lim_{x\to a-}\frac{f(x)-f(a)}{x-a}=\lim_{h\to 0-}\frac{f(a+h)-f(a)}{h}$$

이다.

이제 함수의 편측극한과 같은 방법으로 함수의 편측도함수를 정의한다.

〈정의 5.2〉

I는 구간이라 하고 $a\in I$이고 함수 $f: I\to\mathbb{R}$이라 하자.

(1) a가 I의 좌측 끝점이면 극한

$$\lim_{x\to a+}\frac{f(x)-f(a)}{x-a}$$

가 존재할 때 f는 a에서 **우측도함수**(right-hand derivative)를 가진다고 하고, 이를 $f'_+(a)$로 나타낸다. 즉

$$f'_+(a)=\lim_{x\to a+}\frac{f(x)-f(a)}{x-a}$$

이다.

(2) a가 I의 우측 끝점이면 극한

$$\lim_{x\to a-}\frac{f(x)-f(a)}{x-a}$$

가 존재할 때 f는 a에서 **좌측도함수**(left-hand derivative)를 가진다고 하고, 이를 $f'_-(a)$로 나타낸다. 즉

$$f'_-(a)=\lim_{x\to a-}\frac{f(x)-f(a)}{x-a}$$

이다.

정의 5.1과 정의 5.2에 의하여 점 a가 I의 좌측(또는 우측) 끝점이면 $f'(a)$가 존재할 필요충분조건은 a에서의 f의 우측도함수 $f'_+(a)$가 존재하고 $f'(a)=f'_+(a)$(또는 a에서의 f의 좌측도함수 $f'_-(a)$가 존재하고 $f'(a)=f'_-(a)$)일 때이고, 또한 함수 f가 점 a에서 미분가능할 필요충분조건은 a에서의 f의 우측도함수 $f'_+(a)$와 좌측도함수 $f'_-(a)$가 모두 존재하고 $f'_+(a)=f'_-(a)$일 때임을 알 수 있다.

사실 앞의 예제 5.2에서 $a>0$일 때 $f'_+(a)=2a$이고, $a<0$일 때 $f'_-(a)=-2a$이다.

주의 $f'_+(a)$와 $f'(a+)$의 차이점에 유의하여라. $f'_+(a)$는 a에서의 f의 우측도함수이고 $f'(a+)$는 a에서의 f의 도함수 f'의 우극한, 즉 $f'(a+)=\lim_{x\to a+}f'(x)$이다.

예제 5.3 모든 $x\in[0,\infty)$에서 함수 $f(x)=\sqrt{x^3}$이라 하자.

$$f'(0)=f'_+(0)=\lim_{x\to 0+}\frac{f(x)-f(0)}{x-0}=\lim_{x\to 0+}\frac{\sqrt{x^3}}{x}=0$$

이므로, f는 0에서 미분가능하고 $f'(0)=0$이다.

예제 5.4 함수 $f:\mathbb{R}\to\mathbb{R}$를 다음과 같이 정의하자.

$$f(x)=\begin{cases} x & (x\geq 0\text{일 때}) \\ -x & (x<0\text{일 때}) \end{cases}$$

그러면

$$f'_+(0)=\lim_{h\to 0+}\frac{h}{h}=1$$

$$f'_-(0)=\lim_{h\to 0-}\frac{-h}{h}=-1$$

이다. 따라서 $f'_+(0)$와 $f'_-(0)$이 존재하지만 $f'_+(0)\neq f'_-(0)$이므로 $f'(0)$은

존재하지 않는다. 따라서 f는 0에서 미분불가능하다.

정리 3.9(수열 판정법)를 이용하여 다음 정리를 증명할 수 있다.

정리 5.3 I는 구간이고 함수 $f: I \to \mathbb{R}$이고 $a \in I$라 하자. f가 a에서 미분가능할 필요충분조건은 모든 자연수 n에 대하여 $x_n \neq a$이고 a로 수렴하는 모든 수열 $\{x_n\}$에 대하여 수열 $\left\{\dfrac{f(x_n)-f(a)}{x_n-a}\right\}$가 수렴할 때이다. 더구나 f가 a에서 미분가능하면 수열 $\left\{\dfrac{f(x_n)-f(a)}{x_n-a}\right\}$는 $f'(a)$에 수렴한다.

예제 5.5 모든 실수 x에 대하여 함수 $f(x)=|x|$이고 $x_n=\dfrac{(-1)^n}{n}$이라 하자. 그러면 수열 $\{x_n\}$은 $\lim\limits_{n\to\infty} x_n=0$이지만 수열 $\left\{\dfrac{f(x_n)-f(0)}{x_n-0}\right\}$은 수렴하지 않는다. 왜냐하면, n이 짝수라 하면 $x_n=\dfrac{1}{n}$이고

$$\frac{f(x_n)-0}{x_n-0}=\frac{\frac{1}{n}-0}{\frac{1}{n}-0}=1$$

이다. 한편 n이 홀수라 하면 $x_n=-\dfrac{1}{n}$이고

$$\frac{f(x_n)-0}{x_n-0}=\frac{\frac{1}{n}-0}{-\frac{1}{n}-0}=-1$$

이다. $\{x_n\}$의 두 부분수열에 대하여 수열 $\left\{\dfrac{f(x_n)-f(0)}{x_n-0}\right\}$은 서로 다른 극한을 가지므로 수렴하지 않는다. 따라서 f는 0에서 미분불가능하다.

함수의 미분가능성은 연속성보다 더 강한 조건이다. 이것은 함수 f가 a에서 도함수를 가지기 위해서는 반드시 함수 f는 a에서 연속이어야 함을 뜻한다.

정리 5.4 I는 구간이고 함수 $f: I \to \mathbb{R}$이고 $a \in I$라 하자. f가 a에서 미분가능하면 f는 a에서 연속이다.

증명 $x \neq a$인 모든 $x \in I$에 대하여

$$f(x) = f(a) + \frac{f(x) - f(a)}{x - a}(x - a)$$

이다. f는 a에서 미분가능하므로

$$f'(a) = \lim_{x \to a} \frac{f(x) - f(a)}{x - a}$$

이다. 정리 3.14에 의하여

$$\begin{aligned} \lim_{x \to a} f(x) &= \lim_{x \to a}\left[f(a) + \frac{f(x) - f(a)}{x - a}(x - a)\right] \\ &= \lim_{x \to a} f(a) + \lim_{x \to a} \frac{f(x) - f(a)}{x - a} \lim_{x \to a}(x - a) \\ &= f(a) + f'(a) \cdot 0 = f(a) \end{aligned}$$

이므로 f는 a에서 연속이다. 만일 a가 I의 양 끝점이면 a에서의 f의 극한은 편측 극한을 취한다. ■

위 정리의 역은 성립하지 않는다. 예를 들면, 모든 실수 x에 대하여 함수 $f(x) = |x|$는 $x=0$에서 연속이지만 미분불가능한 함수이다.

한 점에서 함수의 도함수는 극한의 개념으로 정의되었으므로 극한 정리는 도함수를 계산하는 데 이용된다.

함수들의 대수적 결합(합, 곱, 스칼라곱 그리고 몫)에 대한 도함수는 다음과 같다.

정리 5.5 I는 구간이고 함수 $f, g: I \to \mathbb{R}$이고 $a \in I$이라 하자. f와 g가 a에서 미분가능하면

(1) 함수 $f+g$는 a에서 미분가능하고, $(f+g)'(a) = f'(a) + g'(a)$이다.

(2) k가 실수일 때 함수 kf는 a에서 미분가능하고, $(kf)'(a) = kf'(a)$이다.

(3) 함수 fg는 a에서 미분가능하고, $(fg)'(a) = f(a)g'(a) + g(a)f'(a)$이다.

(4) $g(a) \neq 0$이면 함수 $\dfrac{f}{g}$는 a에서 미분가능하고,

$$\left(\frac{f}{g}\right)'(a)=\frac{g(a)f'(a)-f(a)g'(a)}{[g(a)]^2}$$ 이다.

증명 (1), (2) 그리고 (3)은 연습문제로 독자에게 남긴다.

(4) $g(a)\neq 0$이고 g는 a에서 연속이므로 $a\in J$이고, $J\subset I$인 구간 J가 존재하여 모든 $x\in J$에 대하여 $g(x)\neq 0$을 만족한다. $x\neq a$인 모든 $x\in J$에 대하여

$$\begin{aligned}\left(\frac{f}{g}\right)(x)-\left(\frac{f}{g}\right)(a)&=\frac{f(x)}{g(x)}-\frac{f(a)}{g(a)}\\&=\frac{g(a)f(x)-f(a)g(x)}{g(x)g(a)}\\&=\frac{g(a)[f(x)-f(a)]-f(a)[g(x)-g(a)]}{g(x)g(a)}\end{aligned}$$

이므로

$$\begin{aligned}\left(\frac{f}{g}\right)'(a)&=\lim_{x\to a}\frac{\left(\frac{f}{g}\right)(x)-\left(\frac{f}{g}\right)(a)}{x-a}\\&=\lim_{x\to a}\left[\left\{g(a)\frac{f(x)-f(a)}{x-a}-f(a)\frac{g(x)-g(a)}{x-a}\right\}\left\{\frac{1}{g(x)g(a)}\right\}\right]\\&=\frac{g(a)f'(a)-f(a)g'(a)}{[g(a)]^2}\end{aligned}$$

이다. ■

우리는 두 연속함수의 합성함수는 연속임을 이미 알고 있다. 미분가능한 두 함수의 합성함수에 대해서도 이와 유사한 결론을 얻을 수 있다. 이를 **연쇄법칙**(chain rule)이라 한다.

정리 5.6 (연쇄법칙) I는 구간이고 함수 $g: I\to\mathbb{R}$이고 $a\in I$라 하자. f를 $g(I)\subset J$인 구간 J에서 정의된 함수라고 하자. g가 a에서 미분가능하고 f가 $g(a)$에서 미분가능하면 합성함수 $f\circ g$는 a에서 미분가능하고 다음이 성립한다.

$$(f\circ g)'(a)=f'(g(a))g'(a)$$

증명 함수 $h: J\to\mathbb{R}$를 다음과 같이 정의하자.

$$h(y)=\begin{cases} \dfrac{f(y)-f(g(a))}{y-g(a)} & (y\neq g(a)\text{일 때}) \\ f'(g(a)) & (y=g(a)\text{일 때}) \end{cases}$$

그러면 h는 $g(a)$에서 연속이다. 왜냐하면, f가 $g(a)$에서 미분가능하므로

$$\lim_{y\to g(a)} h(y)=\lim_{y\to g(a)}\frac{f(y)-f(g(a))}{y-g(a)}=f'(g(a))=h(g(a))$$

이기 때문이다. 이제 모든 $y\in J$에 대하여

$$h(y)[y-g(a)]=f(y)-f(g(a))$$

이고, 따라서 $x\in I$이면 $g(x)\in J$이므로

$$h(g(x))[g(x)-g(a)]=f(g(x))-f(g(a))$$

이다. $h\circ g$는 a에서 연속이고 g는 a에서 미분가능하므로

$$\begin{aligned}(f\circ g)'(a)&=\lim_{x\to a}\frac{f(g(x))-f(g(a))}{x-a}\\ &=\lim_{x\to a}h(g(x))\frac{g(x)-g(a)}{x-a}\\ &=h(g(a))g'(a)\end{aligned}$$

이다. 그러므로 $h(g(a))=f'(g(a))$이므로

$$(f\circ g)'(a)=f'(g(a))g'(a)$$

이다. ■

예제 5.6 모든 실수 x에 대하여 함수 $h(x)=\log(x^4+x^2+1)$이라 하자. 함수 $f(x)=\log x$, $g(x)=x^4+x^2+1$이라 하면 $h(x)=(f\circ g)(x)$이다. $f'(x)=\dfrac{1}{x}$이고 $g'(x)=4x^3+2x$이므로, 정리 5.6(연쇄법칙)에 의하여

$$\begin{aligned}h'(x)&=f'(g(x))g'(x)\\ &=\frac{1}{x^4+x^2+1}(4x^3+2x)\\ &=\frac{4x^3+2x}{x^4+x^2+1}\end{aligned}$$

이다.

f가 연속이고 순증가함수이면 f^{-1}도 연속함수이다. 마찬가지로 f가 미분가능하고

순증가함수이면 f^{-1}도 미분가능하고, f^{-1}의 도함수는 f의 도함수와 관련이 있다. 이것이 다음의 정리의 내용이다. 이를 **역함수의 미분법**(inverse function theorem)이라 한다.

정리 5.7 (역함수의 미분법) I는 구간이고 $f: I \to \mathbb{R}$는 순증가하는 연속함수이라 하자. 또 g가 $f(I)$에서 f의 역함수이고 $a \in I$이라 하자. f가 a에서 미분가능하고 $f'(a) \neq 0$이면, g는 $f(a)$에서 미분가능하고 다음이 성립한다.

$$g'(f(a)) = \frac{1}{f'(a)}$$

증명 $J = f(I)$를 f의 치역이라 하자. f가 연속이므로 J는 구간이고 g의 정의역이다. $\{y_n\}$을 $J - \{f(a)\}$에서 $f(a)$로 수렴하는 임의의 수열이라 하자. g는 일대일 함수이고 모든 자연수 n에 대하여 $y_n \neq f(a)$이므로 $g(y_n) \neq g(f(a))$이다. 한편 g는 연속함수이므로 수열 $\{g(y_n)\}$은 $g(f(a)) = a$로 수렴한다. f는 a에서 미분가능하므로

$$f'(a) = \lim_{n \to \infty} \frac{f(g(y_n)) - f(a)}{g(y_n) - a} = \lim_{n \to \infty} \frac{y_n - f(a)}{g(y_n) - g(f(a))}$$

이다. 따라서 수열 $\left\{ \frac{g(y_n) - g(f(a))}{y_n - f(a)} \right\}$는 $\frac{1}{f'(a)}$로 수렴한다. 따라서 정리 5.3에 의하여 g는 $f(a)$에서 미분가능하고 다음이 성립한다.

$$g'(f(a)) = \frac{1}{f'(a)} \qquad \blacksquare$$

$g = f^{-1}$으로 나타내면, 위의 정리는

$$(f^{-1})'(x) = \frac{1}{f'(f^{-1}(x))}$$

로 나타내어진다.

예를 들면, 함수 $f(x) = x^3$이고 $g(x) = \sqrt[3]{x}$이라 하자. $f'(x) = 3x^2$이므로, g의 도함수는 각 $x \neq 0$에 대하여

$$g'(x) = \frac{1}{3(\sqrt[3]{x})^2} = \frac{1}{3\sqrt[3]{x^2}}$$

이다.

예제 5.7 모든 실수 x에 대하여 함수 $f(x)=x^3+3x+1$은 순증가함수이므로 역함수가 존재한다. g를 f의 역함수라 하자. $f'(x)=3x^2+3$이고 $5=f(a)=a^3+3a+1$에서 $a=1$이므로

$$g'(5)=\frac{1}{f'(1)}=\frac{1}{6}$$

이다.

연습문제 (5.1)

1. 정리 5.5의 (1), (2)와 (3)을 증명하여라.

2. 함수 $f:\mathbb{R}\to\mathbb{R}$를

$$f(x)=\begin{cases} x\sin\dfrac{1}{x} & (x\neq 0\text{일 때}) \\ 0 & (x=0\text{일 때}) \end{cases}$$

으로 정의할 때, $x=0$에서 f의 미분가능성을 조사하여라.

3. $\mathbb{R}$에서 정의된 다음 함수에서 미분불가능한 점을 구하여라.
   (1) $e^{|x|}$
   (2) $\sin|x|$
   (3) $|\sin x|$
   (4) $|x|+|x-1|$

4. 함수 $f:\mathbb{R}\to\mathbb{R}$는 다음 조건을 만족한다고 하자.
   (1) 모든 실수 x, y에 대하여 $f(x+y)=f(x)f(y)$이다.
   (2) $f(0)=1$이다.
   (3) $f'(0)$이 존재한다.
   그러면 모든 실수 x에 대하여 $f'(x)$가 존재하고, $f'(x)=f'(0)\cdot f(x)$임을 증명하여라.

5. 모든 실수 x에 대하여 함수 $f(x)=x^{\frac{1}{3}}$일 때 다음 물음에 답하여라.
   (1) $x\neq 0$일 때 $f'(x)=\frac{1}{3}x^{-\frac{2}{3}}$임을 증명하여라.

(2) $x=0$일 때 f는 미분가능한가?

6. 함수 $f:\mathbb{R}\to\mathbb{R}$가 다음과 같이 정의된다고 하자.

$$f(x)=\begin{cases} x^2 & (x\text{는 유리수일 때}) \\ 0 & (x\text{는 무리수일 때}) \end{cases}$$

그러면 f는 $x=0$에서 미분가능함을 보이고 $f'(0)$을 구하여라.

7. 모든 실수 x에 대하여 함수 $f(x)=|x|^3$일 때 $f'(x)$, $f''(x)$를 구하여라. 또 $f'''(0)$은 존재하지 않음을 증명하여라.

8. (1) 모든 실수 x에 대하여 함수 $xf(x)$가 $x=a\neq 0$에서 미분가능하면 f는 $x=a$에서 미분가능함을 증명하여라.

   (2) 만일 $a=0$이면 (1)이 성립하는가?

9. 함수 $f,\ g:(a,\ b)\to\mathbb{R}$에 대하여 $g(x)=\lim_{h\to 0}\dfrac{f(x+h)-f(x-h)}{2h}$이라 하자.

   (1) $c\in(a,\ b)$에 대하여 함수 f는 c에서 미분가능하면 $f'(c)=g(c)$임을 증명하여라.

   (2) $g(c)$는 존재하지만 f는 c에서 미분불가능한 함수 f와 점 $c\in(a,\ b)$의 예를 들어라.

10. 모든 실수 x에 대하여 함수 $f(x)=e^{-|x|}$는 $x=0$에서 연속인가? 또 미분가능한가?

11. 실수 a의 적당한 근방에 있는 모든 x에 대하여 $g(x)\leq f(x)\leq h(x)$인 함수 f, g와 h는 $g(a)=f(a)=h(a)$를 만족한다고 하자. g와 h가 a에서 미분가능하면, f도 a에서 미분가능하고 $g'(a)=f'(a)=h'(a)$임을 증명하여라.

12. 함수 $f:\mathbb{R}\to\mathbb{R}$가 다음과 같이 정의된다고 하자.

$$f(x)=\begin{cases} x^2\cos\dfrac{1}{x} & (x\neq 0\text{일 때}) \\ 0 & (x=0\text{일 때}) \end{cases}$$

다음 물음에 답하여라.

(1) f는 $\mathbb{R}$에서 미분가능함을 증명하여라.

(2) $\lim_{x\to 0}f'(x)$를 구하여라.

(3) 도함수 f'은 $x=0$에서 연속인가?

13. 모든 실수 x에 대하여 함수 $f(x)=[x](x-1)$일 때 f의 연속성과 미분가능성을 조사하여라.

14. 모든 실수 x에 대하여 함수 $f(x)=x[x]$는 정수를 제외한 모든 실수에서 미분가능함을 증명하여라.

15. 모든 실수 x에 대하여 함수 $f(x)=|\cos x|$의 미분불가능한 점을 구하여라.

16. 오직 한 점에서 미분가능한 함수 $f:\mathbb{R}\to\mathbb{R}$를 구하여라.

17. 함수 $f:\mathbb{R}\to\mathbb{R}$가 다음과 같이 정의된다고 하자.

$$f(x)=\begin{cases} ax+b & (x\geq 1\text{일 때}) \\ x^3 & (x<1\text{일 때}) \end{cases}$$

그러면 함수 f가 $x=1$에서 미분가능하도록 a, b를 구하여라.

18. 함수 $f(x)=\sqrt{|x|}$는 $x=0$에서 연속이지만 미분가능하지 않음을 증명하여라.

19. $x\in(-1,\ 1)$일 때 $(\cos^{-1})'(x)=-\dfrac{1}{\sqrt{1-x^2}}$임을 증명하여라.

20. 함수 $f:\mathbb{R}\to(0,\ \infty)$는 $f'(x)=f(x)$를 만족한다고 하면, f는 모든 실수 x에서 증가함수이고 $x>0$에 대하여 $(f^{-1})'(x)=\dfrac{1}{x}$임을 증명하여라.

21. 함수 $f:\mathbb{R}\to\mathbb{R}$가 다음과 같이 정의된다고 하자.

$$f(x)=\begin{cases} x^2\sin\dfrac{1}{x^2} & (x\neq 0\text{일 때}) \\ 0 & (x=0\text{일 때}) \end{cases}$$

다음을 증명하여라.

(1) f는 $\mathbb{R}$에서 미분가능하다.

(2) 도함수 f'은 $[-1,\ 1]$에서 유계가 아니다.

22. 함수 $f:[0,\ 1]\to\mathbb{R}$이고 모든 x, $y\in[0,\ 1]$에 대하여 $0<k<1$일 때 $|f(x)-f(y)|\leq k|x-y|$이라 하자. 모든 $x\in[0,\ 1]$에 대하여 $f(x)\in[0,\ 1]$이면 f는 $[0,\ 1]$에서 꼭 하나의 고정점을 가짐을 증명하여라.

5.2 미분가능 함수의 성질

평균값 정리는 미분에 있어서 가장 중요한 성질 중에 하나인데 그것은 함수값과 도함수 사이의 관계를 말해 준다. 또 그것의 증명은 유계인 닫힌구간에서 정의된 함수가 최댓값과 최솟값을 가진다는 사실에 달려있다.

〈정의 5.8〉

I는 구간이고 함수 $f : I \to \mathbb{R}$이고 $a \in I$이라 하자.

(1) 모든 $x \in I$에 대하여 $f(x) \le f(a)$일 때, f는 a에서 **최댓값**(absolute maximum 또는 maximum) $f(a)$를 가진다고 한다.

(2) 모든 $x \in I$에 대하여 $f(x) \ge f(a)$일 때, f는 a에서 **최솟값**(absolute minimum 또는 minimum) $f(a)$를 가진다고 한다.

(3) 적당한 $\delta > 0$가 존재하여 $|x-a| < \delta$, $x \in I$이면 $f(x) \le f(a)$일 때, f는 a에서 **극댓값**(relative maximum 또는 local maximum) $f(a)$를 가진다고 한다.

(4) 적당한 $\delta > 0$가 존재하여 $|x-a| < \delta$, $x \in I$이면 $f(x) \ge f(a)$일 때, f는 a에서 **극솟값**(relative minimum 또는 local minimum) $f(a)$를 가진다고 한다.

(5) f가 a에서 극댓값 또는 극솟값을 가질 때, f는 a에서 **극값**(relative extremum 또는 local extremum) $f(a)$를 가진다고 한다.

위의 정의에 의하면 a가 I의 내점일 때 $f(a)$가 I에서 f의 최댓값이면 $f(a)$는 I에서 f의 극대값이고, $f(a)$가 I에서 f의 최솟값이면 $f(a)$는 I에서 f의 극솟값이다.

예를 들면, 모든 실수 x에 대하여 함수 $f(x) = -x^2$은 $x=0$에서 최댓값 (따라서 극댓값) $f(0)=0$을 가진다. 구간 $[-2, 2]$에서 정의된 함수 $f(x)=x^4-x^2$은 $x=0$에서 극댓값 $f(0)=0$을 가지며, $x=2$ 또는 $x=-2$에서 최댓값 $f(2)=f(-2)=12$을 가지며, $x=\frac{1}{\sqrt{2}}$ 또는 $x=-\frac{1}{\sqrt{2}}$에서 최솟값(따라서 극솟값) $f\left(\frac{1}{\sqrt{2}}\right)=f\left(-\frac{1}{\sqrt{2}}\right)=-\frac{1}{4}$을 가진다.

정리 5.9 함수 $f : (a, b) \to \mathbb{R}$이고 $c \in (a, b)$라 하자. f가 c에서 극댓값(또는 극솟값)을 가지고 또 c에서 미분가능하면, $f'(c)=0$이다.

증명 f가 c에서 미분가능하면, $f'_+(c)$와 $f'_-(c)$가 존재하고 $f'_+(c)=f'_-(c)$이다. f는 c에서 극댓값을 가진다고 하자. 그러면 적당한 $\delta>0$가 존재하여 $|x-c|<\delta$, $x\in(a, b)$이면 $f(x)\leq f(c)$이다. 특히 $c<x<c+\delta$이면

$$\frac{f(x)-f(c)}{x-c}\leq 0$$

이고, 그래서 $f'_+(c)\leq 0$이다. 또한 $c-\delta<x<c$이면

$$\frac{f(x)-f(c)}{x-c}\geq 0$$

이고, 그래서 $f'_-(c)\geq 0$이다. 그런데 $f'_+(c)=f'_-(c)=f(c)$이므로 $f'(c)=0$이다.

같은 방법으로 f가 c에서 극솟값을 가질 때에도 증명할 수 있다(연습문제 1). ■

위의 정리의 역은 성립하지 않는다. 즉 $f'(c)=0$일 때 f는 $x=c$에서 반드시 극값을 가질 필요는 없다.

예를 들면, 모든 실수 x에 대하여 함수 $f(x)=x^3$은 $f'(0)=0$이지만 $\mathbb{R}$에서 증가함수이므로 $x=0$에서 극값을 가지지 않는다([그림 5.1] (a)).

또 미분이 불가능한 점에서 극값을 가질 수 있다.

예를 들면, 모든 실수 x에 대하여 함수 $f(x)=|x|$는 $x=0$에서 미분불가능하지만 극솟값을 가진다([그림 5.1] (b)).

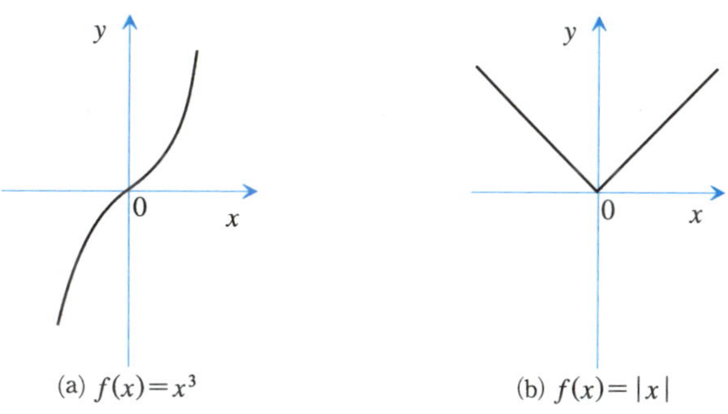

[그림 5.1]

다음의 따름정리의 증명은 위의 정리를 이용하면 쉽게 할 수 있다.

따름정리 5.10 함수 $f:(a, b)\to\mathbb{R}$는 (a, b)에서 연속이고 $c\in(a, b)$이라 하자. f가 c에서 극값을 가지면, c에서 f의 도함수가 존재하지 않거나 $f'(c)=0$이다.

연속함수의 도함수는 연속이 아닐 수도 있다. 다음 예제를 보자.

예제 5.8 함수 $f:[0, 1]\to\mathbb{R}$를

$$f(x)=\begin{cases} x^2\sin\frac{1}{x} & (x\neq0\text{일 때}) \\ 0 & (x=0\text{일 때}) \end{cases}$$

으로 정의하자. $x\neq0$에서의 f의 도함수를 구하면

$$f'(x)=2x\sin\frac{1}{x}-\cos\frac{1}{x}$$

이다. $x=0$에서의 f의 도함수는 도함수의 정의를 이용하여 구하면 $f'(0)=0$임을 알 수 있다. 따라서 f는 $[0, 1]$에서 미분가능하지만 f'은 $[0, 1]$에서 연속이 아니다.

위의 예제에서 미분가능한 함수 f의 도함수 f'은 연속이 아닐 수도 있음을 보여주었다. 그럼에도 불구하고 연속함수처럼 도함수 f'은 다음의 성질을 만족한다. 이를 **도함수에 관한 중간값 정리**(intermediate value theorem for derivatives)라 한다.

정리 5.11 함수 $f:[a, b]\to\mathbb{R}$는 $[a, b]$에서 미분가능하다고 가정하자. $f'(a)\neq f'(b)$이고 l이 $f'(a)$와 $f'(b)$ 사이에 있는 실수이라 하면 $f'(c)=l$이 되는 $c\in(a, b)$가 존재한다.

증명 $f'(a)<l<f'(b)$라 가정하자. 함수 $g:[a, b]\to\mathbb{R}$를

$$g(x)=f(x)-lx$$

로 정의하자. g는 $[a\ b]$에서 미분가능하므로 모든 $x\in[a, b]$에서 $g'(x)=f'(x)-l$이고, 그래서 $g'(a)<0<g'(b)$이다. 또 g는 $[a, b]$에서 연속이므로 g는 어떤 점

$c\in[a,\ b]$에서 최솟값을 가진다. 이제, $c\in(a,\ b)$임을 보이자.

$$g'(b)=\lim_{x\to b}\frac{g(x)-g(b)}{x-b}>0$$

이므로, $0<|x-b|<\delta,\ x\in[a,\ b]$이면

$$\frac{g(x)-g(b)}{x-b}>0$$

을 만족하는 $\delta>0$가 존재한다. 따라서 $0<|x-b|<\delta,\ x\in[a,\ b]$이면

$$g(x)<g(b)$$

이고, 그래서 $g(b)$는 $[a,\ b]$에서 g의 최솟값이 아니다. 그러므로 $c\neq b$이다. $g'(a)<0$이므로 같은 방법으로 $c\neq a$임을 보일 수 있다. 따라서 $c\in(a,\ b)$이고 정리 5.9에 의하여 $g'(c)=0$이다. 그러므로 $f'(c)=g'(c)+l=l$이 성립한다. ■

다음은 미분에 있어서 중요한 역할을 하는 **롤의 정리**(Rolle's theorem)이다.

정리 5.12 (롤의 정리) 함수 $f:[a,\ b]\to\mathbb{R}$는 $[a,\ b]$에서 연속이고 $(a,\ b)$에서 미분가능하다고 하자. $f(a)=f(b)$이면 $f'(c)=0$을 만족하는 $c\in(a,\ b)$가 존재한다.

증명 함수 f가 $[a,\ b]$에서 상수함수이라 하면 모든 $x\in[a,\ b]$에 대하여 $f'(x)=0$이다. 따라서 f는 $[a,\ b]$에서 상수함수가 아니라고 가정하자. 그러면 f는 $[a,\ b]$에서 연속이므로 정리 4.7(최대·최소값의 정리)에 의하여 f는 $[a,\ b]$에서 최댓값과 최솟값을 가진다. 가정에 의하여 $f(a)=f(b)$이므로 적당한 $c\in(a,\ b)$가 존재해서 f는 c에서 최댓값(따라서 극댓값) 또는 최솟값(따라서 극솟값)을 가진다. 따라서 f는 $(a,\ b)$에서 미분가능하므로 정리 5.9에 의하여 $f'(c)=0$이다. ■

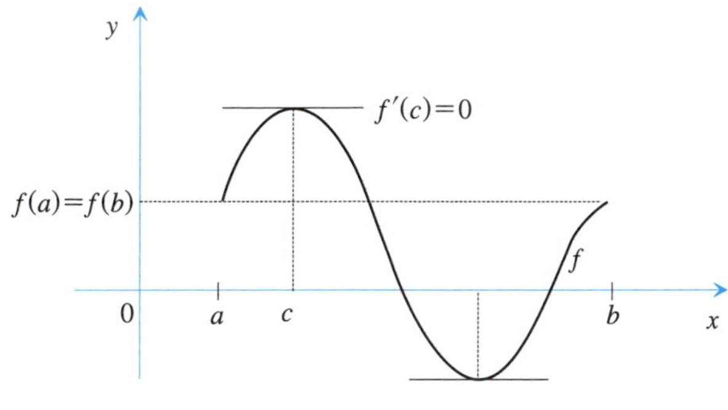

[그림 5.2] 롤의 정리

롤의 정리의 기하학적 의미는 미분가능한 함수가 양 끝점 a, b에서의 함수값이 같으면 기울기가 0이 되는 적당한 점 $c \in (a, b)$가 존재한다는 것을 뜻한다([그림 5.2]).

롤의 정리는 $[a, b]$의 양 끝점 a, b에서 함수 f의 미분가능성에 관계 없이 성립한다.

예를 들면, 구간 $[-2, 2]$에서 함수 $f(x)=\sqrt{4-x^2}$은 롤의 정리의 가정을 만족한다. 그러나 $x=-2$와 $x=2$에서 도함수는 존재하지 않는다. $x \in (-2, 2)$에 대하여 $f'(x)=\frac{-x}{\sqrt{4-x^2}}$이고 $f'(0)=0$가 되는 $c=0$이 존재한다.

예제 5.9 함수 $g:[0, 1] \to \mathbb{R}$를 다음과 같이 정의하자.

$$g(x)=\begin{cases} x & (x \in [0, 1)\text{일 때}) \\ 0 & (x=1\text{일 때}) \end{cases}$$

모든 $x \in (0, 1)$에 대하여 $g'(x)=1$이므로 $g'(c)=0$인 $c \in (0, 1)$는 존재하지 않는다. 이는 끝점 $x=1$에서 연속이 아니므로 정리 5.12(롤의 정리)의 가정을 만족시키지 않는다.

롤의 정리의 결과로서 우리는 다음의 **미분에 관한 평균값 정리**(mean value theorem for derivatives)를 얻는다.

정리 5.13 (평균값 정리) 함수 $f:[a, b] \to \mathbb{R}$가 $[a, b]$에서 연속이고 (a, b)에서 미분가능하면,

$$f'(c)=\frac{f(b)-f(a)}{b-a}$$

을 만족하는 $c \in (a, b)$가 존재한다.

증명 함수 $F:[a, b] \to \mathbb{R}$를 다음과 같이 정의하자.

$$F(x)=f(x)-f(a)-\frac{f(b)-f(a)}{b-a}(x-a)$$

그러면 $F(a)=0=F(b)$이므로 정리 5.12(롤의 정리)에 의하여 $F'(c)=0$를 만족하는 $c \in (a, b)$가 존재한다. 따라서 모든 $x \in (a, b)$에 대하여

$$F'(x)=f'(x)-\frac{f(b)-f(a)}{b-a}$$

이므로 $x=c$이라 하면

$$0=F'(c)=f'(c)-\frac{f(b)-f(a)}{b-a} \quad 즉 \quad f'(c)=\frac{f(b)-f(a)}{b-a}$$

이다. ■

평균값 정리의 기하학적 의미는 곡선 $y=f(x)$ 위의 두 점 $(a, f(a))$와 $(b, f(b))$를 지나는 선분과 곡선 $y=f(x)$ 위에 어떤 점이 존재하여 그 점에서의 접선이 평행하다는 것을 뜻한다([그림 5.3]).

앞의 평균값 정리에서 $b-a=h$라 하면 $c-a<b-a$이므로 $0<\frac{c-a}{h}<1$이 된다. 여기서 $\theta=\frac{c-a}{h}$로 놓으면 평균값 정리는

$$f(a+h)=f(a)+hf'(a+\theta h), \quad 0<\theta<1$$

와 같이 나타낼 수 있다.

이제, 평균값 정리의 일반화에 대하여 알아보자. 이를 **코오시의 평균값 정리**(Cauchy mean value theorem)라고 한다. 이는 다음 절에서 배울 로피탈의 법칙에 유용하게 쓰인다.

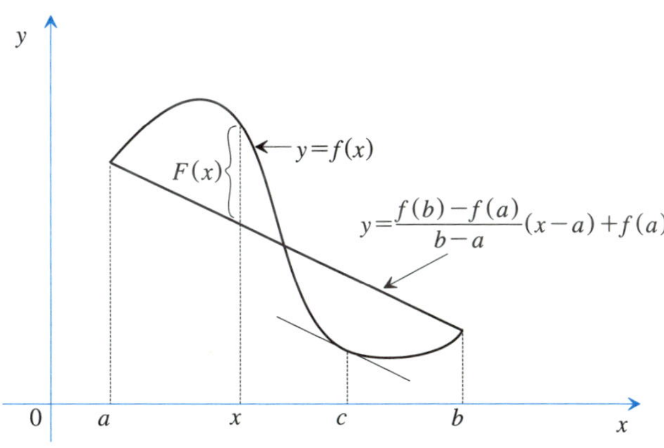

[그림 5.3] 평균값 정리

정리 5.14 (코오시의 평균값 정리) 함수 $f,\ g:[a,\ b]\to\mathbb{R}$가 $[a,\ b]$에서 연속이고 $(a,\ b)$에서 미분가능하면,

$$[f(b)-f(a)]g'(c)=[g(b)-g(a)]f'(c)$$

를 만족하는 $c\in(a,\ b)$가 존재한다.

증명 함수 $h:[a,\ b]\to\mathbb{R}$를

$$h(x)=[f(b)-f(a)]g(x)-[g(b)-g(a)]f(x)$$

로 정의하여 정리 5.12(롤의 정리)를 적용하면 쉽게 증명할 수 있다. ■

예제 5.10 $0<\alpha<\beta<\dfrac{\pi}{2}$일 때 $\sin\beta-\sin\alpha<\beta-\alpha$임을 보여라.

풀이 $f(x)=\sin x$라 하면 $f'(x)=\cos x$이다. f는 구간 $[\alpha,\ \beta]$에서 연속이고, $(\alpha,\ \beta)$에서 미분가능하므로 정리 5.13(평균값 정리)에 의하여 $\sin\beta-\sin\alpha=(\beta-\alpha)\cos\gamma$를 만족하는 $\gamma\in(\alpha,\ \beta)$가 존재한다. $0<\alpha<\gamma<\beta<\dfrac{\pi}{2}$이므로 $0<\cos\gamma<1$이고, 따라서 $\sin\beta-\sin\alpha<\beta-\alpha$가 성립한다.

평균값 정리는 도함수 f'에 관한 정보로부터 다음의 정리와 같이 함수 f의 성질을 유도할 수 있다.

정리 5.15 함수 $f:[a,\ b]\to\mathbb{R}$는 $[a,\ b]$에서 연속이고 $(a,\ b)$에서 미분가능하다고 하자.

(1) 모든 $x\in(a,\ b)$에 대하여 $f'(x)\geq 0$이면, f는 $[a,\ b]$에서 증가함수이다.
(2) 모든 $x\in(a,\ b)$에 대하여 $f'(x)\leq 0$이면, f는 $[a,\ b]$에서 감소함수이다.
(3) 모든 $x\in(a,\ b)$에 대하여 $f'(x)=0$이면, f는 $[a,\ b]$에서 상수함수이다.

증명 (1) $a\leq x<y\leq b$라고 가정하자. 정리 5.13(평균값 정리)에 의하여

$$f(y)-f(x)=f'(c)(y-x)$$

를 만족하는 $c\in(x,\ y)$가 존재한다. $f'(c)\geq 0$이고 $y-x>0$이므로

$f(y)-f(x)\geq 0$이다. 따라서 $y>x$이면 $f(y)\geq f(x)$이므로 f는 $[a, b]$에서 증가함수이다.

(2)의 증명은 연습문제로 독자에게 남긴다.

(3) f가 $[a, b]$에서 상수함수가 아니라고 하자. 그러면 $a\leq x_1<x_2\leq b$이고 $f(x_1)\neq f(x_2)$인 x_1, x_2가 존재한다. 정리 5.13(평균값 정리)에 의하여

$$f(x_2)-f(x_1)=(x_2-x_1)f'(c)$$

를 만족하는 $c\in(x_1, x_2)$가 존재한다. 이는 $f'(c)\neq 0$이므로 모순이다. 따라서 f는 상수함수이다. ■

따름정리 5.16 함수 $f, g:[a, b]\to\mathbb{R}$는 $[a, b]$에서 연속이고 (a, b)에서 미분가능하다고 하자. 모든 $x\in(a, b)$에 대하여 $f'(x)=g'(x)$이면 모든 $x\in[a, b]$에 대하여 $f(x)=g(x)+k$인 상수 k가 존재한다.

증명 함수 $f-g$에 정리 5.15의 (3)을 적용시켜라. ■

유계인 닫힌구간 I에서 f가 연속이면 f는 균등연속이다. 다음의 정리는 f가 균등연속이 되는 다른 조건을 나타내고 있다.

정리 5.17 I를 구간이라 하고 함수 $f:I\to\mathbb{R}$이라 하자. 구간 I에서 도함수 f'이 존재하고 유계함수이라 하면, f는 I에서 균등연속이다.

증명 모든 $x\in I$에 대하여 $|f'(x)|\leq M$인 실수 $M>0$이 존재한다고 가정하자. $x_1<x_2$인 임의의 두 점 $x_1, x_2\in I$에 대하여 정리 5.13(평균값 정리)을 이용하면

$$f'(c)=\frac{f(x_2)-f(x_1)}{x_2-x_1}$$

을 만족하는 $c\in(x_1, x_2)$가 존재한다. 따라서

$$\left|\frac{f(x_2)-f(x_1)}{x_2-x_1}\right|\leq M$$

이고, 그래서 $|f(x_2)-f(x_1)|\leq M|x_2-x_1|$이다.

x_1과 x_2는 I의 임의의 점이므로, 모든 x, $y \in I$에 대하여

$$|f(x)-f(y)| \leq M|x-y|$$

이 성립한다. 임의의 $\varepsilon>0$에 대하여 $\delta=\dfrac{\varepsilon}{M}$이라 하자. 따라서 $|x-y|<\delta$, x, $y \in I$ 이면

$$|f(x)-f(y)| \leq M|x-y|<M\delta=\varepsilon$$

이다. 그러므로 f는 I에서 균등연속이다. ■

예제 5.11 모든 실수 x에 대하여 함수 $f(x)=\tan^{-1}x$이라 하자. 모든 실수 x에 대하여 $f'(x)=\dfrac{1}{1+x^2}$이므로 $|f'(x)|=\left|\dfrac{1}{1+x^2}\right| \leq 1$이 성립한다. 정리 5.17에 의하여 f는 $\mathbb{R}$에서 균등연속이다.

다음의 **테일러의 정리**(Taylor's theorem)는 정리 5.13(평균값 정리)을 고계도함수로의 확장으로 생각할 수 있다. 즉 평균값 정리는 함수와 그의 도함수의 값과 관련되어 있는 반면에 테일러의 정리는 함수와 그의 고계도함수의 값과 관련되어 있다.

정리 5.18 (테일러의 정리) I는 열린구간이고 $a \in I$이라 하자. 함수 $f : I \to \mathbb{R}$에 대하여 f와 그의 도함수 f', f'', $\cdots$, $f^{(n)}$은 I에서 연속이고 $f^{(n+1)}$이 I에서 존재하면, 임의의 $x \in I$에 대하여

$$f(x)=f(a)+f'(a)(x-a)+\frac{f''(a)}{2!}(x-a)^2+\cdots+\frac{f^{(n)}(a)}{n!}(x-a)^n+R_n(x)$$

를 만족한다. 여기서 $R_n(x)$를 **나머지 항**(remainder term)이라 하고 다음과 같이 주어진다.

(1) **코오시의 나머지 형식**(Cauchy form of the remainder)

$$R_n(x)=\frac{f^{(n+1)}(c)}{n!}(x-c)^n(x-a) \quad (a<c<x\text{일 때})$$

(2) **라그랑주의 나머지 형식**(Lagrange form of the remainder)

$$R_n(x)=\frac{f^{(n+1)}(c)}{(n+1)!}(x-a)^{n+1} \quad (a<c<x\text{일 때})$$

증명 (1) $x>a$인 임의의 $x \in I$에 대하여 함수 $F:[a,\ x] \to \mathbb{R}$를 다음과 같이 정의하자.

$$F(t)=f(x)-f(t)-f'(t)(x-t)-\frac{f''(t)}{2!}(x-t)^2-\cdots-\frac{f^{(n)}(t)}{n!}(x-t)^n$$

그러면 F는 $[a, x]$에서 연속이고 (a, x)에서 미분가능하며, 모든 $t \in (a, x)$에 대하여

$$\begin{aligned}F'(t)&=-f'(t)+[f'(t)-f''(x)(x-t)]+\left[f''(x)(x-t)-\frac{f'''(t)}{2!}(x-t)^2\right]\\&\quad+\cdots+\left[\frac{f^{(n)}(t)}{(n-1)!}(x-t)^{n-1}-\frac{f^{(n+1)}(t)}{n!}(x-t)^n\right]\\&=-\frac{f^{(n+1)}(t)}{n!}(x-t)^n\end{aligned}$$

이 성립한다. 따라서 정리 5.13(평균값 정리)에 의하여

$$\frac{F(x)-F(a)}{x-a}=F'(c)=-\frac{f^{(n+1)}(c)}{n!}(x-c)^n$$

을 만족하는 $c \in (a,\ x)$가 존재한다.

그런데 $F(x)=0$이고 $F(a)=R_n(x)$이므로 $a<c<x$에 대하여

$$R_n(x)=\frac{f^{(n+1)}(c)}{n!}(x-c)^n(x-a)$$

이다. 그러므로 $a<c<x$에 대하여

$$\begin{aligned}f(x)&=f(a)+f'(a)(x-a)+\frac{f''(a)}{2!}(x-a)^2\\&\quad+\cdots+\frac{f^{(n)}(a)}{n!}(x-a)^n+\frac{f^{(n+1)}(c)}{n1}(x-c)^n(x-a)\end{aligned}$$

이 성립한다.

(2) 연습문제로 독자에게 남긴다.

참고 (1) 테일러의 정리에서 라그랑주의 나머지 형식을 **나머지의 도함수 형식**(derivative form of the remainder)이라 하기도 한다.

(2) 테일러의 정리에서 또 다른 나머지 형식인 **나머지의 적분 형식**(integral form of the remainder)에 대한 정리는 연습문제(6장 3절)로 주어진다.

(3) 테일러의 정리에서 라그랑주의 나머지 형식을 사용하면 $n=0$일 때 테일러의 정리는 평균값 정리가 되므로 위의 테일러의 정리를 **평균값 정리의 일반화**(generalization of the mean value theorem)이라 한다.

자연수 n에 대하여 함수 f가 점 $x=a$에서 n계도함수를 가지면 $P_n(a)=f(a)$이고 $k=1, 2, \cdots, n$에 대하여 $P_n^{(k)}(a)=f^{(k)}(a)$가 되는 n차의 다항식

$$P_n(x)=f(a)+f'(a)(x-a)+\frac{f''(a)}{2!}(x-a)^2+\cdots+\frac{f^{(n)}(a)}{n!}(x-a)^n$$

을 얻을 수 있다. 이러한 다항식 $P_n(x)$를 $x=a$에서의 f에 대한 **테일러 다항식**(Taylor polynomial)이라 하고, 테일러의 정리에 의하여 $a<c<x$일 때

$$R_n(x)=f(x)-P_n(x)=\frac{f^{(n+1)}(c)}{(n+1)!}(x-a)^{n+1}$$

이다.

한편 테일러의 정리에서 $\lim_{n\to\infty} R_n(x)=0$이면

$$f(x)=\sum_{n=0}^{\infty}\frac{f^{(n)}(a)}{n!}(x-a)^n$$

인 테일러 급수를 얻는다.(8장 2절에서 다룬다.)

예제 5.12 모든 실수 x에 대하여 $1-\frac{1}{2}x^2\le\cos x$임을 보여라.

풀이 정리 5.18(테일러의 정리)에서 $f(x)=\cos x$, $a=0$이라 하자. 그러면

$$f(x)=\cos x=1-\frac{1}{2}x^2+R_2(x)$$

이다. 0과 x 사이에 있는 적당한 c에 대하여

$$R_2(x)=\frac{f'''(c)}{3!}x^3=\frac{\sin c}{6}x^3$$

이 성립한다. $0\le x\le\pi$이면 $0\le c\le\pi$이다. 따라서 $\sin c\ge 0$이고 $x^3\ge 0$이므로 $R_2(x)\ge 0$이다. 또한 $-\pi\le x\le 0$이면 $-\pi\le c\le 0$이다. 따라서 $\sin c\le 0$이고 $x^3\le 0$이므로 $R_2(x)\ge 0$이다. 그러므로 $|x|\le\pi$이면 $1-\frac{1}{2}x^2\le\cos x$이고, $|x|\ge\pi$이면 모든 실수 x에 대하여 $1-\frac{1}{2}x^2<-3\le\cos x$이므로, 모든 실수 x에 대하여 $1-\frac{1}{2}x^2\le\cos x$이다.

연습문제 (5.2)

1. 정리 5.9의 증명을 완성하여라.

2. 함수 f가 모든 $x\in(0,\ 1]$에 대하여 $|f'(x)|<1$을 만족한다고 하면, 수열 $\left\{f\left(\frac{1}{n}\right)\right\}$은 수렴함을 증명하여라.

3. 정리 5.15의 (2)를 증명하여라.

4. 따름정리 5.16을 증명하여라.

5. 모든 실수 x에서 정의된 함수 $f(x)=x^2e^{-x}$의 극값을 구하여라.

6. 모든 $x\geq 0$에 대하여 $e^x\geq 1+x$임을 증명하여라.

7. $a>0$일 때 방정식 $x^3+ax+b=0$은 꼭 하나의 해를 가짐을 증명하여라.

8. 함수 $f:[0,\ 1]\to[0,\ 1]$는 $[0,\ 1]$에서 연속이고 $(0,\ 1)$에서 미분가능하다고 하자. $x\in(0,\ 1)$에 대하여 $f'(x)\neq 1$이면 $f(a)=a$가 되는 $a\in(0,\ 1)$가 꼭 하나 존재함을 증명하여라.

9. 함수 f는 2계도함수를 가지며 $a_1<a_2<a_3$일 때, $f(a_1)=f(a_2)=f(a_3)$이라 하면 $f''(c)=0$인 $c\in(a_1,\ a_3)$가 존재함을 증명하여라.

10. 함수 $f:(a,\ b)\to\mathbb{R}$는 $(a,\ b)$에서 미분가능하고 $c\in(a,\ b)$에서 $f'(c)=0$이라 할 때 다음이 성립함을 증명하여라.
    (1) $f''(c)$가 존재하고 $f''(c)>0$이면 f는 c에서 극솟값을 갖는다.
    (2) $f''(c)$가 존재하고 $f''(c)<0$이면 f는 c에서 극댓값을 갖는다.

11. 다음 함수 $f:\mathbb{R}\to\mathbb{R}$는 $x=0$에서만 미분가능함을 증명하여라.
$$f(x)=\begin{cases} x^4 & (x\text{는 유리수일 때}) \\ 0 & (x\text{는 무리수일 때}) \end{cases}$$

12. I는 구간이고 함수 $f:I\to\mathbb{R}$이라 하자. I에서 f'이 존재하고 유계이면 함수 f는 립쉬쯔 조건을 만족하고, 역으로 f는 I에서 미분가능하고 립쉬쯔 조건을 만족하면 f'은 I에서 유계임을 증명하여라.

13. 다음 명제가 성립하면 증명하고 그렇지 않으면 반례를 들어 설명하여라.
「함수 f가 구간 I에서 미분가능하고 균등연속이면 f는 I에서 립쉬쯔 조건을 만족한다.」

14. $[0, 2]$에서 함수 $f(x)=1-|x-1|$은 정리 5.12(롤의 정리)를 만족하지 않음을 설명하여라.

15. 다음 함수는 주어진 구간에서 롤의 정리를 만족하는가? 그 이유를 말하여라.
(1) $f(x)=1-|x|,\ x\in[-1, 1]$
(2) $f(x)=x,\ x\in[0, 1]$

16. 함수 $f:[a, b]\to\mathbb{R}$는 $[a, b]$에서 연속이고 (a, b)에서 n번 미분가능하다고 하자. 자연수 n과 적당한 $x_0, x_1, \cdots, x_n\in[a, b]$에 대하여 $f(x_0)=f(x_1)=\cdots=f(x_n)=0$이면 $f^{(n)}(c)=0$을 만족하는 $c\in(a, b)$가 존재한다(이를 **일반화된 롤의 정리** (generalized Roll's theorem)라 한다).

17. a는 실수이고 함수 f는 모든 $x<a$에 대하여 $f'(x)<0<f''(x)$이고 모든 $x>a$에 대하여 $f'(x)>0>f''(x)$이면 $f'(a)$는 존재하지 않음을 증명하여라.

18. (1) 함수 $f:[a, b]\to\mathbb{R}$는 $[a, b]$에서 연속이고 (a, b)에서 미분가능하다고 하자. 모든 $x\in(a, b)$에 대하여 $f'(x)>0$이면 f는 $[a, b]$에서 순증가함수임을 증명하여라.
(2) (1)의 역은 성립하는가?

19. 함수 $f:\mathbb{R}\to\mathbb{R}$가 모든 실수 x, y에 대하여

$$|f(x)-f(y)|\le(x-y)^2$$

이면, f는 $\mathbb{R}$에서 상수함수임을 증명하여라.

20. 함수 $f, g:\mathbb{R}\to\mathbb{R}$는 $\mathbb{R}$에서 미분가능하고 $f(0)=g(0)$이고 모든 $x\ge0$에 대하여 $f'(x)\le g'(x)$이라 하면, 모든 $x\ge0$에 대하여 $f(x)\le g(x)$임을 증명하여라.

21. 함수 $f:[0, \infty)\to\mathbb{R}$는 $[0, \infty)$에서 연속이고 $f(0)=0$이라 하자. 도함수 f'이 $(0, \infty)$에서 존재하고 증가함수이면, 함수 $g(x)=\dfrac{f(x)}{x}$는 $(0, \infty)$에서 증가함수임을 증명하여라.

22. $x>0$일 때 함수 $f(x)=\frac{\log x}{x}$에 대하여 $f(x)=f(x+1)$을 만족하는 x는 유일하게 존재함을 증명하여라.

23. 정리 5.18(테일러의 정리)의 (2)를 증명하여라.

24. 다음을 증명하여라.

(1) $x\geq 0$일 때 $1+\frac{x}{2}-\frac{x^2}{8}\leq\sqrt{x+1}\leq 1+\frac{x}{2}$이다.

(2) $0\leq x\leq 1$일 때 $x-\frac{x^2}{2}+\frac{x^3}{3}-\frac{x^4}{4}\leq\log(x+1)\leq x-\frac{x^2}{2}+\frac{x^3}{3}$이다.

5.3 로피탈의 법칙

로피탈의 법칙(L'Hospital's rule)이라고 부르는 정리를 증명하는 데 필요한 기본적인 도구는 앞 절에서 배운 도함수의 정의와 코오시의 평균값의 정리이다.

로피탈의 법칙은 **부정형**(indeterminate form)$\left(\frac{0}{0},\ \frac{\infty}{\infty},\ 0\cdot\infty,\ 0^0,\ 1^\infty,\ \infty^0,\ \infty-\infty\text{ 등}\right)$의 극한을 구하는데 필요한 정리이다.

먼저 부정형 $\frac{0}{0}$에 대한 로피탈의 법칙에 대하여 알아보자.

정리 5.19 함수 $f,\ g:(a,\ b)\to\mathbb{R}$에 대하여 f와 g는 $(a,\ b)$에서 미분가능하고 f'과 g'은 $(a,\ b)$에서 연속이라 하자. 또 $c\in(a,\ b)$에 대하여

$$\lim_{x\to c} f(x)=0=\lim_{x\to c} g(x)$$

이고 $g'(c)\neq 0$이라 하자. 그러면

$$\lim_{x\to c}\frac{f'(x)}{g'(x)}=l\text{ 이면, }\lim_{x\to c}\frac{f(x)}{g(x)}=l\text{이다.}$$

증명 f와 g가 (a, b)에서 미분가능하므로 연속이고, 그래서 가정에 의하여 $f(c)=0=g(c)$임을 알 수 있다. 따라서 다음을 얻는다.

$$\lim_{x\to c}\frac{f(x)}{g(x)}=\lim_{x\to c}\frac{f(x)-f(c)}{g(x)-g(c)}=\lim_{x\to c}\frac{\dfrac{f(x)-f(c)}{x-c}}{\dfrac{g(x)-g(c)}{x-c}}=\frac{f'(c)}{g'(c)}=\lim_{x\to c}\frac{f'(x)}{g'(x)}=l \quad \blacksquare$$

다음의 따름정리는 정리 5.19를 여러번 적용시키면 쉽게 증명할 수 있다.

따름정리 5.20 함수 $f, g : (a, b)\to\mathbb{R}$를 연속인 n계 도함수를 갖는 함수라 하고 $a<c<b$이라 하자. 또 $0\le r\le n-1$에 대하여 $f^{(r)}(c)=0=g^{(r)}(c)$이고 $g^{(n)}(c)\neq 0$이라 하자. 그러면

$$\lim_{x\to c}\frac{f^{(n)}(x)}{g^{(n)}(x)}=l\text{이면, }\lim_{x\to c}\frac{f(x)}{g(x)}=l\text{이다.}$$

예제 5.13 $\displaystyle\lim_{x\to 0}\frac{1-\cos x}{\sin^2 x}$를 계산하여라.

풀이 $f(x)=1-\cos x$, $g(x)=\sin^2 x$이라 하면, $\displaystyle\lim_{x\to 0}f(x)=0=\lim_{x\to 0}g(x)$ 이다. 더구나 $f'(x)=\sin x$, $g'(x)=2\sin x\cos x$이므로,

$$\lim_{x\to 0}\frac{f'(x)}{g'(x)}=\lim_{x\to 0}\frac{\sin x}{2\sin x\cos x}=\lim_{x\to 0}\frac{1}{2\cos x}=\frac{1}{2}$$

이다. 따라서 정리 5.19에 의하여 $\displaystyle\lim_{x\to 0}\frac{1-\cos x}{\sin^2 x}=\frac{1}{2}$이다.

예제 5.14 (1) $\displaystyle\lim_{x\to 0}\frac{e^{2x}-1}{x}=\lim_{x\to 0}\frac{2e^{2x}}{1}=2$

(2) $\displaystyle\lim_{x\to 0}\frac{1-\cos x}{x^2}=\lim_{x\to 0}\frac{\sin x}{2x}=\lim_{x\to 0}\frac{\cos x}{2}=\frac{1}{2}$

정리 5.21 함수 $f, g : [a, b]\to\mathbb{R}$는 $[a, b]$에서 연속이고 (a, b)에서 미분가능하고 $\displaystyle\lim_{x\to a+}f(x)=0=\lim_{x\to a+}g(x)$이라 하자. 또 모든 $x\in(a, b)$에 대하여 $g'(x)\neq 0$

이라 하자. 그러면

$$\lim_{x\to a+}\frac{f'(x)}{g'(x)}=l \text{ 이면, } \lim_{x\to a+}\frac{f(x)}{g(x)}=l\text{이다.}$$

증명 f와 g가 a에서 연속이므로 $f(a)=0=g(a)$이다. 정리 5.14(코오시의 평균값 정리)에 의하여 각 $x\in(a,\ b)$에 대하여

$$\frac{f'(c_x)}{g'(c_x)}=\frac{f(x)-f(a)}{g(x)-g(a)}=\frac{f(x)}{g(x)}$$

를 만족하는 $c_x\in(a,\ x)$가 존재한다. 여기서 $x\to a^+$이면 $c_x\to a^+$이다. 따라서

$$\lim_{x\to a+}\frac{f(x)}{g(x)}=\lim_{x\to a+}\frac{f(x)-f(a)}{g(x)-g(a)}=\lim_{x\to a+}\frac{f'(c_x)}{g'(c_x)}=\lim_{c_x\to a+}\frac{f'(c_x)}{g'(c_x)}=l$$

이 성립한다. ■

예제 5.15 $x>0$일 때 $\displaystyle\lim_{x\to 0+}\frac{\log(1+x)}{x}=\lim_{x\to 0+}\frac{1}{1+x}=1$이다.

정리 5.21은 우극한에 대해서 확증되었는데, 같은 방법으로 좌극한에 대한 대응 결과를 얻을 수 있다. 이 결과를 $x\to\infty$에서 극한을 갖는 경우로 확장시킬 수 있다.

정리 5.22 $a>0$에 대하여 함수 $f,\ g:[a,\ \infty)\to\mathbb{R}$는 $[a,\ \infty)$에서 연속이고 미분가능하고 모든 $x>a$에 대하여 $g'(x)\neq 0$이라 하자. 또 $\displaystyle\lim_{x\to\infty}f(x)=0=\lim_{x\to\infty}g(x)$이라 하자. 그러면

$$\lim_{x\to\infty}\frac{f'(x)}{g'(x)}=l \text{ 이면, } \lim_{x\to\infty}\frac{f(x)}{g(x)}=l\text{이다.}$$

증명 $t=\dfrac{1}{x}$이라 하고 $\left[0,\ \dfrac{1}{a}\right]$에서 함수 F와 G를 다음과 같이 정의하자.

$$F(t)=\begin{cases} f\left(\dfrac{1}{t}\right) & \left(0<t\leq\dfrac{1}{a}\text{일 때}\right) \\ 0 & (t=0\text{일 때}) \end{cases}$$

$$G(t)=\begin{cases} g\left(\frac{1}{t}\right) & \left(0<t\le\frac{1}{a}\text{일 때}\right) \\ 0 & (t=0\text{일 때}) \end{cases}$$

그러면 $\lim_{t\to0+} F(t)=\lim_{x\to\infty} f(x)$이고 $\lim_{t\to0+} G(t)=\lim_{x\to\infty} g(x)$이다. 따라서 함수 F, G는 정리 5.21의 가정을 만족한다. $0<t<\frac{1}{a}$에 대하여 정리 5.6(연쇄법칙)을 적용하면

$$F'(t)=-\frac{1}{t^2}f'\left(\frac{1}{t}\right) \qquad G'(t)=-\frac{1}{t^2}g'\left(\frac{1}{t}\right)$$

이다. 정리 5.21에 의하여

$$\lim_{x\to\infty}\frac{f(x)}{g(x)}=\lim_{t\to0+}\frac{F(t)}{G(t)}=\lim_{t\to0+}\frac{F'(t)}{G'(t)}=\lim_{t\to0+}\frac{f'\left(\frac{1}{t}\right)}{g'\left(\frac{1}{t}\right)}=\lim_{x\to\infty}\frac{f'(x)}{g'(x)}=l$$

이 성립한다. ■

예제 5.16 $\lim_{x\to\infty}\left(1+\frac{1}{x}\right)^x$를 계산하여라.

풀이 먼저 다음을 생각하자.

$$\left(1+\frac{1}{x}\right)^x=e^{\log\left(1+\frac{1}{x}\right)^x}=e^{x\log\left(1+\frac{1}{x}\right)}$$

이제 정리 5.22를 이용하자.

$$\lim_{x\to\infty}\log\left(1+\frac{1}{x}\right)^x=\lim_{x\to\infty}x\log\left(1+\frac{1}{x}\right)=\lim_{x\to\infty}\frac{\log\left(1+\frac{1}{x}\right)}{\frac{1}{x}}=\lim_{x\to\infty}\frac{1}{1+\frac{1}{x}}=1$$

이다. 따라서 $\lim_{x\to\infty}\left(1+\frac{1}{x}\right)^x=e^1=e$이다.

이제 부정형 $\frac{\infty}{\infty}$에 대한 로피탈의 법칙에 대하여 알아보자.

정리 5.23 함수 f, $g:(a, \infty)\to\mathbb{R}$는 (a, ∞)에서 미분가능하고 모든 $x>a$에 대하여 $g'(x)\neq0$이라 하자. 또 $\lim_{x\to\infty}f(x)=\infty=\lim_{x\to\infty}g(x)$이라 하자. 그러면

$$\lim_{x\to\infty}\frac{f'(x)}{g'(x)}=l\text{이면, }\lim_{x\to\infty}\frac{f(x)}{g(x)}=l\text{이다.}$$

증명 $\varepsilon>0$이라 하자. $b>a$인 b가 존재하여 모든 $x>b$에 대하여

$$\left|\frac{f'(x)}{g'(x)}-l\right|<\frac{\varepsilon}{2}$$

을 만족한다. $x>b$인 모든 x에 대하여 구간 $[b, x]$에 정리 5.14(코오시의 평균값 정리)를 적용하면

$$\left|\frac{f(x)-f(b)}{g(x)-g(b)}-l\right|<\frac{\varepsilon}{2}$$

이 성립한다. 또 모든 $x>b$에 대하여 $g(x)>g(b)$이다. 왜냐하면 $g(x_1)\le g(b)$인 $x_1\in(b, \infty)$이 존재한다고 하면, $\lim_{x\to\infty}g(x)=\infty$이므로 $g(x_2)\ge g(b)$인 $x_2(>x_1)$가 존재한다. 따라서 정리 4.9(중간값 정리)에 의하여 $b<x_1\le c\le x_2$인 적당한 c에 대하여 $g(c)=g(b)$이고, 정리 5.12(롤의 정리)에 의하여 $g'(d)=0$인 $d\in(b, c)$가 존재한다. 이는 $g'(x)\ne0$에 모순이다. $\lim_{x\to\infty}f(x)=\infty=\lim_{x\to\infty}g(x)$이므로, $f(x)>f(b)$이고 $g(x)>0$ 그리고

$$\frac{f(x)}{f(x)-f(b)}\,\frac{g(x)-g(b)}{g(x)}<1+\frac{\varepsilon}{2(|l|+\varepsilon)}$$

이 되도록 충분히 큰 $x>b$를 택하자. 이는

$$\lim_{x\to\infty}\frac{f(x)}{f(x)-f(b)}=\lim_{x\to\infty}\frac{g(x)-g(b)}{g(x)}=1$$

이므로 가능하다. 따라서

$$\begin{aligned}\left|\frac{f(x)}{g(x)}-\frac{f(x)-f(b)}{g(x)-g(b)}\right|&=\left|\frac{f(x)-f(b)}{g(x)-g(b)}\,\frac{f(x)}{f(x)-f(b)}\,\frac{g(x)-g(b)}{g(x)}-\frac{f(x)-f(b)}{g(x)-g(b)}\right|\\&=\left|\frac{f(x)-f(b)}{g(x)-g(b)}\right|\left|\frac{f(x)}{f(x)-f(b)}\,\frac{g(x)-g(b)}{g(x)}-1\right|\\&<\left(|l|+\frac{\varepsilon}{2}\right)\frac{\varepsilon}{2(|l|+\varepsilon)}<\frac{\varepsilon}{2}\end{aligned}$$

이 성립한다. 그러므로

$$\begin{aligned}\left|\frac{f(x)}{g(x)}-l\right|&\le\left|\frac{f(x)}{g(x)}-\frac{f(x)-f(b)}{g(x)-g(b)}\right|+\left|\frac{f(x)-f(b)}{g(x)-g(b)}-l\right|\\&<\frac{\varepsilon}{2}+\frac{\varepsilon}{2}=\varepsilon\end{aligned}$$

이다. 따라서 $\lim_{x\to\infty}\frac{f(x)}{g(x)}=l$이다. ■

예제 5.17 $\lim_{x\to\infty}\frac{x}{e^x}$를 계산하여라.

풀이 $f(x)=x$, $g(x)=e^x$이라 하면 $\lim_{x\to\infty}f(x)=\infty=\lim_{x\to\infty}g(x)$이고

$$\lim_{x\to\infty}\frac{f'(x)}{g'(x)}=\lim_{x\to\infty}\frac{1}{e^x}=0$$

이다. 따라서 $\lim_{x\to\infty}\frac{x}{e^x}=\lim_{x\to\infty}\frac{1}{e^x}=0$이다.

정리 5.24 함수 $f,\ g:(a,\ b)\to\mathbb{R}$는 $(a,\ b)$에서 미분가능하고 모든 $x\in(a,\ b)$에 대하여 $g'(x)\neq 0$이라 하자. 또 $\lim_{x\to a+}f(x)=\infty=\lim_{x\to a+}g(x)$이라 하자. 그러면

$$\lim_{x\to a+}\frac{f'(x)}{g'(x)}=l\text{이면, }\lim_{x\to a+}\frac{f(x)}{g(x)}=l\text{이다.}$$

증명 $x=a+\frac{1}{t}$이라 하자. $t=\frac{1}{x-a}$이므로 $x\to a+$이면 $t\to\infty$이다. 따라서

$$\lim_{x\to a+}f(x)=\lim_{t\to\infty}f\left(a+\frac{1}{t}\right)=\infty$$

$$\lim_{x\to a+}g(x)=\lim_{t\to\infty}g\left(a+\frac{1}{t}\right)=\infty$$

이다. 정리 5.23과 정리 5.6(연쇄법칙)에 의하여

$$\lim_{x\to a+}\frac{f(x)}{g(x)}=\lim_{t\to\infty}\frac{f\left(a+\frac{1}{t}\right)}{g\left(a+\frac{1}{t}\right)}=\lim_{t\to\infty}\frac{\left(-\frac{1}{t^2}\right)f'\left(a+\frac{1}{t}\right)}{\left(-\frac{1}{t^2}\right)g'\left(a+\frac{1}{t}\right)}$$

$$=\lim_{t\to\infty}\frac{f'\left(a+\frac{1}{t}\right)}{g'\left(a+\frac{1}{t}\right)}=\lim_{x\to a+}\frac{f'(x)}{g'(x)}=l$$

이 성립한다. ■

앞의 정리를 여러 가지 모양으로 바꿀 수 있다.

예를 들면, $\lim_{x \to a+} g(x) = \infty$ 대신에 $\lim_{x \to a+} g(x) = -\infty$로 조건을 변경해도 정리 5.24는 성립한다. 또한 $x \to b-$로 극한을 바꿀 수도 있다.

예제 5.18 $\lim_{x \to 0+} \frac{e^{-\frac{1}{x}}}{x}$를 계산하여라.

풀이 $t = \frac{1}{x}$이라 하자. 그러면 $x \to 0+$이면 $t \to \infty$이므로

$$\lim_{x \to 0+} \frac{e^{-\frac{1}{x}}}{x} = \lim_{t \to \infty} \frac{t}{e^t}$$

가 되어 정리 5.23을 이용할 수 있다. 따라서

$$\lim_{t \to \infty} \frac{t}{e^t} = \lim_{t \to \infty} \frac{1}{e^t} = 0$$

이므로 $\lim_{x \to 0+} \frac{e^{-\frac{1}{x}}}{x} = 0$이다.

끝으로 부정형 $0 \cdot \infty$, 0^0, 1^∞, ∞^0 그리고 $\infty - \infty$ 등의 극한은 대수적 조작, 로그함수 또는 지수함수 등을 이용하여 부정형 $\frac{0}{0}$ 또는 $\frac{\infty}{\infty}$ 형태로 변형하여 구하면 된다.

연습문제 (5.3)

1. 다음 결과의 잘못된 점을 말하여라.

$$\lim_{x \to 1} \frac{2x^2 - x - 1}{3x^2 - 5x + 2} = \lim_{x \to 1} \frac{4x - 1}{6x - 5} = \lim_{x \to 1} \frac{4}{6} = \frac{2}{3}$$

2. 다음을 계산하여라.

(1) $\lim_{x \to 1} \left(\frac{3x^2}{x^3 - 1} - \frac{1}{x - 1} \right)$

(2) $\lim_{x \to 0+} \left(\frac{1}{x} - \cot x \right)$

(3) $\lim_{x \to \frac{\pi}{2}} \tan^2 x \log(\sin x)$

(4) $\lim_{x \to 0+} (\sin x)^x$

(5) $\lim_{x \to 0+} \dfrac{\log(\sin x)}{\log x}$

(6) $\lim_{x \to 0} \dfrac{\sqrt{1+x}-1}{\sqrt{1-x}-1}$

3. $\alpha > 0$일 때 $\lim_{x \to \infty} \dfrac{\log x}{x^{\alpha}}$를 계산하여라.

4. $\lim_{x \to 0+} \dfrac{x^2 \sin \frac{1}{x}}{\sin x}$을 계산하는데 로피탈 법칙을 이용할 수 없음을 설명하여라.

5. 다음을 계산하여라.

(1) $\lim_{x \to 0} \dfrac{x-\log(1+x)}{x^2}$

(2) $\lim_{x \to 0} \dfrac{e^x - e^{-x} - 2x}{x - \sin x}$

(3) $\lim_{x \to \frac{\pi}{2}} \left(\dfrac{\pi}{2} - x\right) \tan x$

(4) $\lim_{x \to 0+} \dfrac{\sin x}{\sqrt{x}}$

(5) $\lim_{x \to 0+} x \log x$

(6) $\lim_{x \to 0} \left(\dfrac{1}{x} - \dfrac{1}{\sin x}\right)$

6. $\lim_{x \to 0} (x^{-3} \sin 3x + ax^{-2} + b) = 0$이 성립하도록 상수 a, b를 구하여라.

7. 함수 $f:(0, \infty) \to \mathbb{R}$는 $(0, \infty)$에서 미분가능하고 $\lim_{x \to \infty} [f(x) + f'(x)] = l$이라 하자. 그러면 $\lim_{x \to \infty} f(x) = l$이고 $\lim_{x \to \infty} f'(x) = 0$임을 증명하여라.

8. 함수 $f:(a, b) \to \mathbb{R}$는 (a, b)에서 2계도함수를 가진다고 하면 모든 $x \in (a, b)$에 대하여 다음이 성립함을 증명하여라.

$$\lim_{h \to 0} \frac{f(x+h) - 2f(x) + f(x-h)}{h^2} = f''(x)$$

9. 함수 $f:\mathbb{R} \to \mathbb{R}$는 $\mathbb{R}$에서 2계도함수를 가진다고 하자. 그러면 모든 실수 x에 대하여 $f''(x) \geq 0$일 필요충분조건은 모든 실수 a, b에 대하여 $f\left(\dfrac{a+b}{2}\right) \leq \dfrac{f(a)+f(b)}{2}$일 때임을 증명하여라.

10. 함수 $f:\mathbb{R} \to \mathbb{R}$는 $\mathbb{R}$에서 연속인 2계도함수를 가지며 $f(0)=0$일 때 다음과 같이 정의된 함수 $g:\mathbb{R} \to \mathbb{R}$는 $\mathbb{R}$에서 연속인 도함수를 가짐을 증명하여라.

$$g(x) = \begin{cases} \dfrac{f(x)}{x} & (x \geq 0\text{일 때}) \\ f'(0) & (x = 0\text{일 때}) \end{cases}$$

11. 함수 $f:[0, 2\pi]\to\mathbb{R}$를 다음과 같이 정의할 때, $f'_+\left(\frac{\pi}{2}\right)$와 $f'_-\left(\frac{\pi}{2}\right)$를 구하여라.

$$f(x)=\begin{cases} \frac{1}{2}\sec\frac{x}{2} & \left(0\le x\le\frac{\pi}{2}\text{일 때}\right) \\ \sin\frac{x}{2} & \left(\frac{\pi}{2}<x<\pi\text{일 때}\right) \\ 1 & (\pi\le x\le 2\pi\text{일 때}) \end{cases}$$

12. 모든 자연수 n에 대하여 $\lim_{x\to 0}\frac{e^{-\frac{1}{x^2}}}{x^n}=0$임을 증명하여라.

13. 함수 $f:\mathbb{R}\to\mathbb{R}$를 다음과 같이 정의할 때, $f'(0)$과 $f''(0)$을 구하여라.

$$f(x)=\begin{cases} e^{-\frac{1}{x^2}} & (x\ne 0\text{일 때}) \\ 0 & (x=0\text{일 때}) \end{cases}$$

14. 함수 $f,\ g:\mathbb{R}\to\mathbb{R}$를 다음과 같이 정의하자.

$$f(x)=\sin x,\qquad g(x)=\begin{cases} x^2\sin\frac{1}{x} & (x\ne 0\text{일 때}) \\ 0 & (x=0\text{일 때}) \end{cases}$$

그러면 $\lim_{x\to 0}\frac{g(x)}{f(x)}=0$이지만 $\lim_{x\to 0}\frac{g'(x)}{f'(x)}$는 존재하지 않음을 증명하여라.

6 리만 적분

미적분학에서 구분구적법을 이용하여 적분을 정의하였다. 이 장에서는 상합과 하합을 이용하여 리만 적분을 정의하고 이에 따른 성질을 다루고자 한다.

6.1절과 6.2절에서는 리만 적분을 정의하고 단조함수와 연속함수가 적분가능함을 알아보고 6.3절에서는 미적분학의 기본 정리 I, II 등의 적분에 관한 중요한 성질을 다루고 6.4절에서는 간단히 이상적분을 다룬다.

제 6 장
리만 적분

6.1 리만 적분

우리는 이미 구분구적법을 이용하여 적분을 정의하고 이에 따른 성질에 대하여 배웠다. 이제 유계인 닫힌구간에서의 임의의 유계함수에 대한 상합과 하합을 이용하여 리만 적분을 정의하고자 한다.

〈정의 6.1〉

$[a, b]$를 유계인 닫힌구간이라 하자. $[a, b]$의 **분할**(partition)이란

$$a=x_0<x_1<\cdots<x_n=b$$

를 만족하는 유한개의 점의 집합 $\{x_0, x_1, \cdots, x_n\}$을 말한다.
또 $P=\{x_0, x_1, \cdots, x_n\}$, $Q=\{y_0, y_1, \cdots, y_m\}$가 $[a, b]$의 두 분할이고, $P\subset Q$일 때, 즉 $i=0, 1, 2, \cdots, n$에 대하여 $x_i\in P$이면 $x_i\in Q$일 때, Q를 P의 **세분할**(refinement)이라 한다.

$[a, b]$의 분할 P에 유한 개의 $[a, b]$의 점을 더해줌으로써 P의 세분할 Q를 얻을 수 있다.

이 절에서, $[a, b]$는 유계인 닫힌구간을 말하고, 함수 $f:[a, b]\to\mathbb{R}$는 $[a, b]$에서 정의되고 유계라고 가정한다.

함수 $f:[a, b]\to\mathbb{R}$를 $[a, b]$에서 유계함수라 하고 $P=\{x_0, x_1, \cdots, x_n\}$를 $[a, b]$의 분할이라 하자. $i=1, 2, \cdots, n$에 대하여 M_i와 m_i를

$$M_i=\sup\{f(x)\mid x\in[x_{i-1}, x_i]\}$$
$$m_i=\inf\{f(x)\mid x\in[x_{i-1}, x_i]\}$$

으로 정의하자.

사실 함수 f는 $[a, b]$에서 유계함수이므로 완비성 공리에 의하여 $i=1, 2, \cdots, n$에 대하여 M_i와 m_i는 존재한다.

〈정의 6.2〉

$i=1, 2, \cdots, n$에 대하여 소구간 $[x_{i-1}, x_i]$의 길이를 $\Delta x_i=x_i-x_{i-1}$이라 하면, 분할 P에 대응하는 f의 **상합**(upper sum) $U(f, P)$와 **하합**(lower sum) $L(f, P)$를 다음과 같이 정의한다.

$$U(f, P)=\sum_{i=1}^{n}M_i\Delta x_i$$

$$L(f, P)=\sum_{i=1}^{n}m_i\Delta x_i$$

f가 $[a, b]$에서 음이 아닌 함수라 하자. 하합 $L(f, P)$는 밑변이 Δx_i이고 높이가 m_i인 직사각형의 합의 면적을 나타내고, 상합 $U(f, P)$는 밑변이 Δx_i이고 높이가 M_i인 직사각형의 합의 면적을 나타냄을 알 수 있다([그림 6.1]).

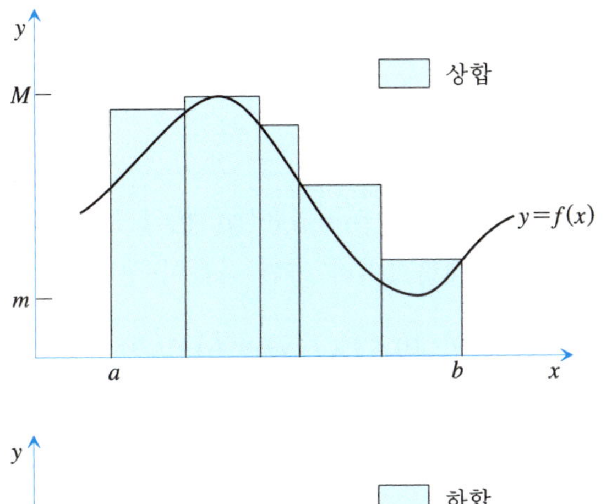

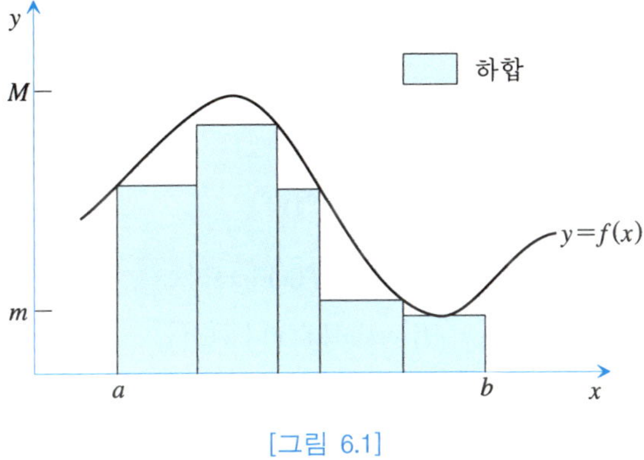

[그림 6.1]

예제 6.1 c가 상수일 때 함수 $f(x)=c$를 $[a, b]$에서 정의된 상수함수이라 하자. $P=\{x_0, x_1, \cdots, x_n\}$를 $[a, b]$의 임의의 분할일 때, $i=1, 2, \cdots, n$에 대하여

$$M_i = m_i = c$$

이므로

$$U(f, P) = L(f, P) = \sum_{i=1}^{n} c\Delta x_i = c(b-a)$$

이다.

보조정리 6.3 $[a, b]$의 임의의 분할 P에 대하여 $L(f, P) \le U(f, P)$이다.

증명 정의에 의하여 $i=1, 2, \cdots, n$에 대하여 $m_i \le M_i$이므로 당연히 성립한다. ■

다음의 두 보조정리는 분할을 세분하게 되면 하합은 증가하고, 상합은 감소하는 것을 보여준다.

보조정리 6.4 $P=\{x_0, x_2, \cdots, x_n\}$은 $[a, b]$의 분할이고, Q를 P에 $[a, b]$의 한 점을 더하여 얻어지는 세분할이라 하면 다음이 성립한다.

$$L(f, P) \leq L(f, Q) \leq U(f, Q) \leq U(f, P)$$

증명 보조정리 6.3에 의하여 $L(f, Q) \leq U(f, Q)$이므로 $U(f, Q) \leq U(f, P)$임을 보이면 된다. $i=1, 2, \cdots, n$에 대하여 $x_i \neq y \in [a, b]$이라 하고 $Q=P \cup \{y\}$라고 하자. 그러면 $x_{r-1} < y < x_r$인 적당한 $r \in \{1, 2, \cdots, n\}$이 존재한다. 그러면 $P \subset Q$이고, $Q=\{x_0, x_1, \cdots, x_{r-1}, y, x_r, \cdots, x_n\}$이다.

$$M_r' = \sup\{f(x) \mid x \in [x_{r-1}, y]\}$$
$$M_r'' = \sup\{f(x) \mid x \in [y, x_r]\}$$

이라 하자. 그러면 $M_r' \leq M_r$이고 $M_r'' \leq M_r$이다.(왜?)
따라서

$$\begin{aligned} U(f, Q) &= \sum_{i=1}^{r-1} M_i \Delta x_i + M_r'(y-x_{r-1}) + M_r''(x_r - y) + \sum_{i=r+1}^{n} M_i \Delta x_i \\ &\leq \sum_{i=1}^{r-1} M_i \Delta x_i + M_r(y-x_{r-1}) + M_r(x_r - y) + \sum_{i=r+1}^{n} M_i \Delta x_i \\ &= \sum_{i=1}^{n} M_i \Delta x_i = U(f, P) \end{aligned}$$

즉 $U(f, Q) \leq L(f, P)$이다.
같은 방법으로 $L(f, P) \leq L(f, Q)$임을 증명할 수 있다. ■

P의 세분할 Q를 $Q=P \cup \{y_1, y_2, \cdots, y_m\}$이라 하자. 여기서 $i=1, 2, \cdots, m$에 대하여 $y_i \in [a, b]$는 서로 다른 점이고 $y_i \notin P$이다. 분할 P에 r개의 점 $y_1, y_2, \cdots, y_r$을 첨가한 $[a, b]$의 분할을 $P^{(r)}=P \cup \{y_1, y_2, \cdots, y_r\}$이라 하면

$$P \subset P^{(1)} \subset P^{(2)} \subset \cdots \subset P^{(m)} = Q$$

가 된다. 따라서 보조정리 6.4의 증명 방법을 m번 반복 시행하여

$$U(f,\ Q)=U(f,\ P^{(m)})\leq U(f,\ P^{(m-1)})\leq\cdots\leq U(f,\ P^{(1)})\leq U(f,\ P)$$

를 얻는다.

같은 방법으로 $L(f,\ P)\leq L(f,\ Q)$임을 증명할 수 있다. 따라서 다음의 보조정리가 성립한다.

보조정리 6.5 P를 $[a,\ b]$의 임의의 분할이고 Q를 P의 세분할이라 하면

$$L(f,\ P)\leq L(f,\ Q)\leq U(f,\ Q)\leq U(f,\ P)$$

이다.

같은 분할에서 상합은 하합보다 크다는 것을 알았다.

다음 정리에서 서로 다른 분할에서도 상합은 하합보다 반드시 크다는 결론을 얻는다.

정리 6.6 $P,\ Q$가 $[a,\ b]$의 임의의 분할이라 하면

$$L(f,\ P)\leq U(f,\ Q)$$

이다.

증명 $P\cup Q$는 $P,\ Q$의 세분할이므로 보조정리 6.5에 의하여

$$L(f,\ P)\leq L(f,\ P\cup Q)\leq U(f,\ P\cup Q)\leq U(f,\ Q)$$

가 성립한다. 따라서 $L(f,\ P)\leq U(f,\ Q)$이다. ■

함수 f는 $[a,\ b]$에서 유계함수이므로 모든 $x\in[a,\ b]$에 대하여

$$m\leq f(x)\leq M$$

을 만족하는 실수 $m,\ M$이 존재한다([그림 6.1]). 따라서 $[a,\ b]$의 임의의 분할 $P,\ Q$에 대하여

$$m(b-a)\leq L(f,\ P)\leq U(f,\ Q)\leq M(b-a)$$

가 성립한다. 그러므로 함수 f의 상합의 집합 $\{U(f, P) \mid P$는 $[a, b]$의 분할$\}$과 하합의 집합 $\{L(f, P) \mid P$는 $[a, b]$의 분할$\}$은 유계인 집합이다. 이는 함수 f의 상적분과 하적분의 존재성을 보장한다.

〈정의 6.7〉

함수 $f : [a, b] \to \mathbb{R}$가 유계일 때

$$U(f) = \inf\{U(f, P) \mid P\text{는 } [a, b]\text{의 분할}\}$$

을 $[a, b]$에서의 f의 **상적분**(upper integral)이라 하고,

$$L(f) = \sup\{L(f, P) \mid P\text{는 } [a, b]\text{의 분할}\}$$

을 $[a, b]$에서의 f의 **하적분**(lower integral)이라 한다.

일반적으로, $[a, b]$에서 f의 상적분 $U(f)$를 $\overline{\int_a^b} f(x)dx$ 또는 $\overline{\int_a^b} f$로 나타내고, f의 하적분 $L(f)$를 $\underline{\int_a^b} f(x)dx$ 또는 $\underline{\int_a^b} f$로 나타내기도 한다.

정리 6.8 함수 $f : [a, b] \to \mathbb{R}$를 $[a, b]$에서 유계함수이라 하면

$$L(f) \le U(f)$$

이다.

증명 P, Q를 $[a, b]$의 임의의 분할이라 하면 정리 6.6에 의하여

$$L(f, P) \le U(f, Q)$$

이다. 따라서 $U(f, Q)$는 집합 $\{L(f, P) \mid P$는 $[a, b]$의 분할$\}$의 상계이므로

$$L(f) = \sup\{L(f, P) \mid P\text{는 } [a, b]\text{의 분할}\} \le U(f, Q)$$

가 성립한다. 한편

$$L(f) \le \inf\{U(f, Q) \mid Q\text{는 } [a, b]\text{의 분할}\} = U(f)$$

이므로 $L(f) \le U(f)$이 성립한다. ■

함수 $f:[a, b]\to\mathbb{R}$가 $[a, b]$에서 유계이면, $[a, b]$에서의 f의 상적분 $U(f)$와 하적분 $L(f)$는 항상 존재하고 $L(f)\le U(f)$이다.

〈정의 6.9〉

함수 $f:[a, b]\to\mathbb{R}$를 $[a, b]$에서 유계함수이라 하자. $[a, b]$에서의 f의 상적분 $U(f)$와 하적분 $L(f)$가 같을 때, 즉

$$U(f)=L(f)$$

일 때, f는 $[a, b]$에서 **리만 적분가능**(Riemann integrable)하다 또는 간단히 **적분가능**(integrable)하다라고 하며, 그 공통된 값을

$$\int_a^b f(x)dx \text{ 또는 } \int_a^b f$$

로 나타낸다. 이때 $\int_a^b f(x)dx$를 $[a, b]$에서의 f의 **리만 적분**(Riemann integral) 또는 간단히 **적분**(integral)이라 한다. 또 f가 $[a, b]$에서 적분가능할 때

$$\int_a^b f=-\int_b^a f, \quad \int_a^a f=0$$

으로 정의한다.

f가 $[a, b]$에서 음이 아닌 함수일 때, 적분 $\int_a^b f$는 세 직선 x축, $x=a$, $x=b$와 f의 그래프로 둘러싸인 부분의 면적으로 생각할 수 있다.

예제 6.2 $[a, b]$에서 정의된 상수함수는 적분가능하다. 실제로 c가 상수일 때 모든 $x\in[a, b]$에 대하여 $f(x)=c$이라 하자. 예제 6.1에 의하여

$$L(f, P)=c(b-a)=U(f, P)$$

이므로, 상적분과 하적분은

$$U(f)=c(b-a)=L(f)$$

이다. 따라서 f는 $[a, b]$에서 적분가능하고

$$\int_a^b f = c(b-a)$$

이다. 그러므로 $[a, b]$에서 정의된 상수함수는 적분가능하다.

예제 6.3 함수 $f:[0, 1]\to\mathbb{R}$가 $f(x)=x^2$으로 정의되었을 때 f의 적분가능성을 조사하여라.

풀이 자연수 n에 대하여 $[0, 1]$의 분할 P_n을 다음과 같이 정의하자. (이러한 분할 P_n을 n등분할이라 한다.)

$$P_n=\left\{0, \frac{1}{n}, \frac{2}{n}, \cdots, \frac{n-1}{n}, 1\right\}$$

그러면 $i=1, 2, \cdots, n$에 대하여 $\Delta x_i=\frac{1}{n}$이다. 함수 $f(x)=x^2$은 $[0, 1]$에서 증가함수이므로, $i=1, 2, \cdots, n$에 대하여 소구간 $\left[\frac{i-1}{n}, \frac{i}{n}\right]$에서

$$M_i=\sup\left\{f(x)\,\middle|\,x\in\left[\frac{i-1}{n}, \frac{i}{n}\right]\right\}=f\left(\frac{i}{n}\right)=\left(\frac{i}{n}\right)^2$$

$$m_i=\inf\left\{f(x)\,\middle|\,x\in\left[\frac{i-1}{n}, \frac{i}{n}\right]\right\}=f\left(\frac{i-1}{n}\right)=\left(\frac{i-1}{n}\right)^2$$

이다. 따라서

$$\begin{aligned}U(f, P_n)&=\sum_{i=1}^{n}\left(\frac{i}{n}\right)^2\left(\frac{1}{n}\right)=\frac{1}{n^3}(1^2+2^2+\cdots+n^2)\\&=\frac{1}{n^3}\left[\frac{1}{6}(n)(n+1)(2n+1)\right]\\&=\frac{1}{3}\left(\frac{n+1}{n}\right)\left(\frac{2n+1}{2n}\right)\end{aligned}$$

이고, 같은 방법으로

$$\begin{aligned}L(f, P_n)&=\sum_{i=1}^{n}\left(\frac{i-1}{n}\right)^2\left(\frac{1}{n}\right)=\frac{1}{n^3}[0^2+1^2+\cdots+(n-1)^2]\\&=\frac{1}{n^3}\left[\frac{1}{6}(n-1)(n)(2n-1)\right]\\&=\frac{1}{3}\left(\frac{n-1}{n}\right)\left(\frac{2n-1}{2n}\right)\end{aligned}$$

이다. 그러므로 $\lim_{n\to\infty}U(f, P_n)=\frac{1}{3}$이고 $\lim_{n\to\infty}L(f, P_n)=\frac{1}{3}$이므로 $U(f)\le\frac{1}{3}$이고

$L(f) \geq \frac{1}{3}$이다. 한편, 정리 6.8에 의하여 $L(f) \leq U(f)$이므로, $L(f)=U(f)=\frac{1}{3}$이다. 따라서 주어진 함수 f는 $[0, 1]$에서 적분가능하고 $\int_0^1 x^2 dx = \frac{1}{3}$이다.

예제 6.4 함수 $f : [0, 1] \to \mathbb{R}$를

$$f(x)=\begin{cases} 1 & (x\text{는 유리수일 때}) \\ 0 & (x\text{는 무리수일 때}) \end{cases}$$

로 정의할 때 $[0, 1]$에서 f의 적분가능성을 조사하여라.

풀이 $P=\{x_0, x_1, \cdots, x_n\}$을 $[0, 1]$의 임의의 분할이라 하자. $i=1, 2, \cdots, n$에 대하여 각 소구간 $[x_{i-1}, x_i]$에는 유리수와 무리수를 동시에 적어도 하나를 포함하므로 $M_i=1$이고 $m_i=0$이다. 그러므로

$$U(f, P)=\sum_{i=1}^{n} M_i \Delta x_i = \sum_{i=1}^{n} \Delta x_i = 1$$

$$L(f, P)=\sum_{i=1}^{n} m_i \Delta x_i = 0$$

이다. 따라서 $U(f)=1$이고 $L(f)=0$이므로 $U(f) \neq L(f)$이다. 그러므로 f는 $[0, 1]$에서 적분가능하지 않다.

리만 적분에 있어서 우리는 두 가지 의문을 가질 수 있다. 그 하나는 유계인 닫힌 구간에서 정의된 유계함수가 주어졌을 때 적분이 가능한가 하는 문제와 또 다른 하나는 적분이 가능할 때, 그 적분을 계산하는 문제이다.

이제 유계함수의 적분 가능성에 대한 필요충분조건인 **리만 판정법**(Riemann's criterion)에 대하여 알아보자.

정리 6.10 (리만 판정법) $f : [a, b] \to \mathbb{R}$를 $[a, b]$에서 유계함수라 하자. f가 $[a, b]$에서 적분가능할 필요충분조건은 임의의 $\varepsilon > 0$에 대하여 다음 조건을 만족하는 $[a, b]$의 분할 P가 존재할 때이다.

$$U(f, P) - L(f, P) < \varepsilon$$

증명 먼저, f가 $[a, b]$에서 적분가능하다고 하자. $L(f)=\sup\{L(f, P) \mid P$는 $[a, b]$의 분할$\}$이므로, 임의의 $\varepsilon>0$에 대하여

$$L(f, P_1)>L(f)-\frac{\varepsilon}{2}$$

을 만족하는 $[a, b]$의 분할 P_1이 존재한다. 같은 방법으로

$$U(f, P_2)<U(f)+\frac{\varepsilon}{2}$$

을 만족하는 $[a, b]$의 분할 P_2가 존재한다. $P=P_1 \cup P_2$이라 하고 $U(f)=L(f)$이므로 보조정리 6.5를 적용하면

$$\begin{aligned} U(f, P)-L(f, P) &\leq U(f, P_2)-L(f, P_1) \\ &<\left[U(f)+\frac{\varepsilon}{2}\right]-\left[L(f)-\frac{\varepsilon}{2}\right] \\ &=U(f)-L(f)+\varepsilon=\varepsilon \end{aligned}$$

이다. 따라서 $U(f, P)-L(f, P)<\varepsilon$이다.

역으로 임의의 $\varepsilon>0$에 대하여

$$U(f, P)-L(f, P)<\varepsilon$$

을 만족하는 $[a, b]$의 분할 P가 존재한다고 가정하자. 그러면 $U(f, P)<L(f, P)+\varepsilon$이므로

$$U(f)\leq U(f, P)<L(f, P)+\varepsilon\leq L(f)+\varepsilon$$

이다. ε은 임의의 양수이므로 $U(f)\leq L(f)$이다. 정리 6.8에 의하여 $L(f)\leq U(f)$이므로 $U(f)=L(f)$이다. 따라서 f는 $[a, b]$에서 적분가능하다. ■

예제 6.4에서 $[0, 1]$의 임의의 분할 P에 대하여 $U(f, P)-L(f, P)=1$이므로, 정리 6.10(리만 판정법)에 의하여 f는 $[0, 1]$에서 적분가능하지 않다.

예제 6.5 함수 $f(x)=x$는 $[0, 1]$에서 적분가능함을 보여라.

풀이 각 자연수 n에 대하여 $P_n=\left\{0, \frac{1}{n}, \frac{2}{n}, \cdots, 1\right\}$을 $[0, 1]$의 n등분할이라 하자. f는 $[0, 1]$에서 증가함수이므로, $i=1, 2, \cdots, n$에 대하여 각 소구간 $[x_{i-1}, x_i]$에서

$$\Delta x_i=\frac{1}{n}, \quad m_i=f(x_{i-1})=\frac{i-1}{n}, \ M_i=f(x_i)=\frac{i}{n}$$

이다. 따라서

$$U(f,\ P_n)=\sum_{i=1}^{n} M_i\Delta x_i=\sum_{i=1}^{n}\left(\frac{i}{n}\right)\left(\frac{1}{n}\right)=\frac{1}{n^2}\sum_{i=1}^{n} i=\frac{n+1}{2n}=\frac{1}{2}+\frac{1}{2n}$$

$$L(f,\ P_n)=\sum_{i=1}^{n} m_i\Delta x_i=\sum_{i=1}^{n}\left(\frac{i-1}{n}\right)\left(\frac{1}{n}\right)=\frac{n-1}{2n}=\frac{1}{2}-\frac{1}{2n}$$

이다. 그러므로 임의의 $\varepsilon>0$에 대하여 $\frac{1}{n}<\varepsilon$이 되는 자연수 n을 택하면

$$U(f,\ P_n)-L(f,\ P_n)=\frac{1}{n}<\varepsilon$$

이므로, 정리 6.10(리만 판정법)에 의하여 f는 [0, 1]에서 적분가능하다.

연습문제 (6.1)

1. 함수 $f:[1,\ 2]\to\mathbb{R}$를 $f(x)=\frac{1}{x}$이라 하자. [1, 2]의 분할을

$$P_n=\left\{1,\ 1+\frac{1}{n},\ 1+\frac{2}{n},\ \cdots,\ 2\right\}$$

이라 할 때, $L(f,\ P_n)$과 $U(f,\ P_n)$을 계산하여라. 또 이를 이용하여

$$\lim_{n\to\infty}\left(\frac{1}{n+1}+\frac{1}{n+2}+\cdots+\frac{1}{2n}\right)=\log 2$$

임을 증명하여라.

2. 함수 $f(x)=[x]$는 [1, 2]에서 적분가능함을 증명하여라.

3. $[a,\ b]$에서 유계이지만 적분가능하지 않은 적당한 함수 f를 구하여라.

4. 함수 $f:[0,\ 2]\to\mathbb{R}$를 다음과 같이 정의할 때

$$f(x)=\begin{cases} 4 & (x\text{는 유리수일 때}) \\ 3-x & (x\text{는 무리수일 때}) \end{cases}$$

다음 물음에 답하여라.

(1) [0, 2]의 임의의 분할 P에 대하여 $U(f,\ P)$를 계산하여라.

(2) $U(f)$를 구하여라.

(3) [0, 2]의 n등분할 P_n에 대하여 $L(f,\ P_n)$을 계산하여라.

(4) $L(f)$를 구하여라.

5. 함수 $f:[a,\ b]\to\mathbb{R}$를 $[a,\ b]$에서 유계함수라 하자. 모든 $x\in[a,\ b]$에 대하여 $f(x)\geq 0$이면, $L(f)\geq 0$임을 증명하여라.

6. 함수 $f:[a,\ b]\to\mathbb{R}$를 $[a,\ b]$에서 연속이고, 모든 $x\in[a,\ b]$에 대하여 $f(x)\geq 0$이라 하자. $f(c)>0$인 $c\in[a,\ b]$가 존재하면 $\int_a^b f>0$임을 증명하여라.

7. 함수 $f:[a,b]\to\mathbb{R}$를 $[a,b]$에서 연속이고 $\int_a^b (f(x))^2 dx=0$이면, 모든 $x\in[a,b]$에 대하여 $f(x)=0$임을 증명하여라.

8. 함수 $f:[a,\ b]\to\mathbb{R}$를 다음과 같이 정의할 때

$$f(x)=\begin{cases} 0 & \left(a\leq x<\dfrac{a+b}{2}\text{일 때}\right) \\ 1 & \left(\dfrac{a+b}{2}\leq x\leq b\text{일 때}\right) \end{cases}$$

f는 $[a,\ b]$에서 적분가능하고 $\int_a^b f=\dfrac{b-a}{2}$임을 증명하여라.

9. 함수 $f:[0,\ 1]\to\mathbb{R}$를 다음과 같이 정의할 때

$$f(x)=\begin{cases} \dfrac{(-1)^{n-1}}{2^n} & \left(\dfrac{1}{2^n}<x\leq\dfrac{1}{2^{n-1}}\text{일 때}\right) \\ 0 & (x=0\text{일 때}) \end{cases}$$

f는 $[0,\ 1]$에서 적분가능함을 증명하여라.

10. 함수 $f:[-2,\ 3]\to\mathbb{R}$를 다음과 같이 정의할 때

$$f(x)=\begin{cases} 2|x|+1 & (x\text{는 유리수일 때}) \\ 0 & (x\text{는 무리수일 때}) \end{cases}$$

f는 $[-2,\ 3]$에서 적분불가능함을 증명하여라.

11. 함수 $f:[a,\ b]\to\mathbb{R}$를 $[a,\ b]$에서 유계이라 하자. 수열 $\{P_n|n\in\mathrm{N}\}$을

$$\lim_{n\to\infty}[U(f,\ P_n)-L(f,\ P_n)]=0$$

를 만족하는 $[a,\ b]$의 분할열(sequence of partition)이라 하면 f는 $[a,\ b]$에서 적분가능하고 다음이 성립함을 증명하여라.

$$\int_a^b f=\lim_{n\to\infty}U(f,\ P_n)=\lim_{n\to\infty}L(f,\ P_n)$$

12. 함수 $f:[0,1]\to\mathbb{R}$를

$$f(x)=\begin{cases} x & (x\text{는 유리수일 때}) \\ 0 & (x\text{는 무리수일 때}) \end{cases}$$

으로 정의할 때 다음 물음에 답하여라.

(1) P가 $[0, 1]$의 임의의 분할일 때 $L(f, P)$를 구하여라.

(2) P가 $[0, 1]$의 임의의 분할일 때 $L(f)$를 구하여라.

(3) P_n이 $[0, 1]$의 n등분할일 때 $U(f, P_n)$를 구하여라.

(4) P_n이 $[0, 1]$의 n등분할일 때 $U(f)$를 구하여라.

(5) f는 $[0, 1]$에서 적분가능하지 않음을 증명하여라.

13. 함수 $f, g, h:[a, b]\to\mathbb{R}$이라 하자. 모든 $x\in[a, b]$에 대하여 $f(x)\le g(x)\le h(x)$이고 f, h가 $[a, b]$에서 적분가능하면 g도 $[a, b]$에서 적분가능한가?

14. 함수 $f:[a, b]\to\mathbb{R}$는 $[a, b]$에서 유계이라 하자. 또 $[a, b]$의 분할 $P=\{x_0, x_1, \cdots, x_n\}$에 대하여 $\|P\|=\max\Delta x_i$이라 하자. $i=1, 2, \cdots, n$에 대하여 $\xi_i\in[x_{i-1}, x_i]$를 택하자. $S(f, P, \xi)=\sum_{i=1}^{n} f(\xi_i)\Delta x_i$이라 하자.(이를 **리만 합**(Riemann sum)이라 한다.) 여기서 ξ는 n개의 중간점 ξ_i를 대신하여 나타낸 것이다. 적당한 실수 γ와 임의의 $\varepsilon>0$에 대하여 $\|P\|<\delta$이면 $|S(f, P, \xi)-\gamma|<\varepsilon$을 만족하는 $\delta>0$가 존재할 때 $\lim_{\|P\|\to 0} S(f, P, \xi)=\gamma$이라 한다. 다음을 증명하여라.

(1) $[a, b]$의 임의의 분할 P에 대하여 $L(f, P)\le S(f, P, \xi)\le U(f, P)$이다.

(2) 함수 f가 $[a, b]$에서 적분가능하면 $\lim_{\|P\|\to 0} S(f, P, \xi)=\int_a^b f$이다.

(3) $\lim_{\|P\|\to 0} S(f, P, \xi)=\gamma$이면 함수 f는 $[a, b]$에서 적분가능하고 $\int_a^b f=\gamma$이다.

6.2 리만 적분의 성질

정리 6.10(리만 판정법)을 이용하여 단조함수나 연속함수가 적분가능함을 보이고 적분가능한 함수의 여러 가지 성질에 대하여 알아보자.

정리 6.11 $f:[a, b]\to\mathbb{R}$가 $[a, b]$에서 단조함수이면 f는 $[a, b]$에서 적분가능하다.

증명 f는 $[a, b]$에서 증가함수라고 하자. 모든 $x\in[a, b]$에 대하여

$$f(a)\leq f(x)\leq f(b)$$

이므로, 함수 f는 $[a, b]$에서 유계이다. $P_n=\{x_0, x_1, \cdots, x_n\}$은 $[a, b]$의 분할이고, $i=1, 2, \cdots, n$에 대하여 $\Delta x_i=\dfrac{b-a}{n}$이라 하자. f는 $[a, b]$에서 증가함수이므로 $i=1, 2, \cdots, n$에 대하여 소구간 $[x_{i-1}, x_i]$에서

$$M_i=\sup\{f(x)\,|\,x\in[x_{i-1}, x_i]\}=f(x_i)$$
$$m_i=\inf\{f(x)\,|\,x\in[x_{i-1}, x_i]\}=f(x_{i-1})$$

이다. 그러므로

$$\begin{aligned}U(f, P_n)-L(f, P_n)&=\sum_{i=1}^{n}M_i\Delta x_i-\sum_{i=1}^{n}m_i\Delta x_i\\&=\sum_{i=1}^{n}[f(x_i)-f(x_{i-1})]\frac{b-a}{n}\\&=\frac{b-a}{n}\sum_{i=1}^{n}[f(x_i)-f(x_{i-1})]\\&=\frac{(b-a)[f(b)-f(a)]}{n}\end{aligned}$$

이다. 아르키메데스 성질에 의하여 임의의 $\varepsilon>0$에 대하여

$$\frac{(b-a)[f(b)-f(a)]}{N}<\varepsilon$$

을 만족하는 자연수 N이 존재한다. 따라서 $[a, b]$의 분할 P_N에 대하여

$$U(f, P_N)-L(f, P_N)=\frac{(b-a)[f(b)-f(a)]}{N}<\varepsilon$$

이다. 정리 6.10(리만 판정법)에 의하여 f는 $[a, b]$에서 적분가능하다.

f가 $[a, b]$에서 감소함수인 경우에도 같은 방법으로 증명할 수 있다. ■

예제 6.6 다음과 같이 정의된 함수 $f:[0, 1]\to\mathbb{R}$는

$$f(x)=\begin{cases} \dfrac{1}{n} & \left(\dfrac{1}{n+1}<x\le\dfrac{1}{n},\ n\text{은 자연수일 때}\right) \\ 0 & (x=0\text{일 때}) \end{cases}$$

단조함수이므로 $[0,\ 1]$에서 적분가능하다.

정리 6.10(리만 판정법)을 이용하여 연속함수는 적분가능하다는 것을 증명할 수 있다.

정리 6.12 함수 $f:[a,\ b]\to\mathbb{R}$를 $[a,\ b]$에서 연속이면, f는 $[a,\ b]$에서 적분가능하다.

증명 $\varepsilon>0$이라 하자. f는 $[a,\ b]$에서 연속이므로, f는 $[a,\ b]$에서 균등연속이다. 따라서 $|x-y|<\delta,\ x,\ y\in[a,\ b]$이면

$$|f(x)-f(y)|<\frac{\varepsilon}{b-a}$$

을 만족하는 $\delta>0$가 존재한다. $P=\{x_0,\ x_1,\ \cdots,\ x_n\}$을 $i=1,\ 2,\ \cdots,\ n$에 대하여 $\Delta x_i<\delta$를 만족하는 $[a,\ b]$의 분할이라 하고, 정리 4.8(최대·최소값의 정리)에 의하여 f는 각 소구간 $[x_{i-1},\ x_i]$에서 최솟값과 최댓값(이를 각각 $m_i,\ M_i$라 하자)을 가진다. 즉 $m_i=f(s_i),\ M_i=f(t_i)$인 적당한 $s_i,\ t_i\in[x_{i-1},\ x_i]$가 존재한다.
$\Delta x_i=x_i-x_{i-1}<\delta$이므로 $|s_i-t_i|<\delta$이고

$$0\le M_i-m_i=f(t_i)-f(s_i)<\frac{\varepsilon}{b-a}$$

이다. 따라서

$$\begin{aligned} U(f,\ P)-L(f,\ P) &= \sum_{i=1}^{n}(M_i-m_i)\Delta x_i \\ &< \frac{\varepsilon}{b-a}\sum_{i=1}^{n}\Delta x_i \\ &= \frac{\varepsilon}{b-a}(b-a)=\varepsilon \end{aligned}$$

이므로, 정리 6.10(리만 판정법)에 의하여 f는 $[a,\ b]$에서 적분가능하다. ■

예제 6.7 함수 $f:[0, 1]\to\mathbb{R}$를 다음과 같이 정의하면

$$f(x)=\begin{cases} x\sin\dfrac{1}{x} & (x\neq 0\text{일 때}) \\ 0 & (x=0\text{일 때}) \end{cases}$$

f는 $[0, 1]$에서 적분가능하다. 왜냐하면 f는 $x=0$에서 연속이므로(예제 4.5) f는 $[0, 1]$에서 연속함수이다. 정리 6.12에 의하여 f는 $[0, 1]$에서 적분가능하다.

정리 6.11과 6.12의 역은 일반적으로 성립하지 않는다. 다음 예제는 단조함수도 아니고 연속함수도 아닌 함수도 적분가능함을 보여주고 있다.

예제 6.8 함수 $f:[0, 1]\to\mathbb{R}$를 다음과 같이 정의하면

$$f(x)=\begin{cases} \dfrac{1}{n} & \left(x=\dfrac{m}{n}(m,\ n\in\mathbb{N})\text{은 기약분수일 때}\right) \\ 0 & (x=0\text{ 또는 }x\text{는 무리수일 때}) \end{cases}$$

f는 $[0, 1]$에서 적분가능함을 보여라.

풀이 함수 f는 $[0, 1]$에서 단조함수도 연속함수도 아니다. 임의의 $\varepsilon>0$에 대하여 $N>\dfrac{2}{\varepsilon}$인 자연수 N이 존재한다. $Y=\{y_1, y_2, \cdots, y_m\}$을 $[0, 1]$에서 분모가 N보다 작은 유리수의 유한집합이라 하자. $n>\dfrac{2m}{\varepsilon}$이고 $n\geq N$을 만족하는 소수 n을 택하자. 또 $i=0, 1, 2, \cdots, n$에 대하여 $x_i=\dfrac{i}{n}$인 분할 $P=\{x_0, x_1, \cdots, x_n\}$을 생각하자. 그러면 $\Delta x_i=\dfrac{1}{n}$이고 $P\cap Y=\{0, 1\}$이 된다. 이제 소구간이 Y의 점을 포함하는지의 여부에 따라 P의 첨자들의 집합을 두 부분으로 나눈다. 즉,

$$A=\{i\mid [x_{i-1}, x_i]\cap Y=\varnothing\}$$
$$B=\{i\mid [x_{i-1}, x_i]\cap Y\neq\varnothing\}$$

이라 하자. $i\in A$이면 $[x_{i-1}, x_i]$에 있는 모든 유리수의 분모는 N보다 같거나 크고, 그래서 $M_i\leq\dfrac{1}{N}<\dfrac{\varepsilon}{2}$이다. 물론 모든 $i=1, 2, \cdots, n$에 대하여 $M_i\leq 1$이다. 또한 Y에는 단지 m개의 점이 있으므로

$$\sum_{i\in B}\Delta x_i\leq m\left(\frac{1}{n}\right)<m\left(\frac{\varepsilon}{2m}\right)=\frac{\varepsilon}{2}$$

이다. 따라서

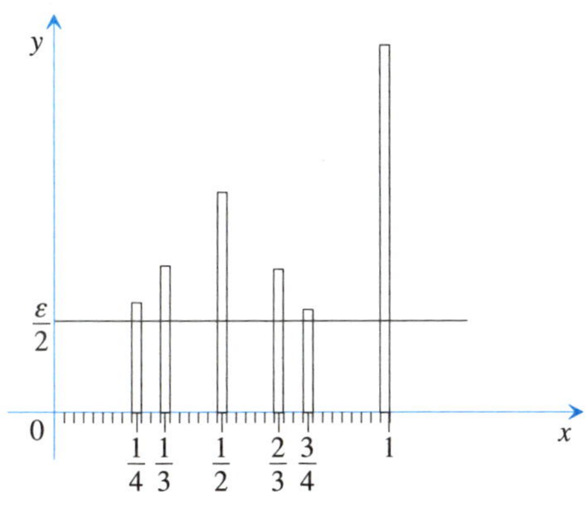

[그림 6.2]

$$\begin{aligned} U(f,\ P) &= \sum_{i=1}^{n} M_i \Delta x_i = \sum_{i\in A} M_i \Delta x_i + \sum_{i\in B} M_i \Delta x_i \\ &< \frac{\varepsilon}{2}\sum_{i\in A} \Delta x_i + \sum_{i\in B} 1\cdot \Delta x_i < \frac{\varepsilon}{2} + \frac{\varepsilon}{2} = \varepsilon \end{aligned}$$

이다. 분명히 $L(f,\ P)=0$이 성립한다. 따라서

$$U(f,\ P) - L(f,\ P) < \varepsilon$$

이므로 f는 $[0,\ 1]$에서 적분가능하다. 그리고 $\int_0^1 f = L(P) = 0$이다.

이제, 적분가능한 함수의 선형성에 대하여 알아보자.

보조정리 6.13 함수 $f:[a,\ b]\to\mathbb{R}$가 $[a,\ b]$에서 적분가능하고 α를 실수이라 하면, αf는 적분가능하고 다음이 성립한다.

$$\int_a^b \alpha f = \alpha \int_a^b f$$

증명 $\alpha=0$이면 정리는 당연히 성립한다.

$\alpha>0$이라 하자. $P=\{x_0,\ x_1,\ \cdots,\ x_n\}$을 $[a,\ b]$의 임의의 분할이라 하자.

모든 $i=1,\ 2,\ \cdots,\ n$에 대하여 $M_i(f)=\sup\{f(x)\mid x\in[x_{i-1},\ x_i]\}$이라 하면

$$\begin{aligned} M_i(\alpha f) &= \sup\{(\alpha f)(x) \mid x\in[x_{i-1},\ x_i]\} \\ &= \alpha \sup\{f(x) \mid x\in[x_{i-1},\ x_i]\} \end{aligned}$$

$$=\alpha M_i(f)$$

이므로 $U(\alpha f,\ P)\ =\alpha U(f,\ P)$이다. 따라서

$$\begin{aligned}U(\alpha f)&=\inf\{U(\alpha f,\ P)\mid P\text{는 } [a,\ b]\text{에서의 분할}\}\\&=\inf\{\alpha U(f,\ P)\mid P\text{는 } [a,\ b]\text{에서의 분할}\}\\&=\alpha\inf\{U(f,\ P)\mid P\text{는 } [a,\ b]\text{에서의 분할}\}\\&=\alpha U(f)\end{aligned}$$

이다. 같은 방법으로 $L(\alpha f)=\alpha L(f)$임을 증명할 수 있다. f는 적분가능하므로 $L(f)=U(f)$이고, 그래서 $L(\alpha f)=\alpha L(f)=\alpha U(f)=U(\alpha f)$이다. 그러므로 $\alpha>0$에 대하여 αf는 적분가능하고

$$\int_a^b \alpha f=U(\alpha f)=\alpha U(f)=\alpha\int_a^b f$$

이 성립한다.

$\alpha<0$인 경우에는 연습문제로 독자에게 남긴다. ■

보조정리 6.14 함수 $f,\ g:[a,\ b]\to\mathbb{R}$가 $[a,\ b]$에서 적분가능한 함수이라 하면, $f+g$는 $[a,\ b]$에서 적분가능하고 다음이 성립한다.

$$\int_a^b (f+g)=\int_a^b f+\int_a^b g$$

증명 $[a,\ b]$의 임의의 분할 $P=\{x_0,\ x_1,\ \cdots,\ x_n\}$이라 하자. $i=1,\ 2,\ \cdots,\ n$에 대하여

$$M_i(f)=\sup\{f(x)\mid x\in[x_{i-1},\ x_i]\}$$
$$M_i(g)=\sup\{g(x)\mid x\in[x_{i-1},\ x_i]\}$$

이라 하자. $i=1,\ 2,\ \cdots,\ n$일 때 모든 $x\in[x_{i-1},\ x_i]$에 대하여 $f(x)+g(x)\le M_i(f)+M_i(g)$이므로

$$M_i(f+g)\le M_i(f)+M_i(g)$$

이다.(1장 4절 연습문제 23의 (1)을 보아라.) 따라서 $[a,\ b]$의 모든 분할 P에 대하여

$$U(f+g,\ P)\le U(f,\ P)+U(g,\ P)$$

이다. 임의의 $\varepsilon>0$에 대하여 f와 g가 $[a,\ b]$에서 적분가능하므로

$$U(f,\ P_1) < \int_a^b f + \frac{\varepsilon}{2}$$

$$U(g,\ P_2) < \int_a^b g + \frac{\varepsilon}{2}$$

을 만족하는 $[a,\ b]$의 분할 P_1, P_2가 존재한다. $P = P_1 \cup P_2$이라 하자. P는 $[a,\ b]$에서 P_1, P_2의 세분할이므로

$$\begin{aligned} U(f+g,\ P) &\le U(f,\ P) + U(g,\ P) \\ &\le U(f,\ P_1) + U(g,\ P_2) \\ &< \int_a^b f + \int_a^b g + \varepsilon \end{aligned}$$

이다. 그러므로

$$U(f+g) < \int_a^b f + \int_a^b g + \varepsilon$$

이고, 그래서 ε은 임의의 양수이므로

$$U(f+g) \le \int_a^b f + \int_a^b g$$

이다. 같은 방법으로

$$L(f+g) \ge \int_a^b f + \int_a^b g$$

임을 보일 수 있다. 따라서 $U(f+g) = L(f+g)$이므로 $f+g$는 $[a,\ b]$에서 적분가능하고

$$\int_a^b (f+g) = \int_a^b f + \int_a^b g$$

가 성립한다. ■

보조정리 6.13과 6.14에 의하여, 다음과 같은 **적분의 선형적 성질**(linear property of the integral)이 성립한다.

정리 6.15 함수 $f,\ g : [a,\ b] \to \mathbb{R}$는 $[a,\ b]$에서 적분가능한 함수이고 α, β는 실수일 때 다음이 성립한다.

$$\int_a^b (\alpha f+\beta g)=\alpha\int_a^b f+\beta\int_a^b g$$

다음 성질을 **적분의 양치성**(positivity of the integral)이라 한다.

정리 6.16 함수 $f:[a, b]\to\mathbb{R}$는 $[a, b]$에서 적분가능하고 모든 $x\in[a, b]$에 대하여 $f(x)\geq 0$이면 다음이 성립한다.

$$\int_a^b f\geq 0$$

증명 $P=\{x_1, x_2, \cdots, x_n\}$를 $[a, b]$의 분할이라 하자. 모든 $i=1, 2, \cdots, n$에 대하여 $m_i=\inf\{f(x)\mid x\in[x_{i-1}, x_i]\}\geq 0$이므로 $L(f, P)\geq 0$이다. 따라서

$$\int_a^b f=\sup\{L(f, P)\mid P\text{는 } [a, b]\text{의 분할}\}\geq 0$$

이다. ■

함수 f가 g보다 크거나 같으면 f의 적분도 g의 적분보다 크거나 같음을 나타내는 **적분의 순서 보존 성질**(order-preserving property)에 대하여 알아보자.

따름정리 6.17 (적분의 비교정리) 함수 $f, g:[a, b]\to\mathbb{R}$는 $[a, b]$에서 적분가능하고 모든 $x\in[a, b]$에 대하여 $f(x)\leq g(x)$이면 다음이 성립한다.

$$\int_a^b f\leq\int_a^b g$$

증명 모든 $x\in[a, b]$에 대하여 $f(x)\leq g(x)$이므로 $g(x)-f(x)\geq 0$이다. 따라서 정리 6.15와 6.16에 의하여

$$0\leq\int_a^b (g-f)=\int_a^b g-\int_a^b f$$

이므로 $\int_a^b f \leq \int_a^b g$이다. ■

앞의 따름정리의 역은 성립하지 않는다. 예를 들면, 구간 $[-1, 3]$에서 함수 $f(x)=0$, $g(x)=x$이라 하면 $\int_{-1}^3 f=0<4=\int_{-1}^3 g$이지만 $x\in[-1, 0)$에 대하여 $f(x)>g(x)$이다.

다음 정리는 매우 유용한 성질로서 적분이 확장되는 구간에 대한 **적분의 가법성**(additivity of the integral)에 관한 것이다.

정리 6.18 함수 $f:[a, b]\to\mathbb{R}$이고 $c\in(a, b)$라 하자. f가 $[a, c]$와 $[c, b]$에서 적분가능하면, f는 $[a, b]$에서 적분가능하고 다음이 성립한다.

$$\int_a^b f=\int_a^c f+\int_c^b f$$

증명 f는 $[a, c]$와 $[c, b]$에서 유계이므로 f는 $[a, b]$에서 유계이다.

$\varepsilon>0$이라 하자. 그러면

$$U(f, P_1)-L(f, P_1)<\frac{\varepsilon}{2}$$

$$U(f, P_2)-L(f, P_2)<\frac{\varepsilon}{2}$$

을 만족하는 $[a, c]$의 분할 P_1과 $[c, b]$의 분할 P_2가 존재한다.

$P=P_1\cup P_2$이라 하자. 그러면 P는 $[a, b]$의 분할이고 다음이 성립한다.

$$U(f, P)=U(f, P_1)+U(f, P_2)$$
$$L(f, P)=L(f, P_1)+L(f, P_2)$$

따라서

$$\begin{aligned}U(f, P)-L(f, P)&=[U(f, P_1)+U(f, P_2)]-[L(f, P_1)+L(f, P_2)]\\&=[U(f, P_1)-L(f, P_1)]+[(U(f, P_2)-L(f, P_2)]\\&<\frac{\varepsilon}{2}+\frac{\varepsilon}{2}=\varepsilon\end{aligned}$$

이므로, 정리 6.10(리만 판정법)에 의하여 f는 $[a, b]$에서 적분가능하다. 또한

$$\begin{aligned}\int_a^b f &\le U(f,\ P)=U(f,\ P_1)+U(f,\ P_2)\\ &< L(f,\ P_1)+L(f,\ P_2)+\varepsilon\\ &\le \int_a^c f+\int_c^b f+\varepsilon\end{aligned}$$

이고, 따라서 ε은 임의의 양수이므로

$$\int_a^b f \le \int_a^c f+\int_c^b f$$

이다. 또한

$$\begin{aligned}\int_a^b f &\ge L(f,\ P)=L(f,\ P_1)+L(f,\ P_2)\\ &> U(f,\ P_1)+U(f,\ P_2)-\varepsilon\\ &\ge \int_a^c f+\int_c^b f-\varepsilon\end{aligned}$$

이고, 따라서 ε은 임의의 양수이므로

$$\int_a^b f \ge \int_a^c f+\int_c^b f$$

이다. 그러므로

$$\int_a^b f = \int_a^c f+\int_c^b f$$

가 성립한다. ■

적분가능한 함수의 스칼라 곱도 역시 적분가능하고, 적분가능한 두 함수의 합도 또한 적분가능한 함수임을 알았다. 이제 적분가능한 함수와 연속함수의 합성함수가 적분가능한 함수가 됨을 보일 것이다. 그러나 적분가능한 두 함수의 합성함수는 적분가능한 함수가 아니다.(연습문제 18을 보아라.)

정리 6.19 함수 $f:[a,\ b]\to\mathbb{R}$는 $[a,\ b]$에서 적분가능하고 함수 $g:[c,\ d]\to\mathbb{R}$는 $[c,\ d]$에서 연속이라고 하자. $f([a,\ b])\subset[c,\ d]$이라 하면 합성함수 $g\circ f$는 $[a,\ b]$에서 적분가능하다.

증명 $\varepsilon>0$이라 하자. $K=\sup\{|g(t)| \mid t\in[c,\ d]\}$이고 $\varepsilon'>0$을

$$\varepsilon'(b-a+2K)<\varepsilon$$

이 되도록 택하자. g는 $[c,\ d]$에서 연속이므로 정리 4.16에 의하여 g는 $[c,\ d]$에서 균등연속이다. 따라서 $\delta<\varepsilon'$이고 $|s-t|<\delta$, s, $t\in[c,\ d]$이면

$$|g(s)-g(t)|<\varepsilon'$$

을 만족하는 $\delta>0$가 존재한다. f는 $[a,\ b]$에서 적분가능하고, $\delta^2>0$이므로

$$U(f,\ P)-L(f,\ P)<\delta^2$$

을 만족하는 $[a,\ b]$의 분할 $P=\{x_0,\ x_1,\ \cdots,\ x_n\}$가 존재한다.
이제, 이 분할 P에 대하여

$$U(g\circ f,\ P)-L(g\circ f,\ P)=\sum_{i=1}^{n}[M_i(g\circ f)-m_i(g\circ f)]\Delta x_i<\varepsilon$$

이 성립함을 보이자. 모든 $i=1,\ 2,\ \cdots,\ n$에 대하여 m_i, M_i를 $[x_i,\ x_{i-1}]$에서 각각 f의 하한과 상한이라 할 때

$$A\doteq\{i \mid M_i-m_i<\delta\}\text{이고, } B=\{i \mid M_i-m_i\geq\delta\}$$

이라 하자. 그러면 $i\in A$이고 $x,\ y\in[x_{i-1},\ x_i]$이면
$|f(x)-f(y)|\leq M_i-m_i<\delta$이므로

$$|(g\circ f)(x)-(g\circ f)(y)|=|g(f(x))-g(f(y))|<\varepsilon'$$

이 성립한다. 따라서

$$M_i(g\circ f)-m_i(g\circ f)\leq\varepsilon'$$

이다. 그러므로

$$\sum_{i\in A}[M_i(g\circ f)-m_i(g\circ f)]\Delta x_i\leq\varepsilon'\sum_{i\in A}\Delta x_i\leq\varepsilon'(b-a)$$

이다. 한편 $i\in B$이면 $M_i-m_i\geq\delta$ 즉 $\dfrac{M_i-m_i}{\delta}\geq1$이고, 그래서

$$\sum_{i\in B}\Delta x_i\leq\frac{1}{\delta}\sum_{i\in B}(M_i-m_i)\Delta x_i\leq\frac{1}{\delta}[U(f,\ P)-L(f,\ P)]<\delta<\varepsilon'$$

이다. 또한 모든 $i=1,\ 2,\ \cdots,\ n$에 대하여 $M_i(g\circ f)-m_i(g\circ f)\leq 2K$이므로

$$\sum_{i\in B}[M_i(g\circ f)-m_i(g\circ f)]\Delta x_i\leq 2K\sum_{i\in B}\Delta x_i\leq 2K\varepsilon'$$

이다. 따라서

$$\begin{aligned} U(g\circ f,\ P)-L(g\circ f,\ P) &= \sum_{i\in A}[M_i(g\circ f)-m_i(g\circ f)]\Delta x_i \\ &\quad + \sum_{i\in B}[M_i(g\circ f)-m_i(g\circ f)]\Delta x_i \\ &\le \varepsilon'(b-a)+2K\varepsilon' \\ &= \varepsilon'(b-a+2K)<\varepsilon \end{aligned}$$

이 성립하므로, 정리 6.10(리만 판정법)에 의하여 $g\circ f$는 $[a, b]$에서 적분가능하다.

■

예제 6.9 함수 $f:[a, b]\to\mathbb{R}$가 $[a, b]$에서 적분가능하면, 모든 자연수 n에 대하여 함수 f^n은 $[a, b]$에서 적분가능하다. 왜냐하면 임의의 $x\in[a, b]$에 대하여 $|f(x)|\le K$라 하고 $t\in[-K, K]$에 대하여 $g(t)=t^n$이라 하면 g는 $[-K, K]$에서 연속이고 $g\circ f=f^n$이 되기 때문에 정리 6.19에 의하여 f^n은 $[a, b]$에서 적분가능하다.

따름정리 6.20 함수 $f:[a, b]\to\mathbb{R}$가 $[a, b]$에서 적분가능하면, $|f|$는 $[a, b]$에서 적분가능하고 다음이 성립한다.

$$\left|\int_a^b f\right|\le\int_a^b|f|$$

증명 f는 $[a, b]$에서 적분가능하므로 f는 $[a, b]$에서 유계이다. 따라서 모든 $x\in[a, b]$에 대하여 $|f(x)|\le K$인 $K>0$가 존재한다. 함수 $g:[-K, K]\to\mathbb{R}$는 $g(t)=|t|$로 정의하자. 그러면 g는 $[-K, K]$에서 연속이고 $g\circ f=|f|$이다. 정리 6.19로부터 $|f|$는 적분가능하다. 모든 $x\in[a, b]$에 대하여

$$-|f(x)|\le f(x)\le|f(x)|$$

이므로, 따름정리 6.17(적분의 비교정리)에 의하여

$$-\int_a^b|f|\le\int_a^b f\le\int_a^b|f|$$

이다. 따라서

$$\left|\int_a^b f\right| \le \int_a^b |f|$$

이 성립한다. ■

연습문제 (6.2)

1. 함수 $f:[a, b]\to\mathbb{R}$는 $[a, b]$에서 적분가능하고 $P=\{x_0, x_1, \cdots, x_n\}$을 $[a, b]$의 분할이라 할 때 다음을 증명하여라.
   (1) $\alpha>0$일 때 $L(\alpha f, P)=\alpha L(f, P)$이고 $L(\alpha f)=\alpha L(f)$이다.
   (2) $\alpha<0$일 때 $L(\alpha f, P)=\alpha U(f, P)$이고 $U(\alpha f, P)=\alpha L(f, P)$이다.
   (3) $\alpha<0$일 때 $L(\alpha f)=\alpha U(f)$이고 $U(\alpha f)=\alpha L(f)$이다.
   (4) 보조정리 6.13의 증명을 완성하여라.

2. 함수 $f:[0, 1]\to\mathbb{R}$가 $[0, 1]$에서 연속일 때 $\lim_{n\to\infty}\frac{1}{n}\sum_{k=1}^{n} f\left(\frac{k}{n}\right)=\int_0^1 f(x)dx$임을 증명하여라.

3. 함수 $f:[a, b]\to\mathbb{R}$가 $[a, b]$에서 유계함수라고 할 때 다음은 서로 동치임을 증명하여라.
   (1) 함수 f는 $[a, b]$에서 적분가능하다.
   (2) 각 $\varepsilon>0$에 대하여 $[a, b]$에서의 분할 $P_\varepsilon=\{x_0, x_1, \cdots, x_n\}$이 존재하여 $\sum_{i=1}^{n}(M_i-m_i)(x_i-x_{i-1})<\varepsilon$이 성립한다. 여기서 모든 $i=1, 2, \cdots, n$에 대하여 $M_i=\sup\{f(x) \mid x\in[x_{i-1}, x_i]\}$이고 $m_i=\inf\{f(x) \mid x\in[x_{i-1}, x_i]\}$이다.
   (3) 각 $\varepsilon>0$에 대하여 분할 $P_\varepsilon=\{x_0, x_1, \cdots, x_n\}$이 존재하여 $\sum_{i=1}^{n} w_i(x_i-x_{i-1})<\varepsilon$ 이 성립한다. 여기서 모든 $i=1, 2, 3, \cdots, n$에 대하여

$$w_i=\sup\{f(x)-f(y) \mid x, y\in[x_{i-1}, x_i]\}$$

   이다.

4. f는 $[a, b]$에서 유계함수이고 유한개의 점을 제외한 $[a, b]$의 모든 점에서 연속이라 하면, f는 $[a, b]$에서 적분가능함을 증명하여라.

5. 함수 $f:[0, 1]\to\mathbb{R}$를

$$f(x)=\begin{cases} 1 & (x\in(0, 1]\text{일 때}) \\ 0 & (x=0\text{일 때}) \end{cases}$$

으로 정의하면, f는 $[0, 1]$에서 적분가능함을 증명하여라.

6. 다음 함수 f는 $[0, 1]$에 적분가능함을 증명하여라.

(1) $f(x)=\begin{cases} \sin\dfrac{1}{x} & (x\in(0, 1]\text{일 때}) \\ 0 & (x=0\text{일 때}) \end{cases}$

(2) $f(x)=\begin{cases} x^2\sin\dfrac{1}{x} & (x\in(0, 1]\text{일 때}) \\ 0 & (x=0\text{일 때}) \end{cases}$

7. 함수 f가 $[a, b]$, $[c, b]$ 그리고 $[a, c]$에서 적분가능할 때

$$\int_a^b f=\int_a^c f+\int_c^b f$$

가 성립함을 증명하여라.(사실 a, b, c의 크기에는 관계가 없다.)

8. 함수 $f:[a, b]\to\mathbb{R}$는 $[a, b]$에서 적분가능하다고 하자. 모든 $x\in[a, b]$에 대하여 $f(x)\geq k$인 $k>0$가 존재하면, $\dfrac{1}{f}$은 $[a, b]$에서 적분가능함을 증명하여라.

9. 함수 f, $g:[a, b]\to\mathbb{R}$가 $[a, b]$에서 적분가능하면, 곱 fg도 $[a, b]$에서 적분가능함을 증명하여라.

10. 함수 $f:[a, b]\to\mathbb{R}$가 $[a, b]$에서 적분가능하면, f는 $[a, b]$의 임의의 부분구간 $[c, d]$에서 적분가능함을 증명하여라.

11. 적당한 $x_0\in[a, b]$에서 $f(x_0)>0$이지만 $\int_a^b f=0$가 성립하는 $[a, b]$에서 적분가능한 함수 f의 예를 들어라.

12. $\left(\int_0^1 f\right)\left(\int_0^1 g\right)\neq\int_0^1 fg$를 만족하는 $[0, 1]$에서 적분가능한 함수 f, g의 예를 들어라.

13. 함수 $f:[a, b]\to\mathbb{R}$는 $[a, b]$에서 연속이고 모든 $x\in[a, b]$에 대하여 $f(x)\geq 0$이라 하자. $\int_a^b f=0$이면 모든 $x\in[a, b]$에 대하여 $f(x)=0$임을 증명하여라.

14. 함수 $f:[a,\ b]\to\mathbb{R}$는 $[a,\ b]$에서 연속이고 모든 $x\in[a,\ b]$에 대하여 $f(x)\geq 0$이라 하면, $\int_a^b f>0$이거나 모든 $x\in[a,\ b]$에 대하여 $f(x)=0$이 성립함을 증명하여라.

15. 함수 $f:[0,\ 1]\to\mathbb{R}$를

$$f(x)=\begin{cases} \dfrac{\sin x}{x} & (x\in(0,\ 1]\text{일 때}) \\ 1 & (x=0\text{일 때}) \end{cases}$$

으로 정의할 때, $\int_0^1 f(x)dx$가 존재함을 증명하여라.

16. f는 적분가능하지 않지만, $|f|$는 적분가능한 함수의 예를 들어라.

17. 함수 f는 주기 p인 주기함수이고 $[0,\ p]$에서 적분가능하면, 임의의 실수 a에 대하여 f는 $[a,\ a+p]$에서 적분가능하고 다음이 성립함을 증명하여라.

$$\int_a^{a+p} f(x)dx=\int_0^p f(x)dx.$$

18. 적분가능한 두 함수의 합성함수는 적분가능하지 않음을 예를 들어 설명하여라.

6.3 미적분학의 기본정리

지금까지 유계함수의 적분을 상합 또는 하합의 극한으로 계산하였다. 이제 적분의 계산을 보다 쉽게 할 수 있는 **미적분학의 기본정리**(fundamental theorem of calculus)에 대하여 알아보자.

정리 6.21 (미적분학의 기본정리 I) 함수 $f:[a,\ b]\to\mathbb{R}$는 $[a,\ b]$에서 적분가능하다고 하자. 각 $x\in[a,\ b]$에 대하여 F를

$$F(x)=\int_a^x f(t)dt$$

로 정의하면, F는 $[a, b]$에서 균등연속이다. 더구나 f가 (a, b)에서 연속이면, F는 (a, b)에서 미분가능하고 $F'=f$이다.

증명 f는 $[a, b]$에서 적분가능하므로 f는 $[a, b]$에서 유계이다. 따라서 모든 $x\in[a, b]$에 대하여 $|f(x)|\leq M$인 $M>0$이 존재한다. 임의의 $\varepsilon>0$에 대하여 $\delta=\frac{\varepsilon}{M}$이라 하자. 임의의 x, $y\in[a, b]$에 대하여 $x<y$이고 $|x-y|<\delta$라 하면

$$\begin{aligned}|F(y)-F(x)|&=\left|\int_a^y f(t)\,dt-\int_a^x f(t)\,dt\right|\\&=\left|\int_x^y f(t)\,dt\right|\leq\int_x^y |f(t)|\,dt\leq\int_x^y M\,dt\\&=M(y-x)=M|y-x|<M\delta\\&=\varepsilon\end{aligned}$$

이 성립하므로 F는 $[a, b]$에서 균등연속이다.

이제 f를 $c\in(a, b)$에서 연속이라 하고 $\varepsilon>0$이라 하자. $|x-c|<\delta$, $x\in(a, b)$이면 $|f(x)-f(c)|<\varepsilon$을 만족하는 $\delta>0$가 존재한다. $f(c)$는 상수이므로 $x\neq c$인 x에 대하여

$$f(c)=\frac{1}{x-c}\int_c^x f(c)\,dt$$

로 쓸 수 있다. $0<|x-c|<\delta$, $x\in(a, b)$이면

$$\begin{aligned}\left|\frac{F(x)-F(c)}{x-c}-f(c)\right|&=\left|\frac{1}{x-c}\left[\int_a^x f(t)\,dt-\int_a^c f(t)\,dt\right]-f(c)\right|\\&=\left|\frac{1}{x-c}\int_c^x f(t)\,dt-\frac{1}{x-c}\int_c^x f(c)\,dt\right|\\&=\left|\frac{1}{x-c}\int_c^x [f(t)-f(c)]\,dt\right|\\&\leq\left|\frac{1}{x-c}\right|\left|\int_c^x |f(t)-f(c)|\,dt\right|\\&<\frac{1}{|x-c|}\varepsilon|x-c|\\&=\varepsilon\end{aligned}$$

이다. ε은 임의의 양수이므로

$$F'(c)=\lim_{x\to c}\frac{F(x)-F(c)}{x-c}=f(c)$$

이다. 임의의 $c \in (a, b)$에 대하여 이 식이 성립하므로 F는 (a, b)에서 미분가능하고 $F' = f$이다. ■

함수 f가 $[a, b]$에서 적분가능한 함수라고 하자. $x \in [a, b]$에 대하여

$$F(x) = \int_a^x f(t)\,dt$$

로 정의된 함수 F를 $[a, b]$에서 f의 **부정적분**(indefinite integral)이라 한다.
적분가능한 함수 f는 반드시 연속함수일 필요는 없으나 정리 6.21에 의하여 f의 부정적분 F는 항상 연속함수이다.

예제 6.10 $x \in [0, 3]$에 대하여 함수 $F(x) = \int_0^x [t]\,dt$으로 정의할 때 함수 F를 구하여 보자.

$0 \le x < 1$이면 $[x] = 0$이므로 $F(x) = 0$이다.

$1 \le x < 2$이면 $F(x) = \int_0^1 [t]\,dt + \int_1^x [t]\,dt = \int_0^1 0\,dt + \int_1^x 1\,dt = x - 1$이다.

$2 \le x < 3$이면 $F(x) = \int_0^1 0\,dt + \int_1^2 1\,dt + \int_2^x 2\,dt = 2x - 3$이다.

따라서 함수 $f(x) = [x]$는 $[0, 3]$에서 연속이 아니지만 $F(x)$는 $[0, 3]$에서 연속이 된다. 그렇지만 F는 $[0, 3]$에서 미분불가능이다([그림 6.3]).

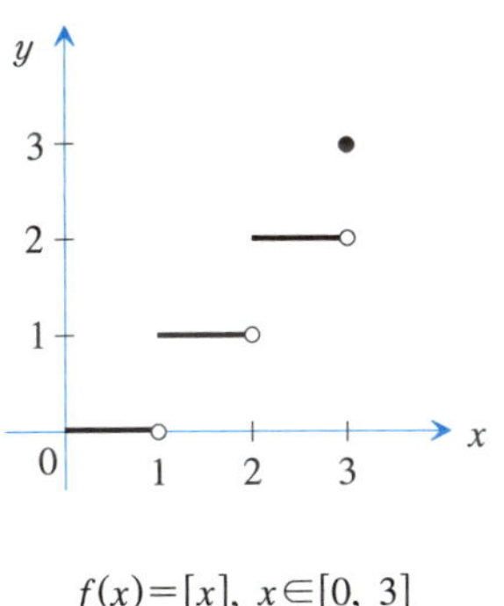

$f(x) = [x],\ x \in [0, 3]$

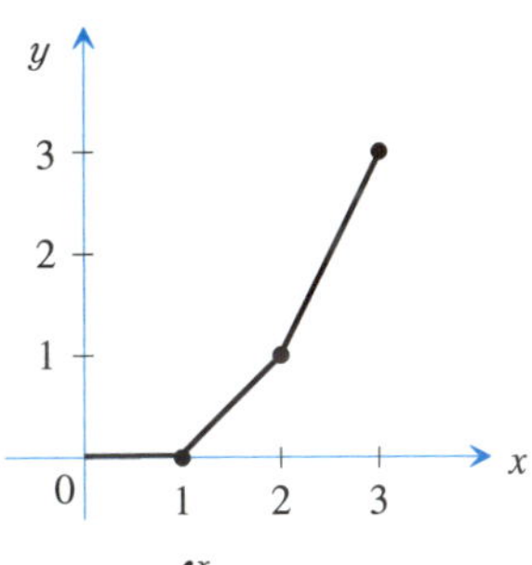

$F(x) = \int_0^x [t]\,dt,\ x \in [0, 3]$

[그림 6.3]

정리 6.22 (미적분학의 기본정리 II) 함수 $f:[a, b]\to\mathbb{R}$는 $[a, b]$에서 미분가능하고 f'이 $[a, b]$에서 적분가능하면 다음이 성립한다.

$$\int_a^b f' = f(b) - f(a)$$

증명 $P=\{x_0, x_1, \cdots, x_n\}$을 $[a, b]$의 임의의 분할이라 하자. 모든 $i=1, 2, \cdots, n$에 대하여 각 소구간 $[x_{i-1}, x_i]$에 정리 5.13(평균값 정리)을 적용하면

$$f(x_i) - f(x_{i-1}) = f'(t_i)(x_i - x_{i-1})$$

을 만족하는 $t_i \in (x_{i-1}, x_i)$가 존재한다. 따라서

$$f(b) - f(a) = \sum_{i=1}^{n}[f(x_i) - f(x_{i-1})] = \sum_{i=1}^{n} f'(t_i)(x_i - x_{i-1})$$

이다. 그런데 모든 $i=1, 2, \cdots, n$에 대하여

$$M_i(f') = \sup\{f'(x) \mid x \in [x_{i-1}, x_i]\},\ m_i(f') = \inf\{f'(x) \mid x \in [x_{i-1}, x_i]\}$$

이라 하면, $m_i(f') \le f'(t_i) \le M_i(f')$이므로

$$L(f', P) \le f(b) - f(a) \le U(f', P)$$

이다. 이 부등식은 $[a, b]$의 모든 분할 P에 대하여 성립하므로

$$L(f') \le f(b) - f(a) \le U(f')$$

이 성립한다. 한편 가정에서 f'은 $[a, b]$에서 적분가능하므로

$$L(f') = U(f') = \int_a^b f'$$

이고, 따라서

$$\int_a^b f' = f(b) - f(a)$$

가 성립한다. ■

함수 F가 모든 $x \in [a, b]$에 대하여 $F'(x) = f(x)$이면, F를 $[a, b]$에서 f의 **역도함수**(antiderivative) 또는 **원시함수**(primitive function)라 한다.
정리 6.21(미적분학의 기본정리 I)에 의하여

$$F(x)=\int_a^x f(t)\,dt$$

로 정의하면, $F'(x)=f(x)$이고 정리 6.22(미적분학의 기본정리 II)에 의하여

$$\int_a^b f(x)\,dx=F(b)-F(a)$$

가 된다.

참고 함수 f가 $[a, b]$에서 연속이면 f의 역도함수 $F(x)=\int_a^x f(t)\,dt$는 항상 존재하고 $F'(x)=f(x)$이다. 더구나 f가 $[a, b]$에서 연속이고 모든 $x\in[a, b]$에 대하여 $f(x)>0$이면 f의 역도함수 F는 [그림 6.4]와 같은 면적을 나타낸다.

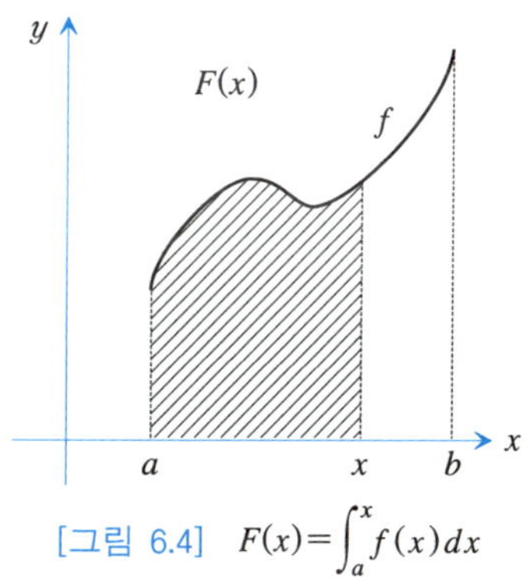

[그림 6.4] $F(x)=\int_a^x f(x)\,dx$

예제 6.11 모든 실수 x에 대하여 함수 $f(x)=x^2$이라 하자. $f'(x)=2x$이므로

$$\int_1^3 2x\,dx=f(3)-f(1)=9-1=8$$

이다.

예제 6.12 $\int_0^{\frac{\pi}{2}}(1+\sin x)\,dx=\Big[x-\cos x\Big]_0^{\frac{\pi}{2}}=\frac{\pi}{2}+1$

미적분학의 기본정리를 이용하면 다음과 같은 유익한 결론을 얻을 수 있다. 이는 이미 독자에게 친숙한 **부분적분법**(integration by parts)과 **치환적분법**(substitution theorem)이다.

정리 6.23 (부분적분법) 함수 $f,\ g:[a,\ b]\to\mathbb{R}$는 $[a,\ b]$에서 미분가능하고 f'과 g'이 $[a,\ b]$에서 적분가능하면 다음이 성립한다.

$$\int_a^b fg' = [f(b)g(b) - f(a)g(a)] - \int_a^b f'g$$

증명 $f,\ g$는 $[a,\ b]$에서 미분가능하므로 연속이고, 그래서 적분가능하다. 또 $f',\ g'$은 $[a,\ b]$에서 적분가능하므로 $fg',\ f'g$은 $[a,\ b]$에서 적분가능하다(6장 2절 연습문제 9). 한편, $(fg)' = fg' + f'g$이므로 $(fg)'$은 $[a,\ b]$에서 적분가능하다. 정리 6.22(미적분학의 기본정리 II)에 의하여

$$\int_a^b fg' + \int_a^b f'g = \int_a^b (fg' + f'g) = f(b)g(b) - f(a)g(a)$$

이므로

$$\int_a^b fg' = [f(b)g(b) - f(a)g(a)] - \int_a^b f'g$$

가 성립한다. ■

예제 6.13 다음을 계산하여라.

(1) $\displaystyle\int_1^3 \log x\, dx$ (2) $\displaystyle\int_0^{\frac{\pi}{2}} x\cos x\, dx$

풀이 (1) $g(x) = \log x$이고 $f'(x) = 1$이라 하자. 그러면 $g'(x) = \dfrac{1}{x}$이고 $f(x) = x$이므로

$$\int_1^3 \log x\, dx = \Big[x \log x\Big]_1^3 - \int_1^3 1 dx = 3\log 3 - 2$$

이다.

(2) $g(x) = x$이고 $f'(x) = \cos x$이라 하자. 그러면 $g'(x) = 1$이고 $f(x) = \sin x$이므로

$$\int_0^{\frac{\pi}{2}} x\cos x\, dx = \Big[x\sin x\Big]_0^{\frac{\pi}{2}} - \int_0^{\frac{\pi}{2}} \sin x\, dx = \frac{\pi}{2} - 1$$

이다.

정리 6.24 (치환적분법) 함수 $g:[a,\ b]\to\mathbb{R}$는 $[a,\ b]$에서 미분가능하고 g'은 $[a,\ b]$에서 연속이라 하자. 함수 f가 $g([a,\ b])$에서 연속이면 다음이 성립한다.

$$\int_a^b (f\circ g)(t)g'(t)dt=\int_{g(a)}^{g(b)} f(x)dx$$

증명 g는 $[a,\ b]$에서 미분가능하므로 연속이다. 따라서 $g([a,\ b])$는 유계인 닫힌구간이다. $f\circ g$와 g'은 $[a,\ b]$에서 연속이므로 $(f\circ g)g'$은 $[a,\ b]$에서 연속이고, 그래서 $(f\circ g)g'$은 $[a,\ b]$에서 적분가능하다. 만일 $g([a,\ b])$가 한 점이면 g는 $[a,\ b]$에서 상수함수이므로, 모든 $x\in[a,\ b]$에 대하여 $g'(x)=0$이다. 따라서

$$\int_a^b (f\circ g)(t)g'(t)dt=0=\int_{g(a)}^{g(b)} f(x)dx$$

이다.

이제 g는 $[a,\ b]$에서 상수함수가 아니라고 하자. 모든 $x\in g([a,\ b])$에 대하여

$$F(x)=\int_{g(a)}^{x} f(t)dt$$

이라 하자. f는 $g([a,\ b])$에서 연속이므로 정리 6.21(미적분학의 기본정리 I)에 의하여 $x\in g([a,\ b])$에 대하여 $F'(x)=f(x)$이다. 그러면 정리 5.6(연쇄법칙)에 의하여 $t\in[a,\ b]$일 때

$$\frac{d}{dt}(F\circ g)(t)=F'(g(t))g'(t)=f(g(t))g'(t)=(f\circ g)(t)g'(t)$$

이므로, 정리 6.22(미적분학의 기본정리 II)에 의하여

$$\begin{aligned}\int_a^b (f\circ g)(t)g'(t)dt&=(F\circ g)(b)-(F\circ g)(a)\\&=F(g(b))-F(g(a))=\int_{g(a)}^{g(b)} f(x)dx\end{aligned}$$

가 성립한다. ■

예제 6.14 $\int_1^2 t^2\sqrt{t^3-1}\,dt$를 계산하여라.

풀이 $f(x)=\sqrt{x}$, $g(t)=t^3-1$이라 하면 $g'(t)=3t^2$이다. 따라서

$$\int_1^2 (3t^2)\sqrt{t^3-1}\,dt = \int_{g(1)}^{g(2)} \sqrt{x}\,dx$$

이므로, $\int_1^2 t^2\sqrt{t^3-1}\,dt = \frac{1}{3}\int_0^7 \sqrt{x}\,dx = \frac{1}{3}\left[\frac{2}{3}x^{\frac{3}{2}}\right]_0^7 = \frac{14\sqrt{7}}{9}$이다.

예제 6.15 함수 $f:[0,\ 1]\to\mathbb{R}$가 $[0,\ 1]$에서 임의의 연속함수이라 할 때 다음을 계산하여라.

$$\int_{-1}^1 xf(x^2)\,dx$$

풀이 $g(x)=x^2$이라 하면 f는 $g([-1,\ 1])=[0,\ 1]$에서 연속이다. $g'(x)=2x$이고 $f(g(x))=f(x^2)$이므로 정리 6.24(치환적분법)에 의하여

$$\int_{-1}^1 xf(x^2)\,dx = \frac{1}{2}\int_{-1}^1 f(g(x))g'(x)\,dx = \frac{1}{2}\int_1^1 f(t)\,dt = 0$$

이다.

우리는 미분에 관한 평균값 정리를 배웠다. 이제, **적분에 관한 평균값정리**(mean value theorem for integrals)에 대하여 알아보자. 이 정리는 주어진 곡선에 대한 면적과 같은 직사각형을 구하는 데 도움을 준다.

정리 6.25 (적분에 관한 평균값 정리) 함수 $f:[a,\ b]\to\mathbb{R}$가 $[a,\ b]$에서 연속함수이면,

$$\int_a^b f(x)dx = f(c)(b-a)$$

를 만족하는 $c\in(a,\ b)$가 존재한다.

증명 f가 $[a,\ b]$에서 연속이므로, 정리 4.8(최대·최소값의 정리)에 의하여

$$M=\sup\{f(x)\mid x\in[a,\ b]\},\ m=\inf\{f(x)\mid x\in[a,\ b]\}$$

가 존재한다. 따라서 모든 $x\in[a,\ b]$에 대하여 $m\le f(x)\le M$이므로

$$m(b-a) \le \int_a^b f(x)\,dx \le M(b-a)$$

이다. 그러므로 다음이 성립한다.

$$m \le \frac{\int_a^b f(x)dx}{b-a} \le M$$

f는 $[a, b]$에서 연속이므로, 정리 4.9(중간값 정리)에 의하여

$$\frac{\int_a^b f(x)dx}{b-a} = f(c) \quad \text{즉} \quad \int_a^b f(x)dx = f(c)(b-a)$$

를 만족하는 $c \in (a, b)$가 존재한다. ■

모든 $x \in [a, b]$에 대하여 $f(x) \ge 0$일 때, 적분에 관한 평균값 정리를 간단히 기하학적으로 설명할 수 있다. 곡선 $y=f(x)$와 세 직선 x축, $x=a$와 $x=b$로 둘러싸인 부분의 면적을 A라 하자. 적분에 관한 평균값 정리에 의하여 높이가 $f(c)$이고 밑변이 $b-a$인 직사각형의 면적이 A와 같은 $c \in (a, b)$가 적어도 하나 존재한다([그림 6.5]).

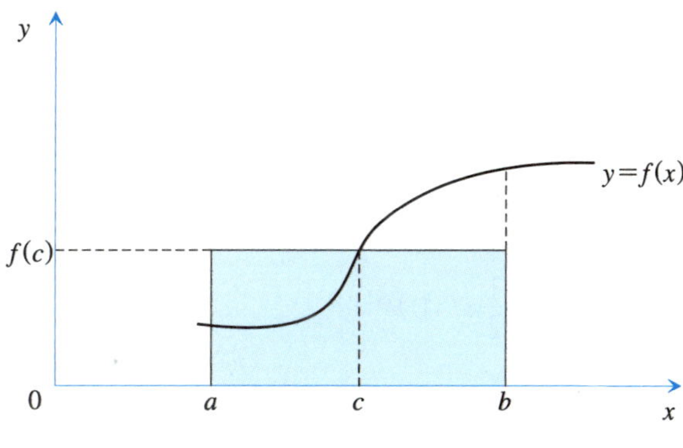

[그림 6.5]

연습문제 (6.3)

1. 다음의 **일반화된 적분의 평균값 정리**(generalized mean value theorem for integrals)를 증명하여라.

   함수 $f,\ g:[a,\ b]\to\mathbb{R}$는 연속이고 모든 $x\in[a,\ b]$에 대하여 $g(x)\geq 0$이라 하면,

$$\int_a^b f(x)g(x)dx=f(c)\int_a^b g(x)dx$$

   를 만족하는 $c\in(a,\ b)$가 존재한다.

2. $J_n=\frac{1}{n}\int_0^1\frac{\sin nx}{1+x^2}dx$이라 하자. 적분의 성질을 이용하여 $|J_n|\leq\frac{\pi}{4n}$임을 보이고 $\lim_{n\to\infty}J_n$을 계산하여라.

3. 함수 $f:[0,\ 1]\to\mathbb{R}$는 연속함수이고, $J_1,\ J_2$를

$$J_1=\int_0^{\frac{1}{\sqrt{n}}}\frac{nf(x)}{1+n^2x^2}dx,\qquad J_2=\int_{\frac{1}{\sqrt{n}}}^1\frac{nf(x)}{1+n^2x^2}dx$$

   이라 하자. 다음을 증명하여라. (연습문제 1을 이용하여라.)

   (1) $0<c_n<\frac{1}{\sqrt{n}}<d_n<1$일 때

$$J_1=f(c_n)\tan^{-1}\sqrt{n},\quad J_2=f(d_n)(\tan^{-1}n-\tan^{-1}\sqrt{n})$$

   이다.

   (2) $\lim_{n\to\infty}\int_0^1\frac{nf(x)}{1+n^2x^2}dx=\frac{1}{2}\pi f(0)$이다.

4. 함수 $f(x)$가 다음과 같을 때 도함수 $f'(x)$를 구하여라.

$$f(x)=\int_{x^3}^{x^2}\frac{t^5}{1+t^4}dt$$

5. 함수 $f,\ g:[a,\ b]\to\mathbb{R}$는 $[a,\ b]$에서 연속이라 하자. 또 f의 도함수 f'은 $[a,\ b]$에서 연속이고 모든 $x\in[a,\ b]$에 대하여 $f'(x)\neq 0$이라 하자.

$$G(x)=\int_a^x g(t)dt$$

   이라 하면

$$\int_a^b f(x)g(x)dx = f(b)G(b) - \int_a^b f'(x)G(x)dx$$

임을 증명하여라.

또 다음 식이 성립함을 보이기 위하여 위 식의 우변에 있는 적분을 연습문제 1에 적용시켜라. 적당한 $c \in (a, b)$에 대하여

$$\int_a^b f(x)g(x)dx = f(a)\int_a^c g(x)dx + f(b)\int_c^b g(x)dx$$

이다.

6. 함수 $f(x) = \frac{1}{x}$, $g(x) = \sin x$이고 $0 < a < b$이면

$$\left|\int_a^b \frac{\sin x}{x} dx\right| < \frac{4}{a}$$

임을 증명하여라. (연습문제 5를 이용하여라.)

또 $\lim_{n \to \infty} \int_n^{n+1} \frac{\sin x}{x} dx$를 계산하여라.

7. 함수 f가 다음과 같을 때 $\int_{-2}^{2} f(x)\, dx$를 계산하여라.

(1) $f(x) = x + [x]$

(2) $f(x) = \begin{cases} -2x & (-2 \le x < 0\text{일 때}) \\ x & (0 \le x \le 2\text{일 때}) \end{cases}$

8. 함수 $F(x) = \int_0^x e^{-x^2 t^2} dt$이면 $xF'(x) + F(x) = 2xe^{-x^4}$임을 증명하여라.

9. $x \in [0, 1]$에 대하여 함수 $F(x) = \int_0^x xe^{t^2} dt$일 때 $F''(x)$를 구하여라.

10. 함수 $f : [a, b] \to \mathbb{R}$는 $[a, b]$에서 연속이고 모든 $x \in [a, b]$에 대하여

$$\int_a^x f = \int_x^b f$$

라고 하면, 모든 $x \in [a, b]$에 대하여 $f(x) = 0$임을 증명하여라.

11. 다음과 같이 주어진 함수 f에 대하여 $[0, 1]$에서의 적분가능성을 조사하여라.

(1) $f(x) = \frac{1}{x+2}$

(2) $f(x) = \left|x - \frac{1}{2}\right|$

(3) $f(x)=\begin{cases} 0 & (x\text{는 유리수일 때}) \\ \sqrt{x} & (x\text{는 무리수일 때}) \end{cases}$ (4) $f(x)=[10x]$

12. 함수 $f:[0, 1]\to\mathbb{R}$를

$$f(x)=\begin{cases} 0 & (x\text{는 유리수일 때}) \\ \left|\sin\frac{1}{x}\right| & (x\text{는 무리수일 때}) \end{cases}$$

이라 할 때 f의 적분가능성을 조사하여라.

13. 함수 $f:[a, b]\to\mathbb{R}$가 $[a, b]$에서 적분가능하지만 연속함수가 아니면, 정리 6.25 (적분에 관한 평균값 정리)가 성립하지 않음을 예를 들어 설명하여라.

14. 함수 $f:[a, b]\to\mathbb{R}$가 $[a, b]$에서 미분가능하면 $\int_a^b f'=f(b)-f(a)$는 항상 성립하는가?

15. 함수 $f:[0, \infty)\to\mathbb{R}$는 $[0, \infty)$에서 연속이라 하자. 모든 $x>0$에 대하여 $f(x)\neq 0$이라 하자. 모든 $x\geq 0$에 대하여 $[f(x)]^2=2\int_0^x f(t)dt$이면, 모든 $x\geq 0$에 대하여 $f(x)=x$임을 증명하여라.

16. 함수 $f:[a, b]\to\mathbb{R}$가 $[a, b]$에서 연속이고 각 $x\in[a, b]$에 대하여 $F(x)=\int_x^b f(t)dt$이라 하면, F는 $[a, b]$에서 미분가능하고 $F'(x)=-f(x)$임을 증명하여라.

17. 함수 $f, g:[a, b]\to\mathbb{R}$는 $[a, b]$에서 연속이고 $\int_a^b f=\int_a^b g$이라 하면, $f(c)=g(c)$를 만족하는 $c\in(a, b)$가 존재함을 증명하여라.

18. 다음 함수의 도함수를 구하여라.

(1) $F(x)=\int_0^x \sqrt{1+t^3}\,dt$ (2) $F(x)=\int_{-x}^x \sqrt{1+t^2}\,dt$

(3) $F(x)=\int_0^{\sin x} \cos t^2 dt$ (4) $F(x)=\int_x^{x^2} \sqrt{1+t^2}\,dt$

19. 적분 $\int_0^1\left(2x\sin\frac{1}{x}-\cos\frac{1}{x}\right)dx$를 계산하여라.

20. 함수 $f:[a, b]\to\mathbb{R}$는 $[a, b]$에서 연속인 도함수를 가지면, $\lim_{n\to\infty}\int_a^b f(x)\cos nx\,dx=0$

임을 증명하여라.

21. 함수 $g:[c, d]\to[a, b]$는 $[c, d]$에서 미분가능하고 함수 $f:[a, b]\to\mathbb{R}$는 $[a, b]$에서 연속이라 하자. 각 $x\in[c, d]$에 대하여 $H(x)=\int_a^{g(x)} f(t)dt$이라 하면 H는 $[c, d]$에서 미분가능하고 $H'(x)=f(g(x))g'(x)$임을 증명하여라.

22. 함수 $f:[a, b]\to\mathbb{R}$는 $[a, b]$에서 연속이라 하고 함수 $g, h:[c, d]\to[a, b]$는 $[c, d]$에서 미분가능하다고 하자. 각 $x\in[c, d]$에 대하여 $H(x)=\int_{g(x)}^{h(x)} f(t)dt$이라 할 때 $H'(x)$를 구하여라.

23. 함수 $f:[a, b]\to\mathbb{R}$는 $[a, b]$에서 적분가능하다고 하자. 각 $x\in[a, b]$에 대하여 함수 F를 $F(x)=\int_a^x f(t)dt$이라 하면, F는 $[a, b]$에서 립쉬쯔 함수임을 증명하여라.

24. 함수 $f:\mathbb{R}\to\mathbb{R}$가 $\mathbb{R}$에서 연속인 도함수를 가지면 $\frac{d}{dx}\int_0^x f(t)dt=\int_0^x\left[\frac{d}{dt}f(t)\right]dt$가 성립하는가?

25. 함수 $f:\mathbb{R}\to\mathbb{R}$가 $\mathbb{R}$에서 연속이고 $a>0$에 대하여 함수 F를 $F(x)=\int_{x-a}^{x+a} f(t)dt$이라 하면, F는 $\mathbb{R}$에서 미분가능함을 증명하여라. 또 $F'(x)$를 구하여라.

26. I는 열린구간이고 $a\in I$이라 하자. 함수 $f:I\to\mathbb{R}$에 대하여 f와 그의 도함수 f', f'', $\cdots$, $f^{(n)}$은 I에서 연속이고 $f^{(n+1)}$이 I에서 존재하면, 임의의 $x\in I$에 대하여

$$f(x)=f(a)+f'(a)(x-a)+\frac{f''(a)}{2!}(x-a)^2 +\cdots+\frac{f^{(n)}(a)}{n!}(x-a)^n+R_n(x)$$

임을 증명하여라. 여기서 나머지 항 $R_n(x)$는

$$R_n(x)=\frac{1}{n!}\int_a^x f^{(n+1)}(t)(x-t)^n dt$$

이다.(이를 **나머지의 적분 형식**(integral form of the remainder)이라 한다.)

6.4 이상적분

지금까지 우리는 유계인 닫힌구간에서 유계함수로 한정하여 리만 적분을 다루었다. 이제 적분구간이 유계가 아니거나 유계가 아닌 함수에 대한 적분을 생각하여 보자.

〈정의 6.26〉

함수 $f:[a, b)\to\mathbb{R}$이고 임의의 $c\in(a, b)$에 대하여 f는 $[a, c]$에서 적분가능하다고 하자. 극한 $\lim_{c\to b-}\int_a^c f$가 존재하면 f는 $[a, b)$에서 **이상적분가능**(improper integrable)하다고 하고, 그 극한값을

$$\int_a^b f=\lim_{c\to b-}\int_a^c f$$

로 나타내며, 이를 f의 **이상적분**(improper integral)이라 한다.

같은 방법으로 함수 $f:(a, b]\to\mathbb{R}$이고 임의의 $c\in(a, b)$에 대하여 f가 $[c, b]$에서 적분가능하다고 하자. 극한 $\lim_{c\to a+}\int_c^b f$가 존재하면 f는 $(a, b]$에서 이상적분가능하다고 하고, 그 극한값을

$$\int_a^b f=\lim_{c\to a+}\int_c^b f$$

로 나타낸다.

극한이 존재할 때 함수 f의 이상적분은 **수렴**(convergent)한다고 하고, 그렇지 않으면 f의 이상적분은 **발산**(divergent)한다고 한다.

예제 6.16 (1) 모든 $x\in(0, 1]$에서 함수 $f(x)=x^{-\frac{1}{3}}$이라 하자. f는 $(0, 1]$에서 유계가 아니므로 f는 $(0, 1]$에서 적분가능하지 않다. 그러나 모든 $c\in(0, 1)$에 대하여

$$\int_c^1 x^{-\frac{1}{3}}dx=\frac{3}{2}(1-c^{\frac{2}{3}})\text{이고 }\lim_{c\to 0+}\frac{3}{2}(1-c^{\frac{2}{3}})=\frac{3}{2}$$

이므로, f는 $(0, 1]$에서 이상적분가능하고

$$\int_0^1 x^{-\frac{1}{3}}dx=\lim_{c\to 0+}\int_c^1 x^{-\frac{1}{3}}dx=\frac{3}{2}$$

이다.

(2) 모든 $x\in(0,\ 1]$에 대하여 함수 $g(x)=\dfrac{1}{x}$이라 하자. 모든 $c\in(0,\ 1)$에 대하여

$$\int_c^1 \frac{1}{x}\,dx=-\log c$$

이다. 그런데 $\lim\limits_{c\to 0+}(-\log c)=\infty$이므로, 이상적분 $\int_0^1 \frac{1}{x}\,dx$는 발산한다. 이때, $\int_0^1 \frac{1}{x}\,dx=\infty$로 나타낸다.

앞의 정의를 이용하여 함수 f가 $[a,\ c)\cup(c,\ b]$에서 정의되고 유계가 아닌 함수도 정의할 수 있다.

함수 $f:[a,\ c)\cup(c,\ b]\to\mathbb{R}$가 임의의 $s\in(a,\ c)$, $t\in(c,\ b)$에 대하여 $[a,\ s]$와 $[t,\ b]$에서 적분가능하다고 하자. 극한

$$\lim_{s\to c-}\int_a^s f \text{와 } \lim_{t\to c+}\int_t^b f$$

가 모두 존재하면 f는 $[a,\ c)\cup(c,\ b]$에서 이상적분가능하다고 하고, 그 극한값을

$$\int_a^b f=\lim_{s\to c-}\int_a^s f+\lim_{t\to c+}\int_t^b f$$

로 나타낸다.

이제, 함수 f가 유계가 아닌 구간 $[a,\ \infty)$, $(-\infty,\ a]$에서 정의되었을 경우의 이상적분을 정의하여 보자.

〈정의 6.27〉

함수 $f:[a,\ \infty)\to\mathbb{R}$이고 $c>a$인 모든 c에 대하여 f는 $[a,\ c]$에서 적분가능하다고 하자. 극한 $\lim\limits_{c\to\infty}\int_a^c f$가 존재하면 f는 $[a,\ \infty)$에서 **이상적분가능**하다고 하고, 그 극한값을 f의 **이상적분**이라 한다. 즉 f의 이상적분은

$$\int_a^\infty f=\lim_{c\to\infty}\int_a^c f$$

이다.

같은 방법으로 함수 $f:(-\infty, b]\to\mathbb{R}$이고 $c<b$인 모든 c에 대하여 f는 $[c, b]$에서 적분가능하다고 하자. 극한 $\lim_{c\to-\infty}\int_c^b f$가 존재하면 f는 $(-\infty, b]$에서 **이상적분가능**하다고 하고, 그 극한값을 f의 **이상적분**이라 한다. 즉 f의 이상적분은

$$\int_{-\infty}^b f=\lim_{c\to-\infty}\int_c^b f$$

이다.

극한이 존재할 때 함수 f의 이상적분은 수렴한다고 하고, 그렇지 않으면 f의 이상적분은 발산한다고 한다.

예제 6.17 $x\geq1$일 때 함수 $f(x)=\frac{1}{x^2}$이라 하자. 모든 $c>1$에 대하여

$$\int_1^c\frac{1}{x^2}dx=1-\frac{1}{c}\text{이고}\quad\lim_{c\to\infty}\frac{1}{c}=0$$

이므로

$$\int_1^\infty\frac{1}{x^2}dx=\lim_{c\to\infty}\left(1-\frac{1}{c}\right)=1$$

이다.

예제 6.18 이상적분 $\int_0^\infty\frac{1}{1+x^2}dx=\frac{\pi}{2}$임을 보여라.

풀이 $f(x)=\frac{1}{1+x^2}$이라 하자. f는 $[0, \infty)$에서 정의되고 유계이다. 또 f는 $[0, \infty)$에서 연속이므로, $b>0$에 대하여 f는 $[0, b]$에서 적분가능하다. 따라서

$$\int_0^b f=\tan^{-1}b-\tan^{-1}0=\tan^{-1}b\text{이고}\quad\lim_{b\to\infty}\tan^{-1}b=\frac{\pi}{2}$$

이므로

$$\int_0^\infty\frac{1}{1+x^2}dx=\lim_{b\to\infty}\int_0^b\frac{1}{1+x^2}dx=\frac{\pi}{2}$$

이다.

〈정의 6.28〉

함수 $f:(-\infty,\ \infty)\to\mathbb{R}$이고 임의의 점 $a\in(-\infty,\ \infty)$에 대하여 두 구간 $(-\infty,\ a]$와 $[a,\ \infty)$에서 각각 이상적분가능할 때, f는 $(-\infty,\ \infty)$에서 **이상적분가능하다**고 한다. 이때, f의 **이상적분**은 다음과 같다.

$$\int_{-\infty}^{\infty} f=\int_{-\infty}^{a} f+\int_{a}^{\infty} f$$

예를 들면,

$$\begin{aligned}\int_{-\infty}^{\infty}\frac{1}{1+x^2}\,dx&=\int_{-\infty}^{0}\frac{1}{1+x^2}\,dx+\int_{0}^{\infty}\frac{1}{1+x^2}\,dx\\&=\lim_{a\to-\infty}\int_{a}^{0}\frac{1}{1+x^2}dx+\lim_{a\to\infty}\int_{0}^{a}\frac{1}{1+x^2}dx\\&=\lim_{a\to-\infty}(-\tan^{-1}a)+\lim_{a\to\infty}\tan^{-1}a\\&=-\left(-\frac{\pi}{2}\right)+\frac{\pi}{2}=\pi\end{aligned}$$

이다

예제 6.19 이상적분 $\int_{0}^{\infty}\frac{1}{\sqrt{x}}dx$는 발산함을 보여라.

풀이 $\int_{0}^{\infty}\frac{1}{\sqrt{x}}dx=\int_{0}^{1}\frac{1}{\sqrt{x}}dx+\int_{1}^{\infty}\frac{1}{\sqrt{x}}dx$이다. 여기서

$$\begin{aligned}\int_{0}^{1}\frac{1}{\sqrt{x}}dx&=\lim_{a\to0+}\int_{a}^{1}\frac{1}{\sqrt{x}}dx\\&=\lim_{a\to0+}[2\sqrt{x}\,]_{a}^{1}\\&=\lim_{a\to0+}(2-2\sqrt{a}\,)=2\end{aligned}$$

이지만

$$\int_{1}^{\infty}\frac{1}{\sqrt{x}}dx=\lim_{a\to\infty}\int_{1}^{a}\frac{1}{\sqrt{x}}dx=\infty$$

이므로 $\int_{0}^{\infty}\frac{1}{\sqrt{x}}dx$는 발산한다.

정리 6.29 함수 $f,\ g:(a,\ b)\to\mathbb{R}$는 $(a,\ b)$에서 이상적분가능하면, 실수 $\alpha,\ \beta$에 대하여 $\alpha f+\beta g$는 $(a,\ b)$에서 이상적분가능하고 다음이 성립한다.

$$\int_a^b(\alpha f+\beta g)=\alpha\int_a^b f+\beta\int_a^b g$$

증명 모든 $a<c<d<b$에 대하여 정리 6.15에 의하여

$$\int_c^d(\alpha f+\beta g)=\alpha\int_c^d f+\beta\int_c^d g$$

이다. 여기에서 $c\to a+$와 $d\to b-$로 두면 정리가 성립한다. ■

정리 6.30 (이상적분의 비교정리) 함수 $f,\ g:[a,\ \infty)\to\mathbb{R}$이고 $b>a$인 모든 b에 대하여 $f,\ g$는 $[a,\ b]$에서 적분가능하다고 하자. 모든 $x\geq a$에 대하여

$$0\leq f(x)\leq g(x)$$

이고 g가 $[a,\ \infty)$에서 이상적분가능하면, f도 $[a,\ \infty)$에서 이상적분가능하고 다음이 성립한다.

$$\int_a^\infty f(x)dx\leq\int_a^\infty g(x)dx$$

증명 $b>a$이라 하자. 함수 G를

$$G(b)=\int_a^b g(x)dx$$

로 정의하면 $\lim_{b\to\infty}G(b)$는 존재한다. 또한 함수 F를

$$F(b)=\int_a^b f(x)dx$$

로 정의하면 따름정리 6.17(적분의 비교정리)에 의하여

$$F(b)\leq G(b)\leq\lim_{b\to\infty}G(b)$$

가 성립한다. 모든 $x\geq a$에 대하여 $f(x)\geq 0$이므로 F는 $[a,\ \infty)$에서 증가함수이고

위로 유계이다. 그러므로

$$\lim_{b\to\infty} F(b) = \int_a^\infty f(x)\,dx$$

가 존재한다. 따라서 f는 $[a, \infty)$에서 이상적분가능하고

$$\int_a^\infty f(x)\,dx \le \int_a^\infty g(x)\,dx$$

가 성립한다. ■

위의 정리의 대우 명제로 다음이 성립함을 알 수 있다.

「함수 f, $g : [a, \infty) \to \mathbb{R}$이고 $b > a$인 모든 b에 대하여 f, g는 $[a, b]$에서 적분가능하고 모든 $x \ge a$에 대하여 $0 \le f(x) \le g(x)$이라 하자. 그러면 $[a, \infty)$에서 f의 이상적분이 발산하면 $[a, \infty)$에서 g의 이상적분도 발산한다.」

예제 6.20 함수 $f(x) = \dfrac{e^{-x}}{1+x^2}$는 $[0, \infty)$에서 이상적분가능함을 보여라.

풀이 함수 $g(x) = \dfrac{1}{1+x^2}$이라 하자. 모든 $x \ge 0$에 대하여 $0 \le f(x) \le g(x)$이고 예제 6.18에 의하여

$$\int_0^\infty g(x)\,dx = \frac{\pi}{2}$$

이므로 $g(x)$는 $[0, \infty)$에서 이상적분가능하다. 따라서 f도 $[0, \infty)$에서 이상적분가능하다.

예제 6.21 함수 $f(x) = \left|\dfrac{\cos x}{\sqrt[3]{x}}\right|$는 $(0, 1]$에서 이상적분가능함을 보여라.

풀이 모든 $x \in (0, 1]$에 대하여

$$0 \le f(x) = \left|\frac{\cos x}{\sqrt[3]{x}}\right| \le \frac{1}{\sqrt[3]{x}}$$

이고, 예제 6.16에 의해서 $\dfrac{1}{\sqrt[3]{x}}$은 $(0, 1]$에서 이상적분가능하므로 f는 $(0, 1]$에서 이상적분가능하다.

정리 6.31 $b>a$인 모든 b에 대하여 함수 $f:[a, b]\to\mathbb{R}$는 $[a, b]$에서 적분가능하다고 하자. $b>a$인 모든 b에 대하여

$$\int_a^b |f(x)|\,dx \le M$$

을 만족하는 $M>0$이 존재하면, f와 $|f|$는 $[a, \infty)$에서 이상적분가능하다.

증명 $b>a$인 모든 b에 대하여 $F(b)=\int_a^b |f(x)|\,dx$라고 하자. 그러면 F는 증가함수이고 위로 유계이므로, 극한 $\lim_{b\to\infty} F(b)$가 존재한다. 그러므로 함수 $|f|$는 $[a, \infty)$에서 이상적분가능하다. 또

$$0\le |f(x)|-f(x)\le 2|f(x)|$$

이므로, 정리 6.30(이상적분의 비교정리)에 의하여

$$\lim_{b\to\infty}\int_a^b [\,|f(x)|-f(x)\,]\,dx$$

는 존재한다. 따라서 $\lim_{b\to\infty}\int_a^b f(x)\,dx$가 존재하고 f는 $[a, \infty)$에서 이상적분가능하다.

■

이상적분은 응용분야에 필요한 함수를 정의하는데 이용된다. 이 함수들 중에서 감마함수(gamma function)를 정의하고자 한다.

예제 6.22 $x\ge 1$일 때, 함수 $f(t)=t^{x-1}e^{-t}$은 $[0, 1]$에서 연속이므로 적분가능하다. 따라서 $x\ge 1$일 때 $\int_0^1 t^{x-1}e^{-t}dt$는 존재한다. 한편, $0<x<1$일 때 $\int_0^1 t^{x-1}e^{-t}dt$는 이상적분가능하다. 왜냐하면, $t\ge 0$에 대하여 $0<e^{-t}\le 1$이므로, $0<t^{x-1}e^{-t}\le t^{x-1}$이다. 연습문제 2로부터 $\int_0^1 t^{x-1}dt$는 수렴하므로

$$\int_0^1 t^{x-1}e^{-t}dt$$

는 이상적분가능하다.

예제 6.23 $x>0$일 때 이상적분 $\int_1^\infty t^{x-1}e^{-t}\,dt$는 존재함을 보여라.

풀이 $t>0$일 때 $e^t>\frac{t^n}{n!}$이므로 $0<e^{-t}<\frac{n!}{t^n}$이다. 따라서 $b>0$, $t>0$이면

$$0<e^{-bt}<\frac{n!}{b^n t^n}$$

이므로, 모든 실수 a에 대하여

$$0<t^a e^{-bt}<\frac{n!}{b^n t^{n-a}}$$

이다. $n>a$인 자연수 n을 택하자. 모든 a와 모든 $b>0$에 대하여 $t\to\infty$일 때 $t^a e^{-bt}\to 0$이다. 그러면 고정된 x와 충분히 큰 t에 대하여

$$t^{x-1}e^{-t}=(t^{x-1}e^{-\frac{t}{2}})e^{-\frac{t}{2}}<e^{-\frac{t}{2}}$$

이 성립한다. 한편 $\int_1^\infty e^{-\frac{t}{2}}dt$가 존재하므로, 정리 6.30(이상적분의 비교정리)에 의하여

$$\int_1^\infty t^{x-1}e^{-t}\,dt$$

는 존재한다.

〈정의 6.32〉

감마함수 $\Gamma(x)$는 다음과 같이 정의한다. $x>0$일 때

$$\Gamma(x)=\int_0^\infty t^{x-1}e^{-t}\,dt$$

감마함수의 정의로부터 여러 가지 성질을 유도할 수 있다.

예제 6.24 $x>0$일 때 $\Gamma(x+1)=x\Gamma(x)$임을 보여라.

풀이

$$\begin{aligned}\Gamma(x+1)&=\int_0^\infty t^x e^{-t}dt\\&=\lim_{b\to\infty}\int_0^b t^x e^{-t}dt\\&=\lim_{b\to\infty}\left[\frac{-t^x}{e^t}\right]_0^b+\lim_{b\to\infty}\int_0^b xt^{x-1}e^{-t}dt\\&=\lim_{b\to\infty}\left(\frac{-b^x}{e^b}\right)+x\int_0^\infty t^{x-1}e^{-t}dt\end{aligned}$$

$$=x\Gamma(x)$$

예제 6.25 $n=0, 1, 2, 3, \cdots$일 때 $\Gamma(n+1)=n!$임을 보여라.

풀이 수학적 귀납법을 이용하자. $n=0$일 때

$$\Gamma(1)=\int_0^\infty e^{-t}dt=\lim_{b\to\infty}\int_0^b e^{-t}dt=\lim_{b\to\infty}\Big[-e^{-t}\Big]_0^b=1=0!$$

이다. $\Gamma(n)=(n-1)!$이라 가정하자. 예제 6.24에 의하여

$$\Gamma(n+1)=n\Gamma(n)=n(n-1)!=n!$$

이므로, 모든 $n=0, 1, 2, 3, \cdots$에 대하여 $\Gamma(n+1)=n!$이다.

$x>0$일 때 $\Gamma(x+1)=x\Gamma(x)$임을 이용하여 감마함수의 정의역을 0과 음의 정수가 아닌 실수까지 확장할 수 있다.

$x<0$이고 n이 자연수일 때 $x\neq -n$인 실수 x에 대하여

$$\Gamma(x)=\frac{\Gamma(x+k)}{(x+k-1)(x+k-2)\cdots(x)}$$

으로 정의한다.

위 정의가 잘 정의되었음을 알 수 있다.

$x<0$이고 n이 자연수일 때 $x\neq -n$인 실수 x에 대하여 $-k<x<0$인 자연수 k가 존재한다. 그러면 $x+k>0$이므로

$$\begin{aligned}\Gamma(x+k)&=(x+k-1)\Gamma(x+k-1)=(x+k-1)(x+k-2)\ \Gamma(x+k-2)\\&=\cdots=(x+k-1)(x+k-2)\ \cdots(x)\ \Gamma(x)\end{aligned}$$

가 성립한다. 따라서

$$\Gamma(x)=\frac{\Gamma(x+k)}{(x+k-1)(x+k-2)\cdots(x)}$$

이다. $x+k>0$이므로 정의 6.32에 의하여 이 등식의 우변 $\Gamma(x+k)$는 잘 정의되었으므로 $x\neq 0, -1, -2, \cdots$인 실수 x에 대하여 이 등식의 좌변 $\Gamma(x)$도 잘 정의되었다. 참고로 감마함수의 그래프는 [그림 6.6]과 같다.

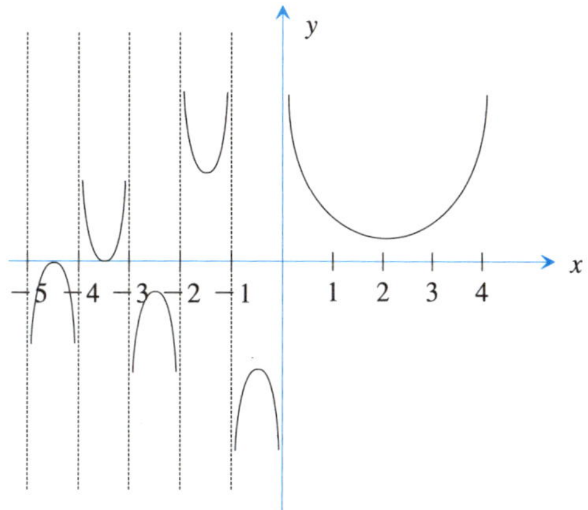

[그림 6.6]

예제 6.26 (1) $\Gamma\left(\frac{7}{2}\right)=\frac{5}{2}\Gamma\left(\frac{5}{2}\right)=\frac{5}{2}\frac{3}{2}\Gamma\left(\frac{3}{2}\right)=\frac{5}{2}\frac{3}{2}\frac{1}{2}\Gamma\left(\frac{1}{2}\right)=\frac{15\sqrt{\pi}}{8}$

(2) $\Gamma\left(-\frac{1}{2}\right)=\dfrac{\Gamma\left(\frac{1}{2}\right)}{-\frac{1}{2}}=-2\Gamma\left(\frac{1}{2}\right)=-2\sqrt{\pi}$

(3) $\Gamma\left(-\frac{3}{2}\right)=\dfrac{\Gamma\left(-\frac{1}{2}\right)}{\left(-\frac{1}{2}\right)\left(-\frac{3}{2}\right)}=\frac{4}{3}\Gamma\left(\frac{1}{2}\right)=\frac{4\sqrt{\pi}}{3}$

여기서 $\Gamma\left(\frac{1}{2}\right)=\sqrt{\pi}$ 이다.(연습문제 10의 (2)를 보아라.)

연습문제 (6.4)

1. $\int_{-1}^{1}\frac{1}{x^2}dx=\left[-\frac{1}{x}\right]_{-1}^{1}=-2$는 올바르게 계산하였는가?

2. $x>0$일 때 $\int_0^1 t^{x-1}dt$는 수렴함을 증명하여라.

3. 다음 이상적분의 수렴·발산 여부를 판정하여라. 만약 수렴한다면, 그 극한을 구하여라.

(1) $\int_0^\infty \sin^2 x\, dx$
(2) $\int_0^1 \frac{1}{\sqrt[3]{1-x}}\, dx$
(3) $\int_0^1 \log x\, dx$
(4) $\int_1^\infty \frac{1}{x^3}\, dx$

4. 다음 이상적분이 수렴함을 증명하여라.

(1) $\int_1^\infty \left(\frac{\sin x}{x}\right)^2 dx$
(2) $\int_1^\infty \frac{x}{1+x^3}\, dx$
(3) $\int_1^\infty e^{-x^2}\, dx$
(4) $\int_0^1 \frac{1}{\sqrt{\tan x}}\, dx$

5. 이상적분 $\int_1^\infty \frac{1}{x^p}\, dx$는 $p \leq 1$이면 발산하고, $p > 1$이면 수렴함을 증명하여라.

6. 이상적분 $\int_0^1 \sin\frac{1}{x}\, dx$는 수렴함을 증명하여라.

7. 이상적분 $\int_0^{\frac{\pi}{2}} \frac{1}{\sin x}\, dx$는 발산함을 증명하여라.

8. $\lim_{n\to\infty}\left(\frac{n!}{n^n}\right)^{\frac{1}{n}}$을 구하여라.

9. 다음을 증명하여라.

$$\int_0^\infty \frac{\sin x}{x} dx = \int_0^\infty \frac{\sin^2 x}{x^2} dx$$

10. (1) 이상적분 $\int_0^\infty e^{-x^2} dx = \frac{\sqrt{\pi}}{2}$임을 증명하여라.

(2) (1)을 이용하여 $\Gamma\left(\frac{1}{2}\right) = \sqrt{\pi}$ 임을 증명하여라.

(3) 음이 아닌 정수 n에 대하여 $\Gamma\left(n+\frac{1}{2}\right) = \frac{(2n)!\sqrt{\pi}}{4^n n!}$임을 증명하여라.

11. (1) $\lim_{x\to 0+} \Gamma(x) = \infty$임을 증명하여라.

(2) $\lim_{x\to 0-} \Gamma(x) = -\infty$임을 증명하여라.

(3) $x > 0$일 때 $\Gamma(x) = \int_0^1 \left(\log\frac{1}{t}\right)^{x-1} dt$임을 증명하여라.

12. 이상적분 $\int_2^\infty \frac{dx}{x(\log x)^p}$가 수렴할 필요충분조건은 $p>1$일 때임을 증명하여라.

13. 함수 f, $g:[a, \infty)\to\mathbb{R}$이고 $b>a$인 모든 b에 대하여 f, g는 $[a, b]$에서 적분가능하고 모든 $x\in[a, \infty)$에서 $f(x)\ge 0$, $g(x)>0$이라 하자. 또 $\lim_{x\to\infty}\frac{f(x)}{g(x)}=l$이라 하자.

    (1) $0<l<\infty$이면 $\int_a^\infty f$도 $\int_a^\infty g$는 동시에 수렴하거나 발산함을 증명하여라.

    (2) $l=0$이고 $\int_a^\infty g$가 수렴하면 $\int_a^\infty f$도 수렴함을 증명하여라.

    (3) $l=\infty$이고 $\int_a^\infty g$가 ∞로 발산하면 $\int_a^\infty f$도 ∞로 발산함을 증명하여라.(이를 **이상적분의 극한비교 판정법**(limit comparison test for improper integrals)이라 한다.)

14. $\lim_{x\to\infty}\frac{1}{x}\int_1^x\sqrt{4+e^{-t}}\,dt$을 구하여라.

15. 함수 $f:[\pi, \infty)\to\mathbb{R}$를 $f(x)=\frac{\cos x}{x^2}$이라 할 때 다음을 증명하여라.

    (1) $[\pi, \infty)$에서 $|f|$의 이상적분은 수렴한다.

    (2) 이상적분 $\int_\pi^\infty \frac{\sin x}{x}dx$는 존재한다.

7

무한급수

제 2장에서 수열의 수렴성에 대하여 알아보았다. 이제 실수의 무한급수의 수렴성을 다루고자 한다.
7.1절에서는 무한급수를 정의하고 급수의 코오시 판정법을 비롯하여 수렴·발산 여부를 판정하는 여러 가지 판정법을 다루고, 7.2절에서는 교대급수 판정법과 급수의 절대수렴과 조건수렴 등을 다룬다.

제 7 장
무한급수

7.1 무한급수

수열 $\{a_n\}$에 대하여 다음과 같이 새로운 수열 $\{S_n\}$을 정의하자.

$$\begin{aligned} S_1 &= a_1 \\ S_2 &= a_1 + a_2 \\ &\vdots \\ S_n &= a_1 + a_2 + \cdots + a_n = \sum_{k=1}^{n} a_k \\ &\vdots \end{aligned}$$

이 수열 $\{S_n\}$을 **무한급수**(infinite series) 또는 간단히 **급수**(series)라 한다.

보통 이것을

$$a_1 + a_2 + a_3 + \cdots = \sum_{n=1}^{\infty} a_n$$

으로 나타낸다. 여기서 a_n을 급수의 **제n항**(nth term)이라 하고, S_n을 급수의 **부분합**(partial sum)이라 한다.

경우에 따라서는 급수 $\sum_{n=1}^{\infty} a_n$을 $\sum_{n=0}^{\infty} a_n$ 또는 적당한 자연수 m에 대하여 $\sum_{n=m}^{\infty} a_n$으로 나타내는 것이 편리할 때도 있다.

〈정의 7.1〉

급수 $\sum_{n=1}^{\infty} a_n$의 부분합의 수열 $\{S_n\}$이 S로 수렴할 때, 급수 $\sum_{n=1}^{\infty} a_n$은 S로 **수렴**(convergent)한다고 하고 다음과 같이 나타낸다.

$$\sum_{n=1}^{\infty} a_n = S$$

여기서 S를 급수 $\sum_{n=1}^{\infty} a_n$의 **합**(sum)이라 한다.

수열 $\{S_n\}$이 발산할 때, 급수 $\sum_{n=1}^{\infty} a_n$은 **발산**(divergent)한다고 한다.

위의 정의에서 기호 $\sum_{n=1}^{\infty} a_n$은 첫째로 부분합의 수열 $\{S_n\}$으로 해석할 수 있고, 둘째로 부분합의 수열 $\{S_n\}$의 극한으로 생각할 수 있다. 앞으로 혼동할 염려가 없을 때에는 $\sum_{n=1}^{\infty} a_n$ 대신에 $\sum a_n$으로 나타낸다.

예제 7.1 $a_n = \dfrac{1}{n(n+1)}$일 때 급수 $\sum a_n$은 수렴함을 보여라.

풀이 부분합 S_n은

$$\begin{aligned} S_n &= \sum_{k=1}^{n} \frac{1}{k(k+1)} \\ &= \sum_{k=1}^{n} \left(\frac{1}{k} - \frac{1}{k+1}\right) \\ &= \left(1 - \frac{1}{2}\right) + \left(\frac{1}{2} - \frac{1}{3}\right) + \cdots + \left(\frac{1}{n} - \frac{1}{n+1}\right) \\ &= 1 - \frac{1}{n+1} \end{aligned}$$

이므로 $\lim S_n = 1$이다. 따라서 수열 $\{S_n\}$은 1로 수렴한다. 그러므로 급수 $\sum a_n$은 수렴하고, $\sum a_n = 1$이다.

예제 7.2 급수 $\sum_{n=1}^{\infty} (-1)^{n+1}$의 부분합 S_n은 다음과 같으므로

$$S_n=\begin{cases} 0 & (n\text{이 짝수일 때}) \\ 1 & (n\text{이 홀수일 때}) \end{cases}$$

이 부분합의 수열 $\{S_n\}$은 발산한다. 그러므로 주어진 급수는 발산한다.

예제 7.3 **조화급수**(harmonic series) $\sum \frac{1}{n}=1+\frac{1}{2}+\frac{1}{3}+\cdots$은 발산함을 보여라.

풀이 $S_n=1+\frac{1}{2}+\frac{1}{3}+\cdots+\frac{1}{n}$이라 하자. $m>n$이라 하면

$$S_m-S_n=\frac{1}{n+1}+\frac{1}{n+2}+\cdots+\frac{1}{m}>\frac{1}{m}+\frac{1}{m}+\cdots+\frac{1}{m}$$

$$=\frac{m-n}{m}=1-\frac{n}{m}$$

이다. 특히 $m=2n$이면 $S_{2n}-S_n>\frac{1}{2}$이다. 따라서 수열 $\{S_n\}$은 코오시 수열이 아니므로 발산한다. 그러므로 조화급수 $\sum \frac{1}{n}=1+\frac{1}{2}+\frac{1}{3}+\cdots$은 발산한다.

예제 7.1에서 급수 $\sum a_n$이 수렴하면 일반항 a_n은 0에 수렴함을 알 수 있다. 역으로 예제 7.3에서는 일반항 a_n이 $\lim a_n=\lim \frac{1}{n}=0$이지만 조화급수 $\sum \frac{1}{n}$은 발산함을 알 수 있다. 다음은 위의 사실을 명확히 하는 정리이다.

정리 7.2 급수 $\sum a_n$이 수렴하면, $\lim a_n=0$이다.

증명 $\sum a_n$이 S로 수렴한다고 하자. 그러면 부분합의 수열 $\{S_n\}$도 S로 수렴한다. 역시 $\{S_{n-1}\}$도 S로 수렴한다. $n\geq 2$일 때, $a_n=S_n-S_{n-1}$이므로 $\lim a_n=\lim(S_n-S_{n-1})=S-S=0$이다. ■

위 정리의 대우 명제로써 다음의 따름정리가 성립한다. 이를 **발산판정법**(divergence test)이라 한다.

따름정리 7.3 (발산판정법) $\lim a_n\neq 0$이면, 급수 $\sum_{n=1}^{\infty} a_n$은 발산한다.

예를 들면, 급수 $\sum\cos\left(\frac{\pi}{n}\right)$는 $\lim\limits_{n\to\infty}\cos\left(\frac{\pi}{n}\right)=1\neq 0$이므로 발산한다.

예제 7.4 **기하급수**(geometric series) $\sum\limits_{n=1}^{\infty} r^n$은 $|r|<1$일 때 수렴하고, $|r|\geq 1$일 때는 발산함을 보여라.

풀이 부분합 S_n은 다음과 같다.

$$S_n=\sum_{k=1}^{n} r^k=\begin{cases} \dfrac{r(1-r^n)}{1-r} & (r\neq 1\text{일 때}) \\ n & (r=1\text{일 때}) \end{cases}$$

따라서 $|r|<1$이면 $\lim\limits_{n\to\infty} r^n=0$이므로

$$\lim S_n=\lim\frac{r(1-r^n)}{1-r}=\frac{r}{1-r}$$

이고, 그래서 주어진 급수는 $\frac{r}{1-r}$로 수렴한다. $r=1$이면 $\lim S_n=\infty$이므로 주어진 급수는 발산한다. 또 $|r|>1$이면 $\lim\limits_{n\to\infty} r^n\neq 0$이므로 주어진 급수는 발산한다.

급수의 수렴에 대한 필요충분조건은 수열에 관한 코오시 판정법(Cauchy criterion for sequences)으로부터 얻을 수 있다. 이를 **급수에 관한 코오시 판정법**(Cauchy criterion for series)이라 한다.

정리 7.4 (급수에 관한 코오시 판정법) 급수 $\sum a_n$이 수렴할 필요충분조건은 임의의 $\varepsilon>0$에 대하여 $m\geq n\geq N$이면

$$\left|\sum_{k=n+1}^{m} a_k\right|=|a_{n+1}+a_{n+2}+\cdots+a_m|<\varepsilon$$

을 만족하는 자연수 N이 존재할 때이다.

증명 급수 $\sum a_n$이 수렴한다고 하자. 부분합의 수열 $\{S_n\}$은 수렴하고 정리 2.21(코오시 수렴 판정법)에 의하여 $\{S_n\}$은 코오시 수열이다. 따라서 임의의 $\varepsilon>0$에 대하여 $m\geq n\geq N$이면

$$|S_m - S_n| < \varepsilon$$

을 만족하는 자연수 N이 존재한다. 그러므로 $m \geq n \geq N$이면

$$|a_{n+1} + a_{n+2} + \cdots + a_m| = |S_m - S_n| < \varepsilon$$

이 성립한다.

역으로 $\varepsilon > 0$이라 하자. $m \geq n \geq N$이면

$$\left| \sum_{k=n+1}^{m} a_k \right| = |a_{n+1} + a_{n+2} + \cdots + a_m| < \varepsilon$$

을 만족하는 자연수 N이 존재한다고 하자. 그러면 $m \geq n \geq N$이면

$$|S_m - S_n| = |a_{n+1} + a_{n+2} + \cdots + a_m| < \varepsilon$$

이므로, 부분합의 수열 $\{S_n\}$은 코오시 수열이고, 그래서 수렴한다. 그러므로 주어진 급수는 수렴한다. ■

위의 정리를 다음과 같이 나타낼 수 있다.

「급수 $\sum a_n$이 수렴할 필요충분조건은 임의의 $\varepsilon > 0$에 대하여 $n \geq N$이면 모든 자연수 k에 대하여 $|a_{n+1} + a_{n+2} + \cdots + a_{n+k}| < \varepsilon$을 만족하는 자연수 N이 존재할 때이다.」

예제 7.5 조화급수 $\sum \frac{1}{n}$은 모든 자연수 n에 대하여

$$S_{2n} - S_n = \frac{1}{n+1} + \frac{1}{n+2} + \cdots + \frac{1}{2n} > \frac{1}{2}$$

이므로, $\varepsilon = \frac{1}{2}$이라 하면 $|S_{2n} - S_n| > \varepsilon$이고, 정리 7.4(급수에 관한 코오시 판정법)에 의하여 이 조화급수는 발산한다.

따름정리 7.5 급수 $\sum a_n$이 수렴할 필요충분조건은 임의의 $\varepsilon > 0$에 대하여 $n \geq N$이면 $\left| \sum_{k=n}^{\infty} a_k \right| < \varepsilon$을 만족하는 자연수 N이 존재할 때이다.

증명은 독자에게 남긴다.

수열과 마찬가지로 급수에서도 수렴하는 급수의 합과 상수 곱은 수렴한다. 다음

정리의 증명은 연습문제로 독자에게 남긴다.

정리 7.6 급수 $\sum a_n$과 $\sum b_n$이 수렴한다고 하면

(1) 급수 $\sum(a_n+b_n)$은 수렴하고 $\sum(a_n+b_n)=\sum a_n+\sum b_n$이다.

(2) 임의의 실수 k에 대하여 급수 $\sum ka_n$은 수렴하고 $\sum ka_n=k\sum a_n$이다.

급수의 수렴·발산 여부는 코오시 판정법을 이용하여 알 수 있다.

이제 주어진 급수의 수렴·발산 여부를 판정할 수 있는 **비교 판정법**(comparison test), **극한 비교 판정법**(limit comparison test), **적분 판정법**(integral test), **비 판정법**(ratio test) 그리고 **근호 판정법**(root test)에 대하여 알아보자.

정리 7.7 (비교 판정법) 모든 자연수 n에 대하여 $0\leq a_n\leq b_n$이라 하자.

(1) 급수 $\sum b_n$이 수렴하면, 급수 $\sum a_n$은 수렴한다.

(2) 급수 $\sum a_n$이 발산하면, 급수 $\sum b_n$은 발산한다.

증명 (1) $\varepsilon>0$이라 하자. 정리 7.4(급수에 관한 코오시 판정법)에 의하여 $m\geq n\geq N$이면

$$\left|\sum_{k=n+1}^{m} b_k\right|=|b_{n+1}+b_{n+2}+\cdots+b_m|<\varepsilon$$

을 만족하는 자연수 N이 존재한다. 한편, 모든 자연수 n에 대하여 $0\leq a_n\leq b_n$이므로

$$\left|\sum_{k=n+1}^{m} a_k\right|\leq\left|\sum_{k=n+1}^{m} b_k\right|<\varepsilon$$

이다. 따라서 급수 $\sum b_n$이 수렴하면 급수 $\sum a_n$은 수렴한다.

(2)는 (1)로부터 바로 성립한다. ■

예제 7.6 p**급수**(p-series) $\sum_{n=1}^{\infty}\frac{1}{n^p}$은 $p>1$이면 수렴하고, $0<p\leq 1$이면 발산한다. 왜냐하면 $0<p\leq 1$일 때 $n^p\leq n$이므로 $\frac{1}{n}\leq\frac{1}{n^p}$이다. 그런데 조화급수 $\sum\frac{1}{n}$은 발산하므로, p급수 $\sum\frac{1}{n^p}$은 $0<p\leq 1$일 때 발산한다.

$p>1$인 경우에는 다음이 성립한다.

$$\begin{aligned}\sum \frac{1}{n^p} &= 1+\frac{1}{2^p}+\frac{1}{3^p}+\frac{1}{4^p}+\cdots \\ &= 1+\left(\frac{1}{2^p}+\frac{1}{3^p}\right)+\left(\frac{1}{4^p}+\frac{1}{5^p}+\frac{1}{6^p}+\frac{1}{7^p}\right)+\cdots \\ &\le 1+\left(\frac{1}{2^p}+\frac{1}{2^p}\right)+\left(\frac{1}{4^p}+\frac{1}{4^p}+\frac{1}{4^p}+\frac{1}{4^p}\right)+\cdots \\ &= 1+\frac{2}{2^p}+\frac{4}{4^p}+\cdots \\ &= 1+\frac{1}{2^{p-1}}+\frac{1}{2^{2(p-1)}}+\cdots\end{aligned}$$

여기서 $p>1$일 때 $\frac{1}{2^{p-1}}<1$이므로 우변의 급수는

$$1+\frac{1}{2^{p-1}}+\frac{1}{2^{2(p-1)}}+\cdots=\frac{1}{1-2^{1-p}}$$

이고, 그래서 이 급수는 수렴한다. 따라서 정리 7.7(비교 판정법)에 의하여 p급수 $\sum_{n=1}^{\infty}\frac{1}{n^p}$은 $p>1$일 때 수렴한다.

예제 7.7 급수 $\sum_{n=1}^{\infty}\frac{1+\cos n}{4^n+2n^4}$은 수렴함을 보여라.

풀이 $a_n=\frac{1+\cos n}{4^n+2n^4}$이라 하자. $-1\le\cos n\le 1$이므로

$$0\le a_n\le\frac{2}{4^n+2n^4}$$

이다. 그런데 $4^n>0$이므로

$$a_n<\frac{2}{2n^4}=\frac{1}{n^4}$$

이다. 여기에서 급수 $\sum\frac{1}{n^4}$은 $p=4$인 p급수이므로 수렴한다.
따라서 주어진 급수

$$\sum\frac{1+\cos n}{4^n+2n^4}$$

은 수렴한다.

〈정의 7.8〉

모든 자연수 n에 대하여 $a_n>0$인 급수 $\sum a_n$을 **양항급수**(series of positive terms)라 한다.

다음의 따름정리의 증명은 연습문제로 독자에게 남긴다.

따름정리 7.9 (극한 비교 판정법) 급수 $\sum a_n$과 $\sum b_n$은 양항급수라 하자. 극한 $\lim \frac{a_n}{b_n}$이 존재하고 어떤 실수 $l>0$에 수렴한다고 하면, $\sum a_n$과 $\sum b_n$은 동시에 수렴하거나 발산한다.

예제 7.8 급수 $\sum_{n=1}^{\infty} \frac{2n}{n^2-5n+8}$은 발산함을 보여라.

풀이 a_n과 b_n을 다음과 같이 정의하자.

$$a_n=\frac{2n}{n^2-5n+8}, \qquad b_n=\frac{1}{n}$$

이때, $\frac{a_n}{b_n}=\frac{2n^2}{n^2-5n+8}$이고 $\lim \frac{a_n}{b_n}=2>0$이다. 그런데 조화급수 $\sum \frac{1}{n}$은 발산하므로 따름정리 7.9(극한 비교 판정법)에 의하여 급수

$$\sum \frac{2n}{n^2-5n+8}$$

은 발산한다.

예제 7.9 급수 $\sum_{n=1}^{\infty} \frac{1}{\sqrt{n(n+1)}}$은 발산함을 보여라.

풀이 $\frac{1}{\sqrt{n(n+1)}}<\frac{1}{\sqrt{n^2}}=\frac{1}{n}$이지만 조화급수는 발산하므로 따름정리 7.7(비교 판정법)로는 알 수 없다. 그래서 따름정리 7.9(극한 비교 판정법)를 이용하자.

$$a_n=\frac{1}{\sqrt{n(n+1)}}, \qquad b_n=\frac{1}{n}$$

이라 하자.

$$\frac{a_n}{b_n}=\frac{\frac{1}{\sqrt{n(n+1)}}}{\frac{1}{n}}=\frac{n}{\sqrt{n(n+1)}}=\frac{1}{\sqrt{1+\frac{1}{n}}}$$

이므로

$$\lim_{n\to\infty}\frac{a_n}{b_n}=\lim_{n\to\infty}\frac{1}{\sqrt{1+\frac{1}{n}}}=1$$

이다. 그런데 $\sum\frac{1}{n}$은 발산하므로 급수 $\sum_{n=1}^{\infty}\frac{1}{\sqrt{n(n+1)}}$도 발산한다.

수렴에 대한 다음 결과는 어떤 특정한 급수에 적합한 수렴 판정법이다.

정리 7.10 (적분 판정법) 함수 $f:[1,\infty)\to\mathbb{R}$는 $[1,\infty)$에서 연속이고 음이 아닌 감소함수라고 하자. 모든 자연수 n에 대하여 $f(n)=a_n$이라 하면, 급수 $\sum a_n$이 수렴할 필요충분조건은 이상적분 $\int_1^{\infty}f(x)dx$가 수렴할 때이다.

증명 $b_n=\int_n^{n+1}f(x)dx$라 하자. f는 감소함수이므로 모든 $x\in[n,n+1]$에 대해서 $f(n+1)\le f(x)\le f(n)$이고, f는 연속함수이므로 f는 적분가능하다. 따라서

$$\int_n^{n+1}f(n+1)dx\le\int_n^{n+1}f(x)dx\le\int_n^{n+1}f(n)dx$$

즉

$$a_{n+1}=f(n+1)\le\int_n^{n+1}f(x)dx\le f(n)=a_n$$

이다. 기하학적으로는 곡선 $y=f(x)$와 세 직선 x축, $x=n$, $x=n+1$ 사이에 있는 면적이 $f(n+1)$과 $f(n)$ 사이에 있음을 나타낸다([그림 7.1]).

그러므로 모든 자연수 n에 대하여 $0<a_{n+1}\le b_n\le a_n$이다. 정리 7.7(비교판정법)을 2번 적용시키면 $\sum a_n$이 수렴할 필요충분조건은 $\sum b_n$이 수렴할 때임을 알 수 있다. 그런데

$$\sum_{k=1}^{n}b_k=\int_1^{n+1}f(x)dx$$

이므로 $\sum b_n$이 수렴할 필요충분조건은 이상적분 $\int_1^\infty f(x)dx$가 수렴할 때이다. 그러므로 $\sum a_n$이 수렴할 필요충분조건은 이상적분 $\int_1^\infty f(x)dx$가 수렴할 때이다. ■

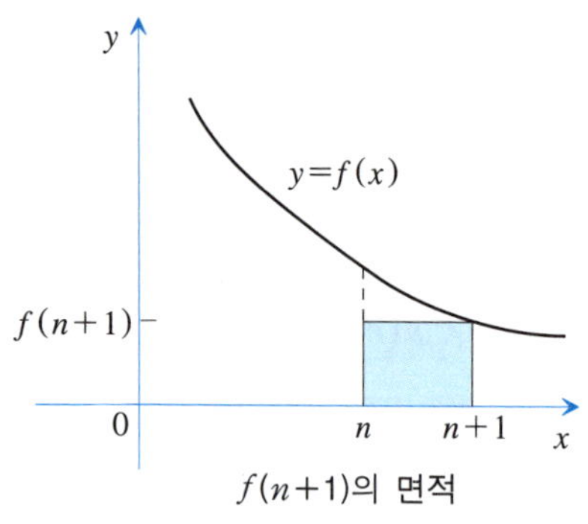

$f(n+1)$의 면적

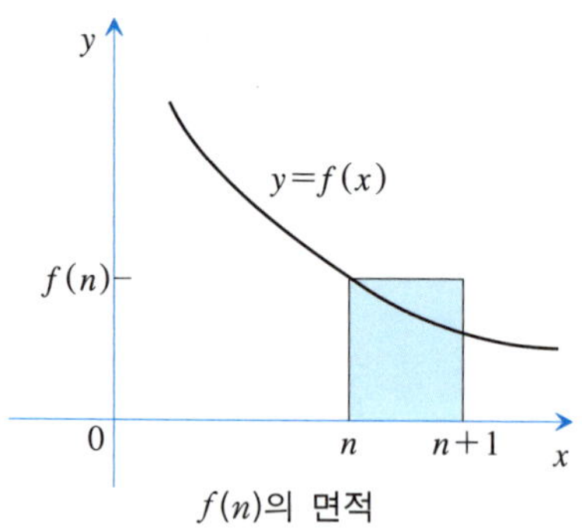

$f(n)$의 면적

[그림 7.1]

예제 7.10 p급수 $\sum\frac{1}{n^p}$에 정리 7.10(적분 판정법)을 적용해 보자.

$f(x)=\frac{1}{x^p}$이라 하자. $p\neq 1$에 대하여

$$\int_1^n \frac{1}{x^p}dx=\frac{1}{1-p}(n^{1-p}-1)$$

이므로, $p>1$이면 위 식의 극한은 수렴하고 $p<1$이면 발산한다. 따라서 정리 7.10(적분 판정법)에 의하여 $p>1$이면 p급수 $\sum\frac{1}{n^p}$은 수렴하고, $p<1$이면 p급수 $\sum\frac{1}{n^p}$은 발산한다. $p=1$이면 p급수 $\sum\frac{1}{n^p}$은 조화급수가 되므로 발산한다. 그러므로 $p>1$이면 p급수 $\sum\frac{1}{n^p}$은 수렴하고, $p\leq 1$이면 p급수 $\sum\frac{1}{n^p}$은 발산한다.

정리 7.11 (비 판정법) 양항급수 $\sum_{n=1}^{\infty} a_n$에 대하여 $\lim\frac{a_{n+1}}{a_n}$이 어떤 실수 $l>0$에 수렴한다고 하자.

(1) $l<1$이면 $\sum a_n$은 수렴한다.

(2) $l>1$이면 $\sum a_n$은 발산한다.

(3) $l=1$이면 이 판정법으로는 판정할 수 없다.

증명 (1) $\lim \frac{a_{n+1}}{a_n}=l<1$이라 하자. $l<r<1$인 r을 택하자. 그러면 $n \geq N$이면 $\frac{a_{n+1}}{a_n} \leq r$을 만족하는 자연수 N이 존재한다. 특히 $a_{N+1}<ra_N$이다. 수학적 귀납법에 의하여 $a_{N+m} \leq r^m a_N$이므로 자연수 m에 대하여 $n=N+m$이라 하면 $a_n \leq Mr^n$이다. 여기서 $M=\frac{a_N}{r^N}$이다. 따라서 $0<r<1$이므로 기하급수 $\sum r^n$은 수렴하고, 그래서 $\sum Mr^n$은 수렴한다. 정리 7.7(비교판정법)에 의하여 $\sum a_n$은 수렴한다.

(2) $\lim \frac{a_{n+1}}{a_n}=l>1$이라 하자. $l>r>1$인 r을 택하자. 그러면 (1)의 증명과 같은 방법에 의하여 $n \geq N$이면 $a_n \geq Mr^n$인 적당한 실수 M이 존재한다. 따라서 $r>1$이므로 기하급수 $\sum r^n$은 발산하고, 그래서 $\sum a_n$은 발산한다.

(3) 두 급수 $\sum \frac{1}{n}$과 $\sum \frac{1}{n^2}$을 생각하자. 급수 $\sum \frac{1}{n}$은

$$\lim \frac{\frac{1}{n+1}}{\frac{1}{n}}=\lim \frac{n}{n+1}=1$$

이지만, 이 급수는 조화급수이므로 발산한다. 그러나 급수 $\sum \frac{1}{n^2}$은

$$\lim \frac{\frac{1}{(n+1)^2}}{\frac{1}{n^2}}=\lim \frac{n^2}{(n+1)^2}=1$$

이지만, 이 급수는 $p=2$인 p급수이므로 수렴한다. ■

예제 7.11 급수 $\sum n(4x^2)^n$이 수렴할 때 x의 값의 범위를 구하여라.

풀이 $a_n=n(4x^2)^n$이라 하자. $x \neq 0$에 대하여

$$\frac{a_{n+1}}{a_n}=\frac{(n+1)(4x^2)^{n+1}}{n(4x^2)^n}=4x^2\left(1+\frac{1}{n}\right)$$

이므로 $\lim \frac{a_{n+1}}{a_n}=4x^2$이다. $x \neq 0$일 때 정리 7.11(비 판정법)에 의하여 $\sum a_n$이 수렴할 조건은 $4x^2<1$ 즉 $|x|<\frac{1}{2}$이다. 또, $|x|=\frac{1}{2}$이면 $\sum a_n=\sum n$이므로 발산한다. 분명히 $x=0$이면 주어진 급수는 수렴한다. 따라서 구하고자 하는 x의 범위는

$$-\frac{1}{2}<x<\frac{1}{2}$$

이다.

정리 7.12 (근호 판정법) 양항급수 $\sum a_n$에 대하여 $\alpha = \lim \sqrt[n]{a_n}$이라 하자.

(1) $\alpha < 1$이면 $\sum a_n$은 수렴한다.

(2) $\alpha > 1$이면 $\sum a_n$은 발산한다.

(3) $\alpha = 1$이면 이 판정법으로는 판정할 수 없다.

증명 (1) $\alpha < 1$이라 하자. $\alpha < r < 1$이 되도록 r를 택하자. $n \geq N$이면 $\sqrt[n]{a_n} \leq r$을 만족하는 자연수 N이 존재한다. 즉 $n \geq N$이면 $a_n \leq r^n$이다. $0 < r < 1$이므로 기하급수 $\sum r^n$은 수렴한다. 따라서 정리 7.7(비교 판정법)에 의하여 $\sum a_n$은 수렴한다.

(2) $\alpha > 1$이면 $n \geq N$에 대하여 $\sqrt[n]{a_n} \geq 1$을 만족하는 자연수 N이 존재한다.

즉 $a_n \geq 1$이 되고 $\lim a_n \neq 0$이므로 따름정리 7.3에 의하여 $\sum a_n$은 발산한다.

(3) 두 급수 $\sum \frac{1}{n}$과 $\sum \frac{1}{n^2}$을 생각하자. $\lim \sqrt[n]{n} = 1$이므로

$$\lim \sqrt[n]{\frac{1}{n^2}} = \lim \frac{1}{\sqrt[n]{n^2}} = \lim \frac{1}{(\sqrt[n]{n})^2} = 1$$

이고,

$$\lim \sqrt[n]{\frac{1}{n}} = \lim \frac{1}{\sqrt[n]{n}} = 1$$

이므로 두 식은 모두 $\alpha = 1$이다. 그러나 급수 $\sum \frac{1}{n}$은 발산하지만, 급수 $\sum \frac{1}{n^2}$은 수렴한다. ■

예제 7.12 급수 $\sum \frac{n}{3^n}$은 수렴한다. 왜냐하면, $a_n = \frac{n}{3^n}$이라 하면

$$\frac{a_{n+1}}{a_n} = \frac{\frac{n+1}{3^{n+1}}}{\frac{n}{3^n}} = \frac{n+1}{3n}$$

이므로

$$\lim \frac{a_{n+1}}{a_n} = \lim \frac{n+1}{3n} = \frac{1}{3} < 1$$

이다. 그러므로 정리 7.11(비 판정법)에 의하여 급수 $\sum \frac{n}{3^n}$은 수렴한다. 이 급수의 수렴성은 정리 7.12(근호 판정법)으로도 구할 수 있다. 실제로

$$\lim \sqrt[n]{\frac{n}{3^n}} = \lim \frac{\sqrt[n]{n}}{3} = \frac{1}{3} < 1$$

이므로 급수 $\sum \frac{n}{3^n}$은 수렴한다.

예제 7.13 다음 급수 $\sum a_n$을 생각해 보자.

$$\frac{1}{2} + \frac{1}{3^2} + \frac{1}{2^3} + \frac{1}{3^4} + \frac{1}{2^5} + \frac{1}{3^6} + \cdots$$

주어진 급수는 n이 홀수일 때 $a_n = \frac{1}{2^n}$이고, n이 짝수일 때 $a_n = \frac{1}{3^n}$인 급수이다. 이제 n이 홀수일 때, $n \to \infty$이면

$$\frac{a_{n+1}}{a_n} = \frac{2^n}{3^{n+1}} = \frac{1}{3}\left(\frac{2}{3}\right)^n \to 0$$

이다. 또 n이 짝수일 때, $n \to \infty$이면

$$\frac{a_{n+1}}{a_n} = \frac{3^n}{2^{n+1}} = \frac{1}{2}\left(\frac{3}{2}\right)^n \to \infty$$

이다. 그러므로 정리 7.11(비 판정법)으로는 수렴성을 알 수 없다. 그러나 n이 홀수일 때 $\lim \sqrt[n]{a_n} = \frac{1}{2}$이고, n이 짝수일 때 $\lim \sqrt[n]{a_n} = \frac{1}{3}$이므로, 정리 7.12(근호 판정법)으로는 주어진 급수가 수렴함을 알 수 있다.

연습문제 (7.1)

1. 정리 7.6을 증명하여라.

2. 양항급수 $\sum a_n$이 수렴할 필요충분조건은 주어진 급수의 부분합의 수열 $\{S_n\}$이 위로 유계일 때임을 증명하여라.

3. 급수 $\sum a_n$과 $\sum b_n$이 수렴하고 모든 n에 대하여 $a_n \leq b_n$이라 하면, $\sum a_n \leq \sum b_n$임을 증명하여라.

4. 급수 $\sum a_n$은 수렴하고 급수 $\sum b_n$은 발산한다고 하면, 급수 $\sum (a_n + b_n)$은 발산함을 증명하여라.

5. (1) 모든 자연수 n에 대하여

$$\frac{1}{n!} - \frac{1}{(n+1)!} = \frac{n}{(n+1)!}$$

임을 증명하여라.

(2) (1)을 이용하여 다음 식이 성립함을 증명하여라.

$$\sum_{n=1}^{\infty} \frac{n}{(n+1)!} = 1$$

(3) $2 \leq \sum_{n=1}^{\infty} \frac{1}{n!} \leq 3$임을 증명하여라.

6. 양항급수 $\sum a_n$에 대하여 $R = \limsup \frac{a_{n+1}}{a_n}$이고 $r = \liminf \frac{a_{n+1}}{a_n}$이라 할 때 다음이 성립함을 증명하여라.
   (1) $R < 1$이면 급수 $\sum a_n$은 수렴한다.
   (2) $r > 1$이면 급수 $\sum a_n$은 발산한다.
   (3) $r \leq 1 \leq R$이면 이 판정법으로는 판정할 수 없다.

7. 양항급수 $\sum a_n$에 대하여 $\alpha = \limsup \sqrt[n]{a_n}$이라 할 때 다음이 성립함을 증명하여라.
   (1) $\alpha < 1$이면 급수 $\sum a_n$은 수렴한다.
   (2) $\alpha > 1$이면 급수 $\sum a_n$은 발산한다.
   (3) $\alpha = 1$이면 이 판정법으로는 판정할 수 없다.

8. 따름정리 7.9를 증명하여라.

9. 다음 급수의 수렴·발산 여부를 판정하여라.

(1) $\sum_{n=1}^{\infty} \frac{1}{n^2+2n}$　(2) $\sum_{n=1}^{\infty} \frac{n^3}{n!}$　(3) $\sum_{n=1}^{\infty} \frac{1}{n\sqrt{n}}$

(4) $\sum_{n=1}^{\infty} \frac{n!}{n^n}$　(5) $\sum_{n=1}^{\infty} \frac{3^n}{n!}$　(6) $\sum_{n=1}^{\infty} \frac{3^n+4^n}{5^n}$

(7) $\sum_{n=2}^{\infty} \frac{1}{(\log n)^n}$　(8) $\sum_{n=1}^{\infty} \frac{2^n}{n^3}$　(9) $\sum_{n=3}^{\infty} \frac{1}{n(n-2)}$

10. 급수 $\sum \sin\frac{\pi}{n}$의 수렴·발산 여부를 판정하여라.

11. $a_{2k}=\frac{1}{3^k}$이고 $a_{2k-1}=\frac{1}{3^{k+1}}$인 급수 $\sum_{n=1}^{\infty} a_n$의 수렴·발산 여부를 판정하여라.

12. (1) 모든 자연수 n에 대하여 $a_n>0$, $b_n>0$이고 $\lim\frac{b_n}{a_n}=0$이라 하자. 급수 $\sum a_n$이 수렴하면 급수 $\sum b_n$은 수렴함을 증명하여라.

(2) 모든 자연수 n에 대하여 $a_n>0$, $b_n>0$이고 $\lim\frac{b_n}{a_n}=\infty$라 하자. 급수 $\sum a_n$이 발산하면 급수 $\sum b_n$은 발산함을 증명하여라.

13. $\{a_n\}$이 양의 감소수열일 때, 급수 $\sum_{n=1}^{\infty} a_n$이 수렴하기 위한 필요충분조건은 급수 $\sum_{n=1}^{\infty} 2^n a_{2^n}$이 수렴할 때임을 증명하여라.(이를 **코오시 응집 판정법**(Cauchy condensation test)이라 한다.)

14. 급수 $\sum_{n=2}^{\infty} \frac{1}{n(\log n)^p}$이 수렴할 p의 값의 범위를 구하여라.(연습문제 13을 이용하여라.)

15. a가 $0<a<1$일 때, 고정된 실수 k에 대하여 급수 $\sum_{n=1}^{\infty} n^k a^n$은 수렴함을 증명하여라.

16. 급수 $\sum|a_n|$은 수렴하고 $\{b_n\}$은 유계인 수열이라 하면, 급수 $\sum a_n b_n$은 수렴함을 증명하여라.

17. (1) $\{a_n\}$은 양의 감소 수열이고 급수 $\sum a_n$이 수렴하면, $\lim na_n=0$임을 증명하여라.

(2) (1)을 이용하여 조화급수 $\sum\frac{1}{n}$은 발산함을 보여라.

18. 급수 $\sum a_n$이 수렴하고 모든 자연수 n에 대하여 $a_n\geq 0$이면, 급수 $\sum\sqrt{a_n a_{n+1}}$은 수렴함을 증명하여라.

19. (1) $\log(\log x)$의 도함수를 구하여라.

(2) 정리 7.10(적분 판정법)을 이용하여 급수 $\sum_{n=2}^{\infty}\frac{1}{n\log n}$은 발산함을 증명하여라.

20. 수열 $\{a_n\}$이 다음과 같이 점화식으로 주어질 때 급수 $\sum a_n$의 수렴·발산 여부를 판정하여라.

(1) 모든 자연수 n에 대하여 $a_1=1,\ a_{n+1}=2a_n$이다.

(2) 모든 자연수 n에 대하여 $a_1=2,\ a_{n+1}=\frac{1}{n}a_n$이다.

(3) 모든 자연수 n에 대하여 $a_1=1,\ a_{n+1}=\frac{n+1}{n}a_n$이다.

21. α가 실수일 때 급수 $\sum_{n=2}^{\infty}\frac{\log n}{n^{\alpha}}$의 수렴·발산 여부를 판정하여라.

7.2 교대급수

지금까지는 양항급수의 수렴 판정법에 대하여 논하였다. 이제 양항과 음항을 같이 가지고 있는 급수에 대하여 알아보기로 하자.

〈정의 7.13〉

모든 자연수 n에 대하여 $a_n>0$일 때 급수 $\sum(-1)^n a_n$ 또는 $\sum(-1)^{n+1}a_n$을 **교대급수**(alternating series)라 한다.

위의 정의에 의하면 교대급수는 양항과 음항이 교대로 나타나는 급수를 말한다. 예를 들면, $1-2+3-4+\cdots$ 또는 $-1+\frac{1}{2}-\frac{1}{3}+\frac{1}{4}-\cdots$등은 교대급수이다.

교대급수의 수렴성은 다음의 **교대급수 판정법**(alternating series test)을 이용하면 알 수 있다.

정리 7.14 (교대급수 판정법) 모든 자연수 n에 대하여 $a_n>0$인 수열 $\{a_n\}$이 다음의 두 조건

(1) 수열 $\{a_n\}$이 감소수열이고, 즉 $a_1 \geq a_2 \geq \cdots \geq a_n \geq a_{n+1} \geq \cdots$ 이고

(2) $\lim a_n = 0$

을 만족하면 교대급수 $\sum(-1)^{n+1}a_n$은 수렴한다. 더구나 이 급수의 합을 S이라 하고 부분합을 $S_n = \sum_{k=1}^{n}(-1)^{n+1}a_n$이라 하면, 모든 자연수 n에 대하여 다음이 성립한다.

$$|S - S_n| \leq a_{n+1}$$

증명 $S_n = \sum_{k=1}^{n}(-1)^{k+1}a_k$이라 하자. $\{a_n\}$은 감소수열이므로

$$S_2 = a_1 - a_2 \geq 0$$
$$S_4 - S_2 = a_3 - a_4 \geq 0 \text{ 즉 } S_4 \geq S_2$$
$$S_6 - S_4 = a_5 - a_6 \geq 0 \text{ 즉 } S_6 \geq S_4$$

이다. 따라서

$$S_{2n} - S_{2n-2} = a_{2n-1} - a_{2n} \geq 0 \text{ 즉 } S_{2n} \geq S_{2n-2}$$

이므로 $\{S_{2n}\}$은 증가수열이다. 또한

$$\begin{aligned} S_{2n} &= a_1 - a_2 + a_3 - a_4 + \cdots - a_{2n-2} + a_{2n-1} - a_{2n} \\ &= a_1 - (a_2 - a_3) - \cdots - (a_{2n-2} - a_{2n-1}) - a_{2n} \leq a_1 \end{aligned}$$

이므로 $\{S_{2n}\}$은 위로 유계이다. 정리 2.13(단조수렴 정리)에 의하여 $\{S_{2n}\}$은 수렴한다. 같은 방법으로 $\{S_{2n-1}\}$은 감소수열이고 아래로 유계임을 보일 수 있다. 따라서 $\{S_{2n-1}\}$은 수렴한다. 더구나 $\lim S_{2n} = S$라 하자. $S_{2n-1} = S_{2n} - a_{2n}$이므로

$$\lim S_{2n-1} = \lim S_{2n} - \lim a_{2n} = S - 0 = S$$

이다. $\varepsilon > 0$이라 하자. $n \geq N_1$이면 $|S_{2n} - S| < \varepsilon$을 만족하는 자연수 N_1이 존재한다. 또 $n \geq N_2$이면 $|S_{2n-1} - S| < \varepsilon$을 만족하는 자연수 N_2가 존재한다. $N = \max\{2N_1, 2N_2 - 1\}$이라 하자. $n \geq N$이라 하자. n이 짝수이면 즉 $n = 2k$이면 $k \geq N_1$이고, 그래서 $|S_n - S| < \varepsilon$이다. n이 홀수이면 즉 $n = 2k-1$이면 $k \geq N_2$이고, 그래서 $|S_n - S| < \varepsilon$이다. $n \geq N$이면 $|S_n - S| < \varepsilon$이므로 $\lim S_n = S$이고, 그래서 교대급수 $\sum(-1)^{n+1}a_n$은 수렴한다.

한편 모든 자연수 n에 대하여 $S_{2n} \leq S \leq S_{2n+1}$이므로 $|S - S_n| \leq |S_{n+1} - S_n| = a_{n+1}$이 성립한다.(왜?) ■

예제 7.14 수열 $\left\{\frac{1}{n}\middle| n\in\mathbb{N}\right\}$은 감소수열이고 $\lim\frac{1}{n}=0$이므로 교대 조화급수 $\sum\frac{(-1)^{n+1}}{n}$은 수렴한다.

경우에 따라서 급수 $\sum|a_n|$의 수렴성을 이용하여 $\sum a_n$의 수렴여부를 판정할 수 있다.

〈정의 7.15〉

급수 $\sum|a_n|$이 수렴하면 급수 $\sum a_n$은 **절대수렴**(absolutely convergent)하고, 급수 $\sum a_n$은 수렴하지만 급수 $\sum|a_n|$이 발산할 때, 급수 $\sum a_n$을 **조건수렴**(conditionally convergent)한다고 한다.

예제 7.15 급수 $\sum\frac{(-1)^n}{n^2}$은 절대수렴하지만 급수 $\sum\frac{(-1)^{n+1}}{n}$은 조건수렴한다.

정리 7.16 (절대수렴 판정법) 급수 $\sum|a_n|$이 수렴하면 $\sum a_n$은 수렴한다.

증명 정리 7.4(급수에 관한 코오시 판정법)에 의하여 임의의 $\varepsilon>0$에 대하여 $m\geq n\geq N$이면

$$\left|\sum_{k=n+1}^{m}|a_k|\right|=\sum_{k=n+1}^{m}|a_n|<\varepsilon$$

을 만족하는 자연수 N이 존재한다. 삼각부등식에 의하여

$$\left|\sum_{k=n+1}^{m}a_k\right|=|a_{n+1}+a_{n+2}+\cdots+a_m|\leq|a_{n+1}|+|a_{n+2}|+\cdots+|a_m|<\varepsilon$$

이므로, 급수 $\sum a_n$은 수렴한다. ■

위 정리의 역은 성립하지 않는다. 예를 들면, 교대조화급수 $\sum\frac{(-1)^{n+1}}{n}$은 수렴하지만 조화급수 $\sum\frac{1}{n}=\sum\left|\frac{(-1)^{n+1}}{n}\right|$은 발산한다.

$\sum|a_n|$이 수렴하면 반드시 $\sum a_n$은 수렴하므로 정리 7.16(절대수렴 판정법)에 의하여 양항과 음항이 같이 있는 급수의 수렴여부를 결정할 때, 양항급수에 대한 여러 가지 판정법을 이용할 수 있다.

급수의 항들이 가지고 있는 순서를 적당히 바꾸어서 얻은 급수의 수렴성에 대해서 알아보자.

〈정의 7.17〉

$\sigma : \mathbb{N} \to \mathbb{N}$이 일대일 대응일 때 급수 $\sum a_{\sigma(n)}$을 $\sum a_n$의 **재배열 급수**(rearrangement of series)이라 한다.

급수 $\sum a_n$이 수렴하면 $\sum a_n$의 재배열급수 $\sum a_{\sigma(n)}$은 수렴하는가? 만일 수렴한다면 재배열급수의 합은 주어진 급수의 합과 같은가? 하는 의문이 생긴다. 다음 예제를 보자.

예제 7.16 급수 $\sum_{n=1}^{\infty} \frac{(-1)^{n+1}}{n} = 1 - \frac{1}{2} + \frac{1}{3} - \frac{1}{4} + \frac{1}{5} - \cdots$은 교대급수이므로 정리 7.14 (교대급수 판정법)에 의하여 수렴한다. 그러나 주어진 급수는 절대수렴하지 않는다. 따라서 $\sum_{n=1}^{\infty} \frac{(-1)^{n+1}}{n}$은 조건수렴한다.

$S = \sum_{n=1}^{\infty} \frac{(-1)^{n+1}}{n}$이라 하고, 부분합 S_n을 $S_n = \sum_{k=1}^{n} \frac{(-1)^{k+1}}{k}$이라 하자. 그러면

$$S_{2n+1} = \sum_{k=1}^{2n+1} \frac{(-1)^{k+1}}{k} = 1 - \left(\frac{1}{2} - \frac{1}{3}\right) - \left(\frac{1}{4} - \frac{1}{5}\right) - \cdots - \left(\frac{1}{2n} - \frac{1}{2n+1}\right)$$

이므로 수열 $\{S_{2n+1}\}$은 감소수열이고 $\lim S_n = S$이므로 $\lim S_{2n+1} = S$이다. 따라서 모든 자연수 n에 대하여 $S \leq S_{2n+1}$이다. 특히

$$S < S_3 = 1 - \frac{1}{2} + \frac{1}{3} = \frac{5}{6}$$

이다. 이제 주어진 급수를 다음과 같이 재배열하여 보자.

$$1 + \frac{1}{3} - \frac{1}{2} + \frac{1}{5} + \frac{1}{7} - \frac{1}{4} + \frac{1}{9} + \frac{1}{11} - \frac{1}{6} + \cdots$$

위의 재배열 급수의 부분합을 S'_n이라 하면

$$S'_{3n} = \sum_{k=1}^{n} \left(\frac{1}{4k-3} + \frac{1}{4k-1} - \frac{1}{2k}\right)$$

이다.

$$\frac{1}{4k-3} + \frac{1}{4k-1} - \frac{1}{2k} = \frac{8k-3}{2k(4k-1)(4k-3)}$$

이므로 적당한 양수 M에 대하여

$$0<\frac{1}{4k-3}+\frac{1}{4k-1}-\frac{1}{2k}\le M\frac{1}{k^2}$$

이 성립한다. 급수 $\sum\frac{1}{k^2}$은 $p=2$인 p급수이므로 수렴하고, 그래서 급수 $M\sum\frac{1}{k^2}$는 수렴한다. 따라서 정리 7.7(비교 판정법)에 의하여 급수 $\sum S'_{3n}$은 수렴한다. 그러므로 수열 $\{S'_{3n}\}$은 수렴한다. $\lim S'_{3n}=S'$이라 하자.

$$S'_{3n+1}=S'_{3n}+\frac{1}{4n+1}$$

$$S'_{3n+2}=S'_{3n}+\frac{1}{4n+1}+\frac{1}{4n+3}$$

이므로 $\lim S'_{3n+1}=\lim S'_{3n}=S'$이고 $\lim S'_{3n+2}=\lim S'_{3n}=S'$이다. 따라서 $\lim S'_n=S'$이다. 즉 재배열 급수는 S'으로 수렴한다. 한편

$$\frac{5}{6}=S'_3<S'_6<S'_9<\cdots$$

이므로 $S'=\lim S'_{3n}>\frac{5}{6}$이다. 그러므로 재배열 급수는 원래의 급수의 합 S로 수렴하지 않는다. 그 이유는 원래의 급수가 절대수렴하지 않기 때문이다.

정리 7.18 급수 $\sum a_n$은 절대수렴하고 $\sum a_{\sigma(n)}$을 $\sum a_n$의 재배열급수이라 하면, $\sum a_{\sigma(n)}$은 절대수렴하고 $\sum a_{\sigma(n)}=\sum a_n$이다.

증명 급수 $\sum a_n$이 S로 수렴한다고 하고 $\sum a_n$의 부분합 S_n을 $S_n=\sum_{k=1}^{n}a_k$이라 하자. 그러면 수열 $\{S_n\}$은 S로 수렴한다. 이제 정리 7.4(급수에 관한 코오시 판정법)를 이용하자. $\varepsilon>0$이라 하자. $|S_N-S|<\frac{\varepsilon}{2}$이고 $\sum_{k=N+1}^{\infty}|a_k|<\frac{\varepsilon}{2}$을 만족하는 자연수 N이 존재한다.

$$\{1,\ 2,\ \cdots,\ N\}\subset\{\sigma(1),\ \sigma(2),\ \cdots,\ \sigma(N_1)\}$$

이 되도록 충분히 큰 자연수 $N_1(\ge N)$을 택하자. (사실 $\sigma:\mathbb{N}\to\mathbb{N}$은 일대일 대응이므로 이러한 N_1은 존재한다.) 재배열 급수 $\sum a_{\sigma(n)}$의 부분합 T_n을 $T_n=\sum_{k=1}^{n}a_{\sigma(k)}$

이라 하자. 각 $n\geq N_1$에 대하여 $T_n-S_N=\sum_{k=1}^{n}a_{\sigma(k)}-\sum_{k=1}^{N}a_k$이다. 여기서 N_1의 선택에 의하여 부분합 S_N, T_n에는 항 a_1, a_2, $\cdots$, a_N을 공통으로 포함하고 있으므로 T_n-S_N은 $k>N$인 단지 유한개의 항 a_k들만 포함한다. 따라서 $n\geq N_1$이면

$$\begin{aligned}|T_n-S_N|&=|a_{\sigma(1)}+a_{\sigma(2)}+\cdots+a_{\sigma(n)}-(a_1+a_2+\cdots+a_N)|\\&\leq\sum_{k=N+1}^{\infty}|a_k|<\frac{\varepsilon}{2}\end{aligned}$$

이다. $n\geq N_1$이면 $|T_n-S|\leq|T_n-S_N|+|S_N-S|<\frac{\varepsilon}{2}+\frac{\varepsilon}{2}=\varepsilon$이므로 수열 $\{T_n\}$은 S로 수렴하고, 그래서 재배열 급수 $\sum a_{\sigma(n)}$은 S로 수렴한다. ■

예제 7.17 다음 급수의 수렴 여부를 판정하여라.

$$1-\frac{1}{9}+\frac{1}{4}-\frac{1}{36}+\frac{1}{16}-\frac{1}{81}+\frac{1}{25}-\cdots$$

풀이 이 급수를 재배열하면

$$1+\frac{1}{4}-\frac{1}{9}+\frac{1}{16}+\frac{1}{25}-\frac{1}{36}\cdots$$

이 되므로 정리 7.16(절대수렴 판정법)에 의하여 수렴한다. 따라서 정리 7.18에 의하여 주어진 급수는 수렴한다. ■

보조정리 7.19 급수 $\sum a_n$에 대하여 수열 $\{p_n\}$과 $\{q_n\}$를 다음과 같이 정의하면

$$p_n=\begin{cases}a_n & (a_n>0\text{일 때})\\ 0 & (a_n\leq 0\text{일 때})\end{cases}\qquad q_n=\begin{cases}0 & (a_n\geq 0\text{일 때})\\ -a_n & (a_n<0\text{일 때})\end{cases}$$

(1) 급수 $\sum a_n$이 조건수렴하면, 급수 $\sum p_n$과 $\sum q_n$은 모두 발산한다.

(2) 급수 $\sum a_n$이 절대수렴하면, 급수 $\sum p_n$과 $\sum q_n$은 모두 수렴하고 $\sum a_n=\sum p_n-\sum q_n$이 성립한다.

증명 (1) 모든 자연수 n에 대하여 $a_n\neq 0$이라 하자. 수열 $\{p_n\}$과 $\{q_n\}$을

$$p_n=\frac{1}{2}(|a_n|+a_n),\qquad q_n=\frac{1}{2}(|a_n|-a_n)$$

으로 나타낼 수 있다. 그러면 $p_n - q_n = a_n$, $p_n + q_n = |a_n|$이다. 급수 $\sum p_n$과 $\sum q_n$이 모두 수렴한다고 하면 급수 $\sum|a_n| = \sum(p_n + q_n)$이 수렴하므로 가정에 모순이다. 또 급수 $\sum p_n$과 $\sum q_n$ 중 어느 하나가 수렴한다고 하자. 만일 급수 $\sum q_n$이 수렴한다고 하면 급수 $\sum p_n = \sum(a_n + q_n) = \sum a_n + \sum q_n$이므로 급수 $\sum p_n$이 수렴한다. 따라서 급수 $\sum|a_n|$가 수렴하므로 이것은 가정에 모순이다. 따라서 급수 $\sum a_n$이 조건수렴하지만 급수 $\sum p_n$과 $\sum q_n$은 모두 발산한다.

(2) 급수 $\sum|a_n|$이 수렴하면 급수 $\sum a_n$이 수렴한다. 따라서 정리 7.6을 이용하여 급수 $\sum p_n$과 $\sum q_n$은 모두 수렴함을 보일 수 있다. ■

앞의 예제 7.16에 있는 교대조화급수

$$\sum_{n=1}^{\infty} \frac{(-1)^{n+1}}{n} = 1 - \frac{1}{2} + \frac{1}{3} - \frac{1}{4} + \frac{1}{5} - \cdots$$

은 수렴하지만 절대수렴하지 않는다. 이 급수의 양항은 모든 자연수 k에 대하여 $P_k = \frac{1}{2k-1}$이고 음수항의 절대값은 $Q_k = \frac{1}{2k}$이다. 따라서

$$\sum P_n = 1 + \frac{1}{3} + \frac{1}{5} + \cdots > \frac{1}{2} + \frac{1}{4} + \frac{1}{6} + \cdots = \frac{1}{2}\left(1 + \frac{1}{2} + \frac{1}{3} + \cdots\right)$$

$$\sum Q_n = \frac{1}{2} + \frac{1}{4} + \frac{1}{6} + \cdots = \frac{1}{2}\left(1 + \frac{1}{2} + \frac{1}{3} + \cdots\right)$$

이다. 급수 $\sum\frac{1}{k} = \infty$이므로 $\sum P_n = \sum Q_n = \infty$이다.

적당한 실수 α에 대하여 $P_1 + P_2 + \cdots + P_{k_1} > \alpha$가 되는 최소의 자연수를 k_1이라 하자.

예를 들면, $\alpha = \frac{3}{2}$일 때 $1 + \frac{1}{3} + \frac{1}{5} > \frac{3}{2}$이므로 $k_1 = 3$이다.

또 $(P_1 + P_2 + \cdots + P_{k_1}) - (Q_1 + Q_2 + \cdots + Q_{m_1}) < \alpha$가 되는 최소의 자연수를 m_1이라 하자. 예를 들면, $\alpha = \frac{3}{2}$일 때 $1 + \frac{1}{3} + \frac{1}{5} - \frac{1}{2} < \frac{3}{2}$이므로 $m_1 = 1$이다.

급수 $\sum P_n$와 $\sum Q_n$가 ∞로 발산하므로 이러한 과정은 가능하다. 수학적 귀납법에 의하여 가장 작은 자연수 k_n과 m_n을 선택함으로써 다음의 결과를 얻을 수 있다.

정리 7.20 급수 $\sum a_n$이 조건수렴하고 α를 실수이라 하면, α로 수렴하는 $\sum a_n$의 재배열 급수가 존재한다.

증명 $P_1, P_2, P_3, \cdots$ 를 원래의 급수의 양항이라 하고 $Q_1, Q_2, Q_3, \cdots$ 를 원래의 급수의 음수 항의 절대값이라 하고 순서는 원래의 순서를 따른다고 하자. 그러면 보조정리 7.19에서 정의한 급수 $\sum p_n$과 $\sum q_n$에서 단지 0인 항을 제외하면 각각 급수 $\sum P_n$과 $\sum Q_n$이 된다. 따라서 급수 $\sum P_n$과 $\sum Q_n$은 발산한다. $\sum P_n = \infty$이므로

$$X_1 = \sum_{n=1}^{k_1} P_n = P_1 + P_2 + \cdots + P_{k_1} > \alpha$$

를 만족하는 자연수 k_1이 존재한다. 이러한 성질을 만족하는 최소의 자연수를 k_1이라 하면

$$\sum_{n=1}^{k_1-1} P_n = P_1 + P_2 + \cdots + P_{k_1-1} \leq \alpha$$

이고, 그래서 $X_1 - P_{k_1} \leq \alpha$이다. 따라서 $0 < X_1 - \alpha \leq P_{k_1}$이 성립한다. 또

$$Y_1 = X_1 - \sum_{n=1}^{m_1} Q_n = (P_1 + P_2 + \cdots + P_{k_1}) - (Q_1 + Q_2 + \cdots + Q_{m_1}) < \alpha$$

를 만족하는 최소의 자연수 m_1이 존재한다. 그러므로 $Y_1 + Q_{m_1} \geq \alpha$이고, 그래서 $0 < \alpha - Y_1 \leq Q_{m_1}$이다. 같은 방법으로 k_2, m_2를 다음을 만족하는 최소의 자연수라고 하자.

$$X_2 = Y_1 + P_{k_1+1} + P_{k_1+2} + \cdots + P_{k_2} > \alpha$$
$$Y_2 = X_2 - (Q_{m_1+1} + Q_{m_1+2} + \cdots + Q_{m_2}) < \alpha$$

그러면 $0 < X_2 - \alpha \leq P_{k_2}$이고 $0 < \alpha - Y_2 \leq Q_{m_2}$이다. 이와 같은 방법으로 $\{k_1, k_2, \cdots, k_n\}$과 $\{m_1, m_2, \cdots, m_n\}$을 택하였다고 하자.

$$X_{n+1} = Y_n + P_{k_n+1} + P_{k_n+2} + \cdots + P_{k_{n+1}} > \alpha$$
$$Y_{n+1} = X_{n+1} - (Q_{m_n+1} + Q_{m_n+2} + \cdots + Q_{m_{n+1}}) < \alpha$$

를 만족하는 k_n과 m_n보다 큰 자연수 중 가장 작은 자연수를 각각 k_{n+1}과 m_{n+1}이라 하자.(이러한 자연수는 급수 $\sum P_n$과 $\sum Q_n$이 발산하므로 항상 존재한다.) 이 k_{n+1}과 m_{n+1}에 대하여 $X_{n+1} - P_{k_{n+1}} \leq \alpha$이고 $Y_{n+1} + Q_{m_{n+1}} \geq \alpha$이므로 $0 < X_{n+1} - \alpha \leq P_{k_{n+1}}$이고 $0 < \alpha - Y_{n+1} \leq Q_{m_{n+1}}$이다. $\sum a_k$가 수렴하므로 $\lim_{n\to\infty} P_n = \lim_{n\to\infty} Q_n = 0$이고, 그래서 $\lim_{n\to\infty} X_n = \lim_{n\to\infty} Y_n = \alpha$이다.

위에서 선택한 수열 $\{k_n\}$과 $\{m_n\}$에 대하여 다음 급수

$$(P_1 + P_2 + \cdots + P_{k_1}) - (Q_1 + Q_2 + \cdots + Q_{m_1})$$

$$+(P_{k_1+1}+P_{k_1+2}+\cdots+P_{k_2})-(Q_{m_1+1}+Q_{m_1+2}+\cdots+Q_{m_2})+\cdots$$

는 주어진 급수의 재배열 급수가 된다. 이러한 재배열 급수의 부분합을 S_n이라 하고 S_n의 마지막 항을 P_n이라 하면 $Y_k < S_n \leq X_{k+1}$을 만족하는 자연수 k가 존재한다. 만일 S_n의 마지막 항을 $-Q_n$이라 하면 $Y_{k+1} \leq S_n < X_{k+1}$을 만족하는 자연수 k가 존재한다. 따라서 $\lim_{n\to\infty} S_n = \alpha$이므로 α로 수렴하는 재배열 급수가 존재한다.

■

어떤 급수가 조건수렴하면 주어진 급수의 재배열 급수는 수렴하지 않을 수도 있고 수렴한다고 하여도 그 극한은 일반적으로 주어진 급수와 일치하지 않는다.(예제 7.16을 보아라.)

다음 [그림 7.2]는 지금까지 배운 무한급수 $\sum_{n=1}^{\infty} a_n$의 수렴·발산 여부의 판정법을 알기쉽게 나타내어 보았다.

「무한급수 $\sum_{n=1}^{\infty} a_n$은 수렴하는가?」

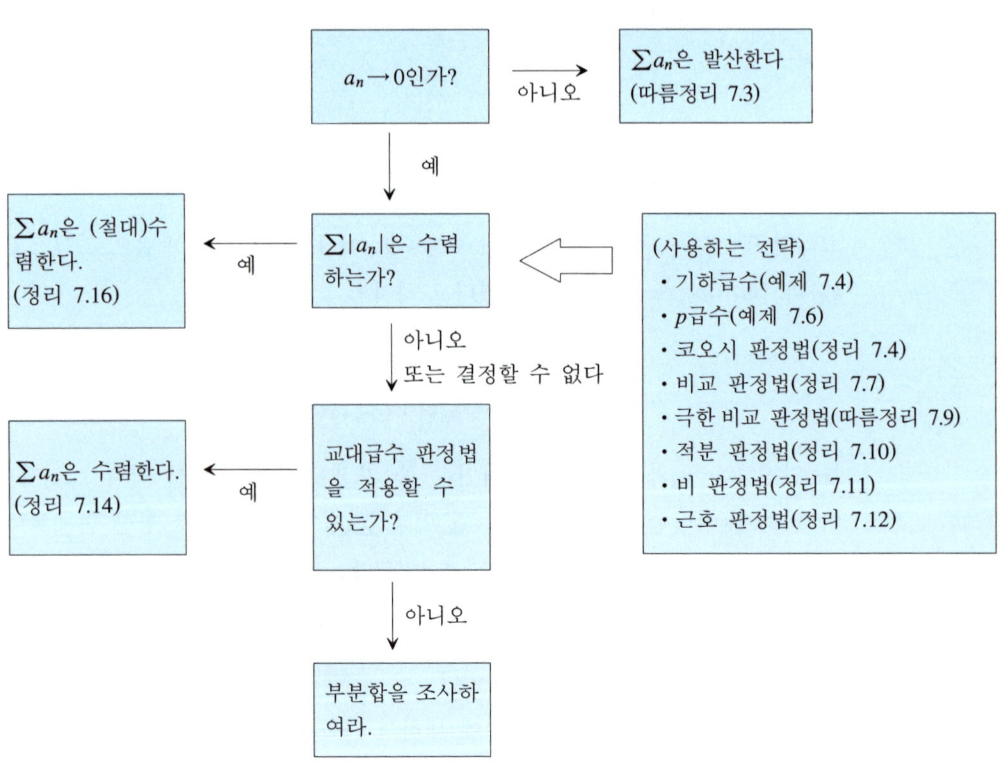

[그림 7.2]

연습문제 (7.2)

1. 다음 급수의 수렴·발산 여부를 판정하여라.

(1) $\sum_{n=1}^{\infty} \frac{(-1)^n}{\sqrt{n}}$ (2) $\sum_{n=2}^{\infty} \frac{(-1)^n}{\log n}$

(3) $\sum_{n=1}^{\infty} \frac{(-1)^{n-1}(n+1)}{n}$ (4) $\sum_{n=1}^{\infty} \frac{(-1)^n(n-1)}{n+1}$

2. 다음 급수의 수렴·발산 여부를 판정하고 수렴급수에 대해서는 절대수렴과 조건수렴을 판별하여라.

(1) $\sum_{n=1}^{\infty} \frac{(-1)^{n+1}}{2n-1}$ (2) $\sum_{n=1}^{\infty} \frac{\frac{1}{2}+(-1)^n}{n}$

(3) $\sum_{n=1}^{\infty} \frac{1}{(-n)^n}$ (4) $\sum_{n=1}^{\infty} \frac{(-1)^{n+1}\sqrt{n}}{n}$

3. 급수 $\sum_{n=1}^{\infty} \frac{\cos n\pi}{n\sqrt{n}}$는 절대수렴함을 증명하여라.

4. 급수 $\sum \frac{1}{n^2}=\frac{\pi^2}{6}$이라 할 때 다음을 증명하여라.

(1) $\sum \frac{1}{(2n-1)^2}=\frac{\pi^2}{8}$ (2) $\frac{\pi^2}{24}=\frac{1}{2^2}+\frac{1}{4^2}+\cdots+\frac{1}{(2n)^2}+\cdots$

5. 급수 $\sum_{n=2}^{\infty} (-1)^n \frac{\log n}{n^p}$는 $p>1$이면 절대수렴하고 $0<p\leq 1$이면 조건수렴함을 증명하여라.

6. 다음 추론은 어디에 잘못이 있을까?

① $\cdots\ S=1-\frac{1}{2}+\frac{1}{3}-\frac{1}{4}+\frac{1}{5}-\frac{1}{6}+\cdots$

라고 하면

② $\cdots\ 2S=2-1+\frac{2}{3}-\frac{1}{2}+\frac{2}{5}-\frac{1}{3}+\cdots$

②를 다음과 같이 재배열하자. 1항과 2항의 합은 1이고, 3항과 6항의 합은 $\frac{1}{3}$이고, 5항과 10항의 합은 $\frac{1}{5}$이고, 이와 같이 n이 홀수이면 n항과 $2n$항의 합은 $\frac{1}{n}$이 된다. 따라서

③ $\cdots\ 2S=1+\frac{1}{3}-\frac{1}{2}+\frac{1}{5}+\frac{1}{7}-\frac{1}{4}+\cdots$

이 된다. 급수 ③은 급수 ①의 재배열이므로 급수 ①과 같은 합을 가진다. 즉 $2S=S$이다. 따라서 $S=0$이다. 한편

$$S=\left(1-\frac{1}{2}\right)+\left(\frac{1}{3}-\frac{1}{4}\right)+\left(\frac{1}{5}-\frac{1}{6}\right)+\cdots$$
$$=\frac{1}{2}+\frac{1}{12}+\frac{1}{30}+\cdots$$

이므로 $S>0$이다. 이것은 $S=0$과 다른 S의 값이므로 급수 ①은 수렴하지 않는다.

7. 다음 급수의 수렴·발산 여부를 판정하여라.

$$1+\frac{1}{2}-\frac{1}{3}+\frac{1}{4}+\frac{1}{5}-\frac{1}{6}+\frac{1}{7}+\frac{1}{8}-\frac{1}{9}+\cdots$$

8. 부호가 둘씩 바뀌는 다음 급수의 수렴·발산 여부를 판정하여라.

$$1-\frac{1}{2}-\frac{1}{3}+\frac{1}{4}+\frac{1}{5}-\frac{1}{6}-\frac{1}{7}+\cdots$$

9. 급수 $\sum a_n$이 절대수렴하면 $\sum a_n \sin n\theta$, $\sum a_n \cos n\theta$도 또한 절대수렴함을 증명하여라.

10. 급수 $\sum a_n^2<\infty$이고 $\sum b_n^2<\infty$이면 급수 $\sum a_n b_n$은 절대수렴함을 증명하여라.

11. 급수 $\sum_{n=1}^{\infty}\frac{(-1)^{n-1}}{n}=1-\frac{1}{2}+\frac{1}{3}-\frac{1}{4}+\cdots$은 정리 7.14(교대급수 판정법)에 의하여 수렴한다. 이 합을 S이라 하고, 이 교대급수의 부분합을 S_n이라 하자. 이 교대급수의 재배열 급수

$$1+\frac{1}{3}-\frac{1}{2}+\frac{1}{5}-\frac{1}{7}-\frac{1}{4}+\frac{1}{9}+\frac{1}{11}-\frac{1}{6}+\cdots$$

의 부분합을 T_n이라 하자. 각 자연수 n에 대하여

$$H_n=1+\frac{1}{2}+\frac{1}{3}+\cdots+\frac{1}{n}$$

이라 하자.

(1) 모든 자연수 n에 대하여 $S_{2n}=H_{2n}-H_n$임을 증명하여라.

(2) 모든 자연수 n에 대하여 $T_{3n}=H_{4n}-\frac{1}{2}H_{2n}-\frac{1}{2}H_n=S_{4n}+\frac{1}{2}S_{2n}$임을 증명하고, 재배열 급수의 극한이 $\frac{3}{2}S$임을 증명하여라.

(3) 다음 급수의 극한이 $\frac{S}{2}$임을 증명하여라.

$$1-\frac{1}{2}-\frac{1}{4}+\frac{1}{3}-\frac{1}{6}-\frac{1}{8}+\frac{1}{5}-\frac{1}{10}-\frac{1}{12}+\cdots$$

12. 급수 $\sum \frac{\sin^n x}{n}$의 수렴·발산 여부를 판정하여라.

13. 급수 $\sum a_n$이 절대수렴하면 $|\sum a_n| \le \sum |a_n|$임을 증명하여라.

14. 급수 $\sum a_n$이 어떤 실수 α로 수렴하는 양항급수이면 $\sum a_n$의 모든 재배열 급수 $\sum a_n'$은 수렴하고 $\sum a_n' = \alpha$임을 증명하여라.

8

함수열과 극한

항들이 실수인 실수열과 달리 항들이 함수인 함수열에 대한 수렴성을 다루고자 한다.
8.1절에서는 함수열의 수렴에 관한 점별수렴과 평등수렴을 소개하고 그에 따른 성질을 다루고, 8.2절에서는 멱급수와 수렴반경 등을 다룬다.

제 8 장
함수열과 극한

8.1 점별수렴과 균등수렴

2장에서 다룬 수열은 정의역으로 자연수 집합을 갖는 실수열이었다. 이제 각 항들이 함수인 수열에 대하여 알아보자. D는 $\mathbb{R}$의 공집합이 아닌 부분집합이라 하자. 각 자연수 n에 대하여 함수 $f_n : D \to \mathbb{R}$을 정의할 때 수열 $\{f_n\}$을 D에서 정의된 **함수열**(sequence of functions)이라 한다. 각 $x \in D$에 대하여 함수값의 수열 $\{f_n(x)\}$는 실수의 수열이 된다. 따라서 함수값의 수열 $\{f_n(x)\}$의 여러 가지 성질을 조사함으로써 함수열 $\{f_n\}$의 성질을 알 수 있다.

이 절에서 특별한 언급이 없는 한 사용되는 D는 $\mathbb{R}$의 공집합이 아닌 부분집합이라 하고, 함수 f_n의 첨자 n은 자연수를 나타낸다.

함수열의 수렴에 관한 두 개의 상이한 개념－점별수렴과 균등수렴－에 대하여 알아보자. 균등수렴의 수렴 형태는 매우 중요하고 또 우리의 관심의 초점이 되기도 하다.

〈정의 8.1〉

각 자연수 n에 대하여 $\{f_n\}$은 D에서 정의된 함수열이라 하자. 각 $x \in D$에 대하여 수열 $\{f_n(x)\}$가 수렴할 때, 함수열 $\{f_n\}$은 D에서 **점별수렴**(pointwise convergent on D)한다 또는 간단히 D에서 **수렴**(convergent on D)한다고 한다.

이 경우에 각 $x \in D$에 대하여 $f(x)=\lim_{n\to\infty} f_n(x)$인 함수 f는 D에서 정의된 함수이다. 이 함수 $f: D \to \mathbb{R}$를 함수열 $\{f_n\}$의 **점별극한함수**(pointwise limit function) 또는 간단히 **극한함수**(limit function)이라 한다.

위의 정의에 의하여 함수열 $\{f_n\}$은 D에서 점별수렴하고 그 극한함수를 f라 할 때, $\{f_n\}$은 D에서 f로 점별수렴한다고 하고 $f(x)=\lim_{n\to\infty} f_n(x)$, $x \in D$ 또는 $n \to \infty$일 때 $f_n(x) \to f(x)$, $x \in D$로 나타내기도 한다.

만일 함수열 $\{f_n\}$이 D에서 점별수렴하면 그 극한함수는 유일하다.(왜?)

한편 극한함수를 갖지 않는 함수열도 존재한다. 예를 들면, 모든 실수 x에 대하여 $f_n(x)=n$이라 하면 $f(x)=\lim_{n\to\infty} f_n(x)=\infty$이므로 함수열 $\{f_n\}$의 극한함수는 존재하지 않는다.

예제 8.1 모든 실수 x에 대하여 $f_n(x)=\dfrac{x}{n}$으로 정의된 함수열 $\{f_n\}$은 수열 $\left\{\dfrac{x}{n} \,\middle|\, n \in \mathbb{N}\right\}$가 0으로 수렴하므로 $\{f_n\}$은 모든 실수 x에 대하여 $f(x)=0$인 f로 점별수렴한다.

우리의 주요 관심사는 함수의 중요한 성질들－연속성, 적분가능성 또는 미분가능성－이 주어진 함수열의 극한함수에게도 그대로 보존되는가 하는 것이다.

함수 $f_n: [a, b] \to \mathbb{R}$이고 각 $x \in [a, b]$에 대하여 $f_n(x) \to f(x)$이라 하자.

(1) 각 함수 f_n이 점 $c \in [a, b]$에서 연속이면 극한함수 f도 c에서 연속인가? 하는 문제이다. 다시 말하면

$$\lim_{x\to c} f_n(x)=f_n(c)$$

가 성립할 때,

$$\lim_{x\to c} f(x)=f(c)$$

가 성립할 것인가? 하는 문제이다. 그러므로 연속함수열의 극한이 연속이냐 하는 문제는

$$\lim_{x\to c}\left[\lim_{n\to\infty} f_n(x)\right]=\lim_{n\to\infty}\left[\lim_{x\to c} f_n(x)\right]$$

이 성립하느냐와 같은 것이다.

(2) 각 함수 f_n이 $[a, b]$에서 적분가능하면 극한함수 f도 $[a, b]$에서 적분가능한가? 하는 문제이다. 다시 말하면 극한함수 f도 $[a, b]$에서 적분가능하고 또

$$\lim_{n\to\infty}\int_a^b f_n = \int_a^b f = \int_a^b \lim_{n\to\infty} f_n$$

이 성립하느냐와 같은 것이다.

(3) 각 함수 f_n이 점 $c\in[a, b]$에서 미분가능하면 극한함수 f도 c에서 미분가능한가? 하는 문제이다. 다시 말하면

$$\lim_{n\to\infty} f_n'(c) = f'(c) = (\lim_{n\to\infty} f_n(c))'$$

이 성립하느냐와 같은 것이다.

다음의 예제에서 위의 문제들에 대한 대답을 알아보기로 하자.

예제 8.2 $x\in[0, 1]$에 대하여 함수 f_n을 $f_n(x)=x^n$이라 하자. $0\leq x<1$이면 수열 $\{x^n\}$은 0으로 수렴하고 $x=1$이면 수열 $\{x^n\}$은 1로 수렴한다. 그래서 함수열 $\{f_n\}$은 $[0, 1]$에서 다음 극한함수 f로 점별수렴한다.([그림 8.1])

$$f(x)=\begin{cases} 0 & (0\leq x<1\text{일 때}) \\ 1 & (x=1\text{일 때}) \end{cases}$$

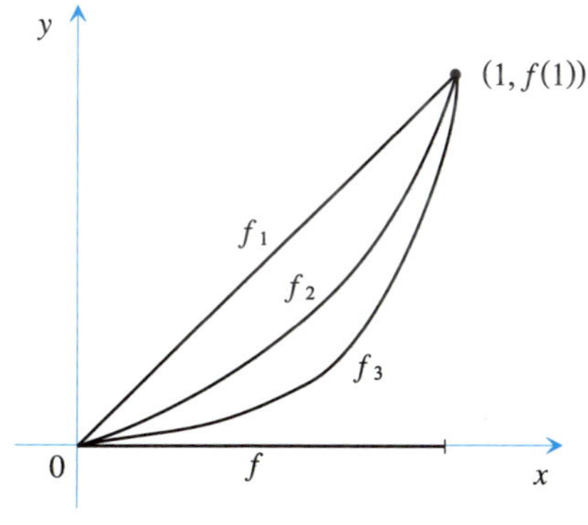

[그림 8.1] $f_n(x)=x^n$

위의 예제에서 각 f_n은 $[0, 1]$에서 연속함수이지만 극한함수 f는 $x=1$에서 연속이

아니므로 [0, 1]에서 연속함수가 아니다. 다시 말하면

$$\lim_{x\to 1}\left[\lim_{n\to\infty} f_n(x)\right] \neq \lim_{n\to\infty}\left[\lim_{x\to 1} f_n(x)\right]$$

이다. 따라서 일반적으로 두 극한의 기호 $\lim_{x\to 1}$와 $\lim_{n\to\infty}$는 바꿀 수 없다.

예제 8.3 집합 $\{x_k \mid 1\le k\le n\}$는 [0, 1]에 속하는 유리수들의 집합이라 하자. 각 자연수 n에 대하여 함수 $f_n : [0, 1]\to\mathbb{R}$을 다음과 같이 정의하자.

$$f_n(x)=\begin{cases} 0 & (x=x_k,\ 1\le k\le n\text{일 때}) \\ 1 & (x\neq x_k,\ 1\le k\le n\text{일 때}) \end{cases}$$

그러면 각 f_n은 $x_1,\ x_2,\ \cdots,\ x_n$을 제외한 모든 점에서 연속이므로 f_n은 [0, 1]에서 적분가능하고 $\int_0^1 f_n(x)\,dx=1$이다. 한편 극한함수

$$f(x)=\lim_{n\to\infty} f_n(x)=\begin{cases} 0 & (x\text{는 유리수일 때}) \\ 1 & (x\text{는 무리수일 때}) \end{cases}$$

이므로 f는 [0, 1]에서 적분가능하지 않다.

예제 8.4 자연수 $n\ge 2$에 대하여 함수 $f_n : [0, 1]\to\mathbb{R}$을 다음과 같이 정의하자.

$$f_n(x)=\begin{cases} n^2x & \left(0\le x\le \dfrac{1}{n}\text{일 때}\right) \\ -n^2\left(x-\dfrac{2}{n}\right) & \left(\dfrac{1}{n}<x\le \dfrac{2}{n}\text{일 때}\right) \\ 0 & \left(\dfrac{2}{n}<x\le 1\text{일 때}\right) \end{cases}$$

임의의 $x>0$에 대하여 자연수 N을 $N>\dfrac{2}{x}$이라 하자. $n\ge N$이면 $\dfrac{2}{n}\le\dfrac{2}{N}<x$이고, 그래서 $f_n(x)=0$이다. 모든 자연수 $n\ge 2$에 대하여 $f_n(0)=0$이므로 모든 $x\in[0, 1]$에 대하여 $f(x)=0$이다. 따라서 함수열 $\{f_n\}$은 [0, 1]에서 극한함수 $f(x)=0$으로 점별수렴한다.
이제 각 f_n은 [0, 1]에서 연속이므로 적분가능하다. [그림 8.2]를 보면 함수 f_n의 그래프는 밑변이 $\dfrac{2}{n}$이고 높이가 n인 삼각형이므로

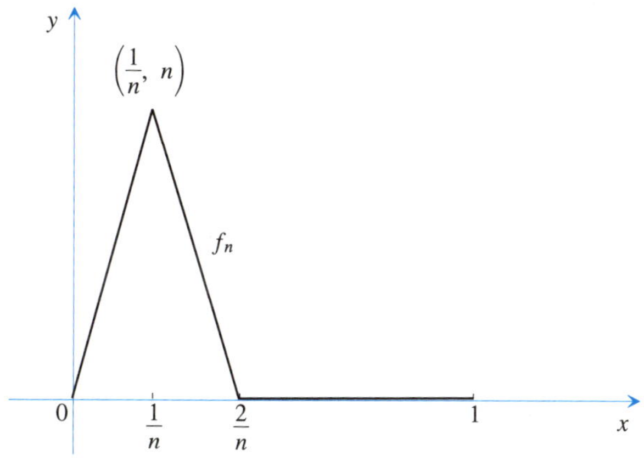

[그림 8.2]

$$\int_0^1 f_n(x)\,dx = 1$$

이다. 한편 $f(x)=0$이므로 이 극한함수의 적분은 $\int_0^1 f(x)\,dx = 0$이다.

앞의 예제에서

$$\lim_{n\to\infty}\left[\int_0^1 f_n(x)\,dx\right] = 1 \neq 0 = \int_0^1 \left[\lim_{n\to\infty} f_n(x)\right]dx$$

이므로, 일반적으로 극한의 기호 $\lim_{n\to\infty}$와 적분의 기호 $\int_0^1$는 서로 바꿀 수 없다.

예제 8.5 $x \in [0, 2\pi]$에 대하여 함수 f_n을

$$f_n(x) = \frac{\sin nx}{\sqrt{n}}$$

라고 하자. $|\sin nx| \le 1$이므로 모든 $x \in [0, 2\pi]$에 대하여 $f(x) = \lim_{n\to\infty} f_n(x) = 0$이다. 그러므로 모든 $x \in [0, 2\pi]$에 대하여 $f'(x) = 0$이다. 한편 $f_n'(x) = \sqrt{n}\cos nx$이므로 함수열 $\{f_n'\}$은 $[0, 2\pi]$에서 f'으로 점별수렴하지 않는다. 왜냐하면, $n \to \infty$일 때 $f_n'(0) = \sqrt{n} \to \infty$이므로 $\lim_{n\to\infty} f_n'(0) \neq f'(0)$이다.

앞의 예제에서

$$\lim_{n\to\infty}\left[\frac{d}{dx}f_n(x)\right]\neq\frac{d}{dx}\left[\lim_{n\to\infty}f_n(x)\right]$$

이므로, 일반적으로 극한의 기호 $\lim_{n\to\infty}$와 미분의 기호 $\frac{d}{dx}$는 서로 바꿀 수 없다.

다음의 정리의 증명은 수열의 수렴 정리를 이용하여 쉽게 보일 수 있다.

정리 8.2 $\{f_n\}$이 D에서 정의된 함수열이라 하고 $f : D\to\mathbb{R}$를 함수이라 할 때 $\{f_n\}$이 D에서 f로 점별수렴할 필요충분조건은 임의의 $\varepsilon>0$과 $x_0\in D$에 대하여 $n\geq N$이면

$$|f_n(x_0)-f(x_0)|<\varepsilon$$

을 만족하는 자연수 N이 존재할 때이다.

참고 위의 정리에서 N의 값은 $\varepsilon>0$과 $x_0\in D$에 종속된다는 사실에 유의해야 한다. 이러한 자연수 N을 $N(\varepsilon, x_0)$으로 나타내기도 한다.

이제 점별수렴보다 더 강하고 더 명확한 결과를 얻을 수 있는 새로운 수렴을 정의하여 보자.

〈정의 8.3〉

$\{f_n\}$은 D에서 정의된 함수열이라 하자. 임의의 $\varepsilon>0$에 대하여 $n\geq N$이면 모든 $x\in D$에 대하여

$$|f_n(x)-f(x)|<\varepsilon$$

을 만족하는 자연수 N이 존재할 때, 함수열 $\{f_n\}$은 D에서 함수 f로 **균등수렴**(uniformly convergent)한다고 한다.

여기서 N은 ε에만 영향을 받는다. 이러한 자연수 N을 $N(\varepsilon)$으로 나타내기도 한다.

위의 정의에서 $n\geq N$이면 모든 $x\in D$에 대하여

$$|f_n(x)-f(x)|<\varepsilon$$

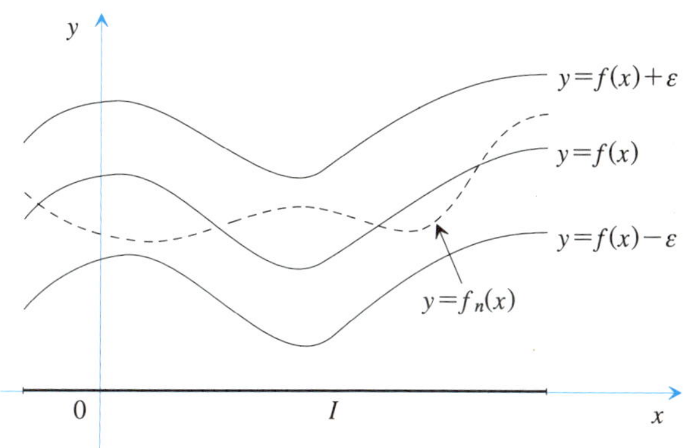

[그림 8.3]

을 $f(x)-\varepsilon<f_n(x)<f(x)+\varepsilon$으로 나타낼 수 있다. 따라서 $n\geq N$에 대하여 $y=f_n(x)$의 그래프는 $y=f(x)-\varepsilon$와 $y=f(x)+\varepsilon$의 두 그래프 사이에 항상 존재한다([그림 8.3]). 균등수렴하는 함수열은 점별수렴함을 알 수 있다. 그러나 그 역은 반드시 성립하는 것은 아니다.

예제 8.6 예제 8.2에서 정의된 함수 $f_n(x)=x^n$을 생각하자. $\varepsilon=\frac{1}{2}$이라 하자. $\frac{1}{\sqrt[n]{2}}<x<1$이면, 함수 f_n은 증가하므로

$$f_n(x)>\frac{1}{2}=\varepsilon$$

이다. 따라서 함수열 $\{f_n\}$은 $[0,\ 1]$에서 극한함수 $f(x)=0$으로 균등수렴하지 않는다.

예제 8.7 예제 8.5에서 정의된 함수

$$f_n(x)=\frac{\sin nx}{\sqrt{n}}$$

를 생각하여 보자. 함수열 $\{f_n\}$은 $[0,\ 2\pi]$에서 점별수렴하고 극한함수는 $f(x)=0$이다. $\varepsilon>0$이라 하자. $N>\frac{1}{\varepsilon^2}$이 되도록 자연수 N을 택하자. $n\geq N$이면 모든 $x\in[0,\ 2\pi]$에 대하여

$$|f_n(x)-f(x)|=\frac{|\sin nx|}{\sqrt{n}}\leq\frac{1}{\sqrt{n}}\leq\frac{1}{\sqrt{N}}<\varepsilon$$

이므로, 함수열 $\{f_n\}$은 $[0,\ 2\pi]$에서 f로 균등수렴한다.

다음의 **함수열에 관한 코오시 판정법**(Cauchy criterion for uniform con-vergence of se-guences of functions)은 함수열 $\{f_n\}$의 극한함수 f를 구할 필요없이 균등수렴하는지를 알 수 있게 한다.

정리 8.4 (함수열에 관한 코오시 판정법) 함수열 $\{f_n\}$이 D에서 균등수렴할 필요충분조건은 임의의 $\varepsilon>0$에 대하여 $m,\ n\geq N$이면 모든 $x\in D$에 대하여

$$|f_m(x)-f_n(x)|<\varepsilon$$

을 만족하는 자연수 N이 존재할 때이다.

증명 함수열 $\{f_n\}$이 D에서 균등수렴하고 극한함수를 f라 하자. 그러면 임의의 $\varepsilon>0$에 대하여 $n\geq N$이면, 모든 $x\in D$에 대하여

$$|f_n(x)-f(x)|<\frac{\varepsilon}{2}$$

을 만족하는 자연수 N이 존재한다. 따라서 $m,\ n\geq N$이면

$$\begin{aligned}|f_m(x)-f_n(x)| &= |f_m(x)-f(x)+f(x)-f_n(x)|\\ &\leq |f_m(x)-f(x)|+|f(x)-f_n(x)|\\ &< \frac{\varepsilon}{2}+\frac{\varepsilon}{2}=\varepsilon\end{aligned}$$

이 성립한다.

역으로 함수열 $\{f_n\}$이 D에서 주어진 조건을 만족한다고 하자. 그러면 각 $x_0\in D$에 대하여 $\{f_n(x_0)\}$은 코오시 수열이므로 수렴한다. 이 극한을 $f(x_0)$이라 하자. 분명히 함수열 $\{f_n\}$은 D에서 f로 점별수렴한다. 이제 이 수렴이 균등수렴임을 보이자. $\varepsilon>0$이라 하자. $m,\ n\geq N$이면 모든 $x\in D$에 대하여

$$|f_m(x)-f_n(x)|<\frac{\varepsilon}{2}$$

을 만족하는 자연수 N이 존재한다. n을 고정하고 $m\to\infty$을 적용하면 모든 $x\in D$에 대하여

$$|f_n(x)-f(x)|=\lim_{m\to\infty}|f_m(x)-f_n(x)|\leq\frac{\varepsilon}{2}<\varepsilon$$

이 된다. 따라서 $n\geq N$이면 모든 $x\in D$에 대하여

$$|f_n(x)-f(x)|<\varepsilon$$

이므로 $\{f_n\}$은 D에서 f로 균등수렴한다. ■

앞의 예제에서 연속[또는 적분가능, 미분가능]인 함수열의 극한함수도 역시 연속[또는 적분가능, 미분가능]이 아님을 알았다. 그러면 어떤 조건에서 함수들의 이와 같은 성질을 극한함수가 가지는가? 다시 말해서 함수열의 각 함수가 연속 [또는 적분가능, 미분가능]이면 극한함수도 각각 연속 [또는 적분가능, 미분가능]인가?

이제 균등수렴이라는 부가적인 가정이 연속인 함수열의 극한함수도 연속이라는 보장을 주기에 충분함을 보일 것이다. 유사한 결과가 적분가능 [또는 미분가능]한 함수열에 대해서도 성립될 수 있다.

정리 8.5 $\{f_n\}$은 D에서 정의된 함수열이라 하고 f는 D에서 정의된 함수이고 $a\in D$이라 하자. 또 $\{f_n\}$이 D에서 f로 균등수렴하고 각 f_n이 a에서 연속이라 하면 극한함수 f는 a에서 연속이다.

증명 $\varepsilon>0$이라 하자. $\{f_n\}$이 D에서 f로 균등수렴하므로 $n\geq N$이면 모든 $x\in D$에 대하여 $|f_n(x)-f(x)|<\frac{\varepsilon}{3}$을 만족하는 자연수 N이 존재한다. $a\in D$이므로 $n\geq N$이면 $|f_n(a)-f(a)|<\frac{\varepsilon}{3}$이 성립한다. 특히 이 부등식은 $n=N$일 때도 성립한다. 또한 f_N은 a에서 연속이므로 $|x-a|<\delta$, $x\in D$이면

$$|f_N(x)-f_N(a)|<\frac{\varepsilon}{3}$$

을 만족하는 $\delta>0$가 존재한다. 따라서 $|x-a|<\delta$, $x\in D$이면

$$\begin{aligned}|f(x)-f(a)| &\leq |f(x)-f_N(x)|+|f_N(x)-f_N(a)|+|f_N(a)-f(a)| \\ &<\frac{\varepsilon}{3}+\frac{\varepsilon}{3}+\frac{\varepsilon}{3}=\varepsilon\end{aligned}$$

이므로 f는 a에서 연속이다. ■

따름정리 8.6 $\{f_n\}$은 D에서 정의된 연속인 함수열이라 하고 f는 D에서 정의된 함수이라 하자. $\{f_n\}$이 D에서 f로 균등수렴하면 f는 D에서 연속이다.

위의 따름정리에 의하여 a가 D의 직접점일 때 함수열 $\{f_n\}$이 D에서 f로 균등수렴하고 각 f_n이 a에서 연속이면

$$\lim_{n\to\infty}\left[\lim_{x\to a} f_n(x)\right]=\lim_{x\to a}\left[\lim_{n\to\infty} f_n(x)\right]$$

이므로, 일반적으로 두 극한의 기호 $\lim\limits_{n\to\infty}$와 $\lim\limits_{x\to a}$는 서로 바꿀 수 있다.

예제 8.8 $x\in[0,\ 1]$에 대하여 함수 f_n을

$$f_n(x)=\frac{1}{1+x^n}$$

이라 하면 함수열 $\{f_n\}$은 $[0,\ 1]$에서 균등수렴이 아니다. 왜냐하면, 각 f_n은 $[0,\ 1]$에서 연속이지만 극한함수

$$f(x)=\begin{cases} 1 & (x\in[0,\ 1)\text{일 때}) \\ \frac{1}{2} & (x=1\text{일 때}) \end{cases}$$

은 $x=1$에서 연속이 아니기 때문이다.

따름정리 8.6의 역은 성립하지 않는다.

예제 8.9 $x\in[0,\ \infty)$에 대하여 함수 f_n을

$$f_n(x)=\frac{x}{x+n}$$

이라 하면

$$\lim_{n\to\infty} f_n(x)=\lim_{n\to\infty}\frac{x}{x+n}=0$$

이므로 함수열 $\{f_n\}$은 $[0,\ \infty)$에서 극한함수 $f(x)=0$으로 (점별)수렴한다. 그러므로 f는 $[0,\ \infty)$에서 연속이다. 그러나 함수열 $\{f_n\}$은 $[0,\ \infty)$에서 f로 균등수렴하지 않는다. 왜냐하면, $\varepsilon_0=\frac{1}{2}$이라 하면 자연수 n에 대하여 $f_n(n)=\frac{1}{2}$이므로 $x\geq n$이면 $f_n(x)\geq\frac{1}{2}$이고, 그래서 $|f_n(x)-f(x)|\geq\frac{1}{2}$이기 때문이다.

균등수렴과 적분과의 관계는 다음과 같다.

정리 8.7 $\{f_n\}$을 $[a, b]$에서 정의된 함수열이라 하고 f는 $[a, b]$에서 정의된 함수라 하자. 함수열 $\{f_n\}$이 $[a, b]$에서 f로 균등수렴하고 각 f_n이 $[a, b]$에서 적분가능하면, 극한함수 f는 $[a, b]$에서 적분가능하고 다음이 성립한다.

$$\int_a^b f(x)\,dx = \lim_{n\to\infty}\int_a^b f_n(x)\,dx$$

증명 먼저 $f(x)$가 $[a, b]$에서 적분가능함을 보이자. $\varepsilon > 0$이라 하자. 정리 6.10(리만 판정법)에 의하여

$$U(f,\ P) - L(f,\ P) < \varepsilon$$

을 만족하는 $[a, b]$의 분할 P가 존재함을 보이면 충분하다. 함수열 $\{f_n\}$은 $[a, b]$에서 f로 균등수렴하므로, $n \geq N$이면 모든 $x \in [a, b]$에 대하여

$$|f_n(x) - f(x)| < \frac{\varepsilon}{3(b-a)}$$

을 만족하는 자연수 N이 존재한다. 특히 f_N은 $[a, b]$에서 적분가능하므로, f_N은 $[a, b]$에서 유계이다. 따라서 f도 $[a, b]$에서 유계이다. 또한

$$U(f_N,\ P) - L(f_N,\ P) < \frac{\varepsilon}{3}$$

을 만족하는 $[a, b]$의 분할 $P = \{x_0,\ x_1,\ x_2,\ \cdots,\ x_n\}$이 존재한다.
$i = 1,\ 2,\ \cdots,\ n$에 대하여

$$M_i = \sup\{f(x) \mid x \in [x_{i-1},\ x_i]\}, \qquad m_i = \inf\{f(x) \mid x \in [x_{i-1},\ x_i]\}$$
$$M_i' = \sup\{f_N(x) \mid x \in [x_{i-1},\ x_i]\}, \qquad m_i' = \{f_N(x) \mid x \in [x_{i-1},\ x_i]\}$$

이라 하자. 모든 $x \in [a, b]$에 대하여

$$|f_N(x) - f(x)| < \frac{\varepsilon}{3(b-a)}$$

이므로, $i = 1,\ 2,\ \cdots,\ n$에 대하여

$$m_i' - \frac{\varepsilon}{3(b-a)} \leq m_i \leq M_i \leq M_i' + \frac{\varepsilon}{3(b-a)}$$

이 성립한다. 따라서

$$\begin{aligned} U(f,\ P) - L(f,\ P) &= \sum_{i=1}^{n} M_i \Delta x_i - \sum_{i=1}^{n} m_i \Delta x_i \\ &\leq \sum_{i=1}^{n} \left[M_i' + \frac{\varepsilon}{3(b-a)} \right] \Delta x_i - \sum_{i=1}^{n} \left[m_i' - \frac{\varepsilon}{3(b-a)} \right] \Delta x_i \\ &= \sum_{i=1}^{n} M_i' \Delta x_i + \frac{\varepsilon}{3} - \sum_{i=1}^{n} m_i' \Delta x_i + \frac{\varepsilon}{3} \\ &= U(f_N,\ P) - L(f_N,\ P) + \frac{2}{3}\varepsilon \\ &< \frac{\varepsilon}{3} + \frac{2}{3}\varepsilon = \varepsilon \end{aligned}$$

이다. 따라서 f는 $[a,\ b]$에서 적분가능하다.

다음에는 $\lim_{n\to\infty}\int_a^b f_n(x)dx = \int_a^b f(x)dx$임을 보이자. $\varepsilon > 0$이라 하자. 함수열 $\{f_n\}$은 $[a,\ b]$에서 f로 균등수렴하므로, $n \geq N$이면 모든 $x \in [a,\ b]$에 대하여

$$|f_n(x) - f(x)| < \frac{\varepsilon}{b-a}$$

을 만족하는 자연수 N이 존재한다. 그러면 $n \geq N$이면

$$\begin{aligned} \left| \int_a^b f_n(x)dx - \int_a^b f(x)dx \right| &= \left| \int_a^b [f_n(x) - f(x)]dx \right| \\ &\leq \int_a^b |f_n(x) - f(x)|dx \\ &\leq \int_a^b \frac{\varepsilon}{b-a} dx = \frac{\varepsilon}{b-a}(b-a) = \varepsilon \end{aligned}$$

이므로 $\lim_{n\to\infty}\int_a^b f_n(x)dx = \int_a^b f(x)dx$가 성립한다. ■

앞의 정리에서

$$\lim_{n\to\infty}\int_a^b f_n(x)dx = \int_a^b \left[\lim_{n\to\infty} f_n(x) \right] dx$$

이므로, 극한의 기호 $\lim_{n\to\infty}$와 적분의 기호 $\int_a^b$를 서로 바꿀 수 있다.

예제 8.10 $0<a\leq\pi$일 때, $\lim_{n\to\infty}\int_a^\pi \frac{\sin nx}{nx}dx$를 계산하여라.

풀이 $0<a\leq\pi$일 때 함수 $f_n(x)=\frac{\sin nx}{nx}$이라 하자. 그러면

$$f(x)=\lim_{n\to\infty}f_n(x)=0$$

이다. $\varepsilon>0$에 대하여 $\frac{1}{Na}<\varepsilon$인 자연수 N이 존재한다. $n\geq N$이고 $x\geq a$에 대하여

$$|f_n(x)-f(x)|=\left|\frac{\sin nx}{nx}-0\right|\leq\frac{1}{nx}\leq\frac{1}{Na}<\varepsilon$$

이므로, 함수열 $\{f_n\}$은 $[a, \pi]$에서 0으로 균등수렴한다. 따라서

$$\lim_{n\to\infty}\int_a^\pi\frac{\sin nx}{nx}dx=\int_a^\pi\left(\lim_{n\to\infty}\frac{\sin nx}{nx}\right)dx=\int_a^\pi 0dx=0$$

이다.

예제 8.5에서 함수열 $\{f_n\}$이 f로 점별수렴하면 $\lim f_n'(x)\neq f'(x)$임을 보았다. 언제 이것이 성립하겠는가? 다음의 정리에서 도함수열 $\{f_n'\}$이 균등수렴이라는 조건이 필요함을 알 수 있다.

정리 8.8 $\{f_n\}$은 $[a, b]$에서 정의된 미분가능한 함수열이라 하자. $\{f_n\}$이 $[a, b]$에서 f로 점별수렴하고 도함수열 $\{f_n'\}$이 $[a, b]$에서 균등수렴하면, 함수열 $\{f_n\}$은 $[a, b]$에서 f로 균등수렴하고 각 $x\in[a, b]$에 대하여 $\lim_{n\to\infty}f_n'(x)=f'(x)$이다.

증명 $\varepsilon>0$이라 하자. 함수열 $\{f_n\}$이 $[a, b]$에서 절별수렴하므로 적당한 $c\in[a, b]$에 대하여 $\{f_n(c)\}$가 수렴하고 도함수열 $\{f_n'\}$이 $[a, b]$에서 균등수렴하므로 정리 8.4 (함수열에 관한 코오시 판정법)에 의하여 $m, n\geq N$이면

$$|f_m(c)-f_n(c)|<\frac{\varepsilon}{2}$$

이고, 모든 $t\in[a, b]$에 대하여 $m, n\geq N$이면

$$|f_m'(t)-f_n'(t)|<\frac{\varepsilon}{2(b-a)}$$

를 만족하는 자연수 N이 존재한다. 임의로 고정시킨 $m,\ n\geq N$에 대하여 f_m-f_n에 정리 5.3(평균값 정리)을 적용시키자. $m,\ n\geq N$이면 임의의 $x,\ y\in[a,\ b]$에 대하여

$$|[f_m(x)-f_n(x)]-[f_m(y)-f_n(y)]|=|[f_m'(t)-f_n'(t)](x-y)|$$

를 만족하는 t가 x와 y 사이에 존재한다. 따라서

$$|[f_m(x)-f_n(x)]-[f_m(y)-f_n(y)]|<\frac{\varepsilon}{2(b-a)}|x-y|<\frac{\varepsilon}{2}$$

이 성립한다. 위 부등식에서 $y=c$이라 하자. $m,\ n\geq N$이면 모든 $x\in[a,\ b]$에 대하여

$$\begin{aligned}|f_m(x)-f_n(x)|&\leq|[f_m(x)-f_n(x)]-[f_m(c)-f_n(c)]|+|f_m(c)-f_n(c)|\\&<\frac{\varepsilon}{2}+\frac{\varepsilon}{2}=\varepsilon\end{aligned}$$

이다. 정리 8.4(함수열에 관한 코오시 판정법)에 의하여 함수열 $\{f_n\}$은 $[a,\ b]$에서 균등수렴한다. 극한함수를 $f:[a,\ b]\to\mathbb{R}$이라 하면 모든 $x\in[a,\ b]$에 대하여 $f(x)=\lim_{n\to\infty}f_n(x)$이다.

이제 극한함수 f는 $[a,\ b]$에서 미분가능하고 모든 $x\in[a,\ b]$에 대하여

$$\lim_{n\to\infty}f_n'(x)=f'(x)$$

임을 보이자. $d\in[a,\ b]$를 고정시키자. $t\in[a,\ b]-\{d\}$에 대하여 함수 $\phi_n(t)$와 $\phi(t)$를 다음과 같이 정의하자.

$$\phi_n(t)=\frac{f_n(t)-f_n(d)}{t-d},\qquad \phi(t)=\frac{f(t)-f(d)}{t-d}$$

그러면 $t\in[a,\ b]-\{d\}$에 대하여 $\lim_{n\to\infty}\phi_n(t)=\phi(t)$이고, 각 n에 대하여

$$\lim_{t\to d}\phi_n(t)=f_n'(d)$$

이다. 따라서 모든 $t\in[a,\ b]-\{d\}$에 대하여 $m,\ n\geq N$이면

$$|\phi_m(t)-\phi_n(t)|=\left|\frac{1}{t-d}[f_m(t)-f_n(t)-f_m(d)+f_n(d)]\right|<\frac{\varepsilon}{2(b-a)}$$

이므로 $\{\phi_n\}$는 $[a,\ b]-\{d\}$에서 ϕ로 균등수렴한다. 따라서

$$f'(d)=\lim_{t\to d}\phi(t)=\lim_{t\to d}\Big[\lim_{n\to\infty}\phi_n(t)\Big]=\lim_{n\to\infty}\Big[\lim_{t\to d}\phi_n(t)\Big]=\lim_{n\to\infty}f'_n(d)$$

이다. 따라서 d는 임의이므로 $f'(x)=\lim_{n\to\infty}f'_n(x)$이다. ■

앞의 정리에 의하여 다음이 성립함을 알 수 있다.

$$\lim_{n\to\infty}\left[\frac{d}{dx}f_n(x)\right]=\frac{d}{dx}\left[\lim_{n\to\infty}f_n(x)\right]$$

따라서 극한의 기호 $\lim_{n\to\infty}$와 미분의 기호 $\frac{d}{dx}$는 서로 바꿀 수 있다.

함수항 급수는 실수에 대한 급수와 유사하게 취급할 수 있다.
$\{f_n\}$은 D에서 정의된 함수열이라 하자. 각 자연수 n에 대하여 S_n을 다음과 같이 정의된 함수이라 하자.

$$S_n(x)=f_1(x)+f_2(x)+\cdots+f_n(x)=\sum_{k=1}^{n}f_k(x)$$

이러한 함수열 $\{S_n\}$을 D에서 정의된 **함수항 급수**(series of functions)라 하고, 급수 $\sum_{n=1}^{\infty}f_n$ 또는 간단히 $\sum f_n$으로 나타낸다. 함수항 급수 $\sum_{n=1}^{\infty}f_n$의 부분합의 함수열 $\{S_n\}$이 D에서 S로 점별수렴하면 $\sum_{n=1}^{\infty}f_n$는 D에서 점별수렴한다고 한다. 이때 S를 $\sum_{n=1}^{\infty}f_n$의 합이라 하고, 모든 $x\in D$에 대하여 $S(x)=\sum_{n=1}^{\infty}f_n(x)$ 또는 간단히 $S=\sum_{n=1}^{\infty}f_n$으로 나타낸다.

함수항 급수 $\sum_{n=1}^{\infty}f_n$의 부분합의 함수열 $\{S_n\}$이 D에서 균등수렴하면 $\sum_{n=1}^{\infty}f_n$는 D에서 균등수렴한다고 한다.

예제 8.11 기하급수 $\sum_{n=1}^{\infty}x^{n-1}$은 $x\in(-1,\ 1)$일 때 $\frac{1}{1-x}$으로 점별수렴한다. 부분합은

$$S_n(x)=\sum_{k=1}^{n}x^{n-1}=\frac{1-x^n}{1-x}$$

이다. 따라서 부분합의 함수열 $\{S_n\}$은 $x\in(-1,\ 1)$일 때 $\frac{1}{1-x}$으로 점별수렴하지만 균등수렴하지 않는다.

함수항 급수 $\sum_{n=1}^{\infty} f_n$의 부분합 $S_n(x)$를 정리 8.4(함수열에 관한 코오시 판정법)에 적용시키면 다음의 따름정리는 성립한다. 증명은 독자에게 남긴다.

따름정리 8.9 $\{f_n\}$을 D에서 정의된 함수열이라 하자. 함수항 급수 $\sum_{n=1}^{\infty} f_n$이 D에서 균등수렴할 필요충분조건은 임의의 $\varepsilon>0$에 대하여 $m \geq n \geq N$이면 모든 $x \in D$에 대하여

$$\left|\sum_{k=n+1}^{m} f_k(x)\right| < \varepsilon$$

을 만족하는 자연수 N이 존재할 때이다.

함수항 급수 $\sum f_n$은 D에서 균등수렴한다고 하자. 특히 $m=n+1$이라 하자. $n \geq N$이면 모든 $x \in D$에 대하여 $|f_{n+1}(x)| < \varepsilon$이 성립한다.

예제 8.12 $x \in (0, 1)$에 대하여 함수 f_n을

$$f_n(x) = \frac{n}{n+1} x^n$$

이라 하면, 함수항 급수 $\sum f_n$은 $(0, 1)$에서 균등수렴하지 않음을 보여라.

풀이 모든 $x \in (0, 1)$에 대하여 급수 $\sum x^n$은 수렴하고, 그래서

$$0 < \frac{n}{n+1} x^n < x^n$$

이므로 정리 7.7(비교판정법)에 의하여 함수항 급수 $\sum f_n$은 $(0, 1)$에서 점별수렴한다. $\varepsilon = \frac{1}{3}$이라 하고

$$x_n = \sqrt[n]{\frac{n+1}{n+2}}$$

인 $x_n \in (0, 1)$을 택하면, 모든 자연수 n에 대하여

$$|f_n(x_n)| = \frac{n}{n+2} \geq \frac{1}{3}$$

이므로, 함수항 급수 $\sum f_n$은 $(0, 1)$에서 균등수렴하지 않는다.

정리 8.4(함수열에 관한 코오시 판정법)를 이용하여 함수항 급수의 균등수렴성을 판정하는 유익한 성질인 **바이어슈트라스 M-판정법**(Weierstrass M-test)을 유도할 수 있다.

정리 8.10 (바이어슈트라스 M-판정법) $\{f_n\}$은 D에서 정의된 함수열이고, $\{M_n\}$을 모든 $x \in D$와 모든 자연수 n에 대하여 $|f_n(x)| \le M_n$인 음이 아닌 항으로 된 수열이라 하자. 그러면 급수 $\sum M_n$이 수렴하면, 함수항 급수 $\sum f_n$은 D에서 균등수렴한다.

증명 부분합 $S_n(x) = \sum_{k=1}^{n} f_k(x)$가 정리 8.4(함수열에 관한 코오시 판정법)를 만족함을 보이면 된다. 급수 $\sum M_n$이 수렴하므로, 정리 7.4(급수에 관한 코오시 판정법)에 의하여 임의의 $\varepsilon > 0$에 대하여 $m \ge n \ge N$이면 $M_{n+1} + M_{n+2} + \cdots + M_m < \varepsilon$을 만족하는 자연수 N이 존재한다. 그러므로 $m \ge n \ge N$이면, 모든 $x \in D$에 대하여 다음이 성립한다.

$$
\begin{aligned}
|S_m(x) - S_n(x)| &= \left| \sum_{k=1}^{m} f_k(x) - \sum_{k=1}^{n} f_k(x) \right| \\
&= |f_{n+1}(x) + f_{n+2}(x) + \cdots + f_m(x)| \\
&\le |f_{n+1}(x)| + |f_{n+2}(x)| + \cdots + |f_m(x)| \\
&\le M_{n+1} + M_{n+2} + \cdots + M_m < \varepsilon
\end{aligned}
$$

따라서 정리 8.4(함수열에 관한 코오시 판정법)에 의하여 수열 $\{S_n\}$은 D에서 균등수렴하므로 함수항 급수 $\sum f_n$은 D에서 균등수렴한다. ■

예제 8.13 함수항 급수 $\sum \frac{\text{con}\, nx}{n^2}$는 $\mathbb{R}$에서 균등수렴함을 보여라.

풀이 모든 실수 x에 대하여

$$
\left| \frac{\cos nx}{n^2} \right| \le \frac{1}{n^2}
$$

이고, 급수 $\sum \frac{1}{n^2}$은 $p=2$인 p급수이므로 수렴한다. 정리 8.10(바이어슈트라스 M-판정법)에 의하여 $\sum \frac{\cos nx}{n^2}$는 $\mathbb{R}$에서 균등수렴한다.

따름정리 8.6을 함수항 급수에 적용하면 다음의 정리가 성립한다.

정리 8.11 $\sum f_n$은 D에서 정의된 함수항 급수라 하고 각 f_n은 D에서 연속이라 하자. 함수항 급수 $\sum f_n$이 D에서 f로 균등수렴하면 f는 D에서 연속이다.

증명 각 함수 f_n이 D에서 연속이므로 부분합 $S_n=\sum_{k=1}^{n} f_k$는 D에서 연속이다. 함수항 급수 $\sum f_n$이 D에서 f로 균등수렴하므로 부분합의 함수열 $\{S_n\}$도 역시 f로 균등수렴한다. 따름정리 8.6에 의하여 f는 D에서 연속이다. ■

위의 정리에 따르면 각 함수 f_n이 D에서 연속이지만 극한함수 f가 D에서 연속이 아니면 함수항 급수 $\sum f_n$은 D에서 f로 균등수렴하지 않는다.

예제 8.14 $x\in[0, 1]$에 대하여 함수 f_n을

$$f_n(x)=\frac{x}{(x+1)^{n-1}}$$

이라 하면, 함수항 급수 $\sum f_n$은 $[0, 1]$에서 균등수렴하지 않음을 보여라.

풀이 $x=0$이면 모든 자연수 n에 대하여 $f_n(x)=0$이므로 $f(0)=\sum f_n(0)=0$이다.
$x\in(0, 1]$이면

$$\frac{1}{2}\leq\frac{1}{x+1}<1$$

이고, 그래서

$$f(x)=\sum\frac{x}{(x+1)^{n-1}}=x\sum\left(\frac{1}{x+1}\right)^{n-1}=\frac{x}{1-\dfrac{1}{x+1}}=x+1$$

이다. 따라서

$$f(x)=\begin{cases} x+1 & (0<x\leq 1\text{일 때}) \\ 0 & (x=0\text{일 때}) \end{cases}$$

이므로 극한함수 f는 $[0, 1]$에서 연속이 아니다. 그러므로 정리 8.11에 의하여 함수항 급수 $\sum f_n$은 $[0, 1]$에서 f로 점별수렴하지만 균등수렴하지 않는다.

정리 8.12 $\{f_n\}$이 $[a, b]$에서 적분가능한 함수열이고 함수항 급수 $\sum f_n$이 $[a, b]$에서 f로 균등수렴하면, f는 $[a, b]$에서 적분가능하고 다음이 성립한다.

$$\int_a^b f = \int_a^b \left(\sum f_n\right) = \sum \int_a^b f_n$$

증명은 연습문제로 독자에게 남긴다.

함수항 급수가 위의 정리의 가정을 만족하면 다음이 성립한다.

$$\int_a^b \left(\sum f_n\right) = \sum \int_a^b f_n$$

따라서 함수항 급수의 적분은 **항별로 적분**(integration term by term)가능함을 알 수 있다.

예제 8.15 함수항 급수 $\sum \frac{\sin nx}{n^3}$는

$$\left|\frac{\sin nx}{n^3}\right| \le \frac{1}{n^3}$$

이므로 정리 8.10(바이어슈트라스 M-판정법)에 의하여 $\mathbb{R}$에서 균등수렴한다. 정리 8.12에 의하여

$$\begin{aligned}\int_0^\pi \left(\sum \frac{\sin nx}{n^3}\right) dx &= \sum \int_0^\pi \frac{\sin nx}{n^3} dx = \sum \left[-\frac{\cos nx}{n^4}\right]_0^\pi \\ &= \sum_{n=1}^\infty \left(\frac{(-1)^{n+1}}{n^4} + \frac{1}{n^4}\right) = \sum_{n=0}^\infty \frac{2}{(2n+1)^4}\end{aligned}$$

이다.

예제 8.16 기하급수 $\sum_{n=0}^\infty (-x)^n$을 생각해 보자. $0<r<1$이라 하자. $x \in [-r, r]$이면 주어진 급수는 $\frac{1}{1+x}$로 수렴한다. 사실 $|(-x)^n| \le r^n$이고, $0<r<1$일 때 $\sum r^n$은 수렴하므로, 정리 8.10(바이어슈트라스 M-판정법)에 의하여 주어진 급수는 균등수렴한다. 따라서 $x \in (-1, 1)$이면 정리 8.12에 의하여

$$\int_0^x \frac{dt}{1+t} = \sum_{n=0}^{\infty} (-1)^n \int_0^x t^n dt = \sum_{n=0}^{\infty} (-1)^n \frac{x^{n+1}}{n+1}$$

이다. 한편

$$\int_0^x \frac{dt}{1+t} = \log(1+x)$$

이므로 $x \in (-1, 1)$에 대하여

$$\log(1+x) = \sum_{n=0}^{\infty} (-1)^n \frac{x^{n+1}}{n+1} = x - \frac{x^2}{2} + \frac{x^3}{3} - \frac{x^4}{4} + \cdots$$

이다.

다음의 정리의 증명은 쉽게 할 수 있으므로 독자에게 남긴다.

정리 8.13 $\{f_n\}$은 $[a, b]$에서 연속인 도함수를 갖는 함수열이라 하고 함수항 급수 $\sum f_n$이 $[a, b]$에서 함수 f로 점별수렴한다고 하자. 각 n에 대하여 $\sum f'_n$이 $[a, b]$에서 균등수렴하면, f는 $[a, b]$에서 미분가능하고 모든 $x \in [a, b]$에 대하여 $f'(x) = \sum f'_n(x)$가 성립한다.

위의 정리에 의하여 다음이 성립함을 알 수 있다.

$$\frac{d}{dx}\left[\sum f_n(x)\right] = \sum \left[\frac{d}{dx} f_n(x)\right]$$

따라서 함수항 급수의 미분은 **항별로 미분**(differentiation term by term)가능함을 알 수 있다.

예제 8.17 함수항 급수 $\sum \frac{\sin nx}{n^3}$는 $\mathbb{R}$에서 균등수렴한다. 주어진 함수항 급수의 부분합을

$$S_n(x) = \sum_{k=1}^{n} \frac{\sin kx}{k^3}$$

이라 하면

$$S_n'(x)=\sum_{k=1}^{n}\frac{\cos kx}{k^2}$$

이다. 한편 p급수 $\sum\frac{1}{k^2}$은 수렴하므로 정리 8.10(바이어슈트라스 M-판정법)에 의하여 $\{S_n'\}$은 $\mathbb{R}$에서 균등수렴한다. 따라서 정리 8.13에 의하여

$$\frac{d}{dx}\left(\sum\frac{\sin nx}{n^3}\right)=\sum\left(\frac{d}{dx}\frac{\sin nx}{n^3}\right)=\sum\frac{\cos nx}{n^2}$$

이다.

연습문제 (8.1)

1. $x\in[0, 2]$에 대하여 함수 g_n을 $g_n(x)=\frac{nx+x}{n}$로 정의하면, 함수열 $\{g_n\}$은 $[0, 2]$에서 함수 $g(x)=x$로 균등수렴함을 증명하여라.

2. $x\in[0, 1]$에 대하여 함수 f_n을 $f_n(x)=2x+\frac{x}{n}$이라 하자. 다음 물음에 답하여라.
   (1) 함수열 $\{f_n\}$의 극한함수 f를 구하여라.
   (2) f는 $[0, 1]$에서 연속인가?
   (3) $\int_0^1 f(x)\,dx=\lim_{n\to\infty}\int_0^1 f_n(x)\,dx$가 성립하는가?
   (4) 모든 $x\in[0, 1]$에 대하여 $f'(x)=\lim_{n\to\infty}f_n'(x)$가 성립하는가?

3. $x\geq 0$에 대하여 함수 f_n을 $f_n(x)=\frac{nx}{1+nx}$이라 하자.
   (1) $f(x)=\lim f_n(x)$를 구하여라.
   (2) $t>0$이면 함수열 $\{f_n\}$은 $[t, \infty)$에서 f로 균등수렴함을 증명하여라.
   (3) $[0, \infty)$에서 함수열 $\{f_n\}$은 f로 균등수렴하지 않음을 증명하여라.

4. 함수 $f_n : D\to\mathbb{R}$은 D에서 유계함수이라 하자. 함수열 $\{f_n\}$이 D에서 f로 균등수렴하면 다음이 성립함을 증명하여라.
   (1) f는 D에서 유계함수이다.
   (2) 모든 $x\in D$와 자연수 n에 대하여 $|f_n(x)|\leq K$를 만족하는 자연수 K가 존재한다.

5. 함수 $f_n : \mathbb{R} \to \mathbb{R}$이 $f_n(x) = \frac{nx}{1+n^2x^2}$로 정의될 때, 함수열 $\{f_n\}$은 $\mathbb{R}$에서 함수 $f(x) = 0$로 점별수렴함을 증명하여라.

6. D에서 정의된 함수열 $\{f_n\}$과 $\{g_n\}$이 각각 f와 g로 점별수렴하면, $\{f_n \pm g_n\}$은 D에서 $f \pm g$로 점별수렴함을 증명하여라.

7. D에서 정의된 함수열 $\{f_n\}$과 $\{g_n\}$이 각각 f와 g로 균등수렴하면, $\{f_n \pm g_n\}$은 D에서 $f \pm g$로 균등수렴함을 증명하여라.

8. 함수열 $\{f_n\}$과 $\{g_n\}$이 D에서 균등수렴하고 모든 자연수 n과 $x \in D$에 대하여 $|f_n(x)| \leq L$, $|g_n(x)| \leq M$인 실수 $L, M > 0$이 존재하면, $f_n g_n$은 D에서 균등수렴함을 증명하여라.

9. 정리 8.12를 증명하여라.

10. $x \in (-1, 1)$에 대하여 함수 f_n을 $f_n(x) = \frac{1-x^n}{1-x}$으로 정의할 때, $(-1, 1)$에서 함수열 $\{f_n\}$의 균등수렴성을 조사하여라.

11. $x \in [0, \infty)$에 대하여 함수 f_n을 $f_n(x) = e^{-nx}$로 정의할 때, $[0, \infty)$에서 함수열 $\{f_n\}$의 균등수렴성을 조사하여라.

12. D에서 정의된 함수열 $\{f_n\}$은 f로 점별수렴하고

$$T_n = \sup\{|f_n(x) - f(x)| \mid x \in D\}$$

이라 하자. 그러면 함수열 $\{f_n\}$이 D에서 f로 균등수렴할 필요충분조건은 $\lim_{n\to\infty} T_n = 0$가 성립할 때임을 증명하여라.

13. $x \in [0, 1]$에 대하여 함수 f_n을 $f_n(x) = \frac{x}{nx+1}$이라 하면, 함수열 $\{f_n\}$는 $[0, 1]$에서 균등수렴하는가?(연습문제 12를 이용하여라.)

14. $(0, \infty)$에서 정의된 함수열 $\{f_n\}$이 f로 점별수렴한다고 하자. f_n은 $(0, \infty)$에서 유계함수이지만, 극한함수 f는 $(0, \infty)$에서 유계함수가 아닌 예를 구하여라.

15. 다음과 같이 정의된 함수열 $\{f_n\}$의 극한이 존재한다면 그 극한함수 f를 구하여라. 주어진 구간 I에서 $\{f_n\}$이 f로 균등수렴하는가?

(1) $f_n(x) = \frac{x^{2n}}{1+x^{2n}}$, $I = [-1, 1]$ (2) $f_n(x) = x^n$, $I = (-1, 1)$

(3) $f_n(x)=x^n(1-x)$, $I=[0,\ 1]$ (4) $f_n(x)=n^2x(1-x^n)$, $I=[0,\ 1]$

16. [0, 1]에서 정의된 함수열 $\{f_n\}$을 다음과 같이 정의할 때 물음에 답하여라.

$$f_n(x)=\begin{cases} n-n^2x & \left(x\in\left(0,\ \dfrac{1}{n}\right)\text{일 때}\right) \\ 0 & \left(x\notin\left(0,\ \dfrac{1}{n}\right)\text{일 때}\right) \end{cases}$$

(1) 극한함수 f를 구하여라.

(2) 함수열 $\{f_n\}$은 [0, 1]에서 f로 균등수렴하는가?

(3) $\displaystyle\lim_{n\to\infty}\int_0^1 f_n\,dx=\int_0^1 f(x)\,dx$가 성립하는가?

17. 기하급수 $\displaystyle\sum_{n=1}^{\infty}x^{n-1}$은 $\left(-1,\ \dfrac{1}{2}\right)$에서 균등수렴하는가?

18. 함수항 급수 $\displaystyle\sum_{n=1}^{\infty}(xe^{-x})^n$은 [0, 2]에서 균등수렴함을 증명하여라.

19. 함수항 급수 $\displaystyle\sum\frac{1}{n}[\log(n+x)-\log n]$은 [0, 1]에서 균등수렴함을 증명하여라.

20. $0<a<1$일 때 $x\in[-a,\ a]$에 대하여 함수 $f_n(x)=x^{n-1}$이라 하자. 함수항 급수 $\sum f_n$은 $[-a,\ a]$에서 균등수렴함을 증명하여라.

21. 주어진 구간 I에서 함수항 급수의 균등수렴성에 대하여 조사하여라.

(1) $\displaystyle\sum\frac{x^n}{n^2}$, $I=[0,\ 1]$ (2) $\displaystyle\sum\frac{1}{n^2+x^2}$, $I=[0,\ \infty)$

(3) $\displaystyle\sum\frac{1}{x^n+1}$, $I=(0,\ 1]$ (4) $\displaystyle\sum\frac{1}{n^2x^2+1}$, $I=(0,\ 1]$

22. 모든 실수 x에 대하여 $f(x)=\displaystyle\sum_{n=1}^{\infty}\frac{\sin nx}{2^n}$이라 할 때 $f'(x)$를 구하여라.

23. $\mathbb{R}$의 모든 점에서 연속이지만 미분불가능한 함수가 존재함을 예를 들어 설명하여라.

8.2 멱급수

지금까지는 항들이 각각 일반함수인 급수를 다루었다. 이제 항들이 변수의 멱인 급수에 대하여 생각하고자 한다. 이를 멱급수라 하고 급수가 수렴하는 변수의 범위를 구하는 것이 주요 문제이다.

〈정의 8.14〉

수열 $\{a_n\}$과 고정된 실수 x_0에 대하여

$$\sum_{n=0}^{\infty} a_n(x-x_0)^n = a_0 + a_1(x-x_0) + a_2(x-x_0)^2 + \cdots$$

을 $x=x_0$에서의 **멱급수**(power series)이라 한다. 실수 a_n을 멱급수의 n번째 계수(nth coefficient)이라 한다.

위의 정의에서 멱급수는 적어도 하나의 실수 $x=x_0$에서 (점별)수렴함을 알 수 있다. 기하급수 $\sum x^n$은 $|x|<1$이면 수렴하고, 그 합은 $\sum x^n = \frac{1}{1-x}$이다. 따라서 함수 $f(x)=\frac{1}{1-x}$에 대한 **멱급수 표현**(power series representation)은 기하급수 $\sum x^n$이다.

정리 8.15 $\sum a_n(x-x_0)^n$은 멱급수이라 하고, $\alpha = \lim \sqrt[n]{|a_n|}$이라 하자. R을 다음과 같이 정의하자.

$$R = \begin{cases} \dfrac{1}{\alpha} & (0<\alpha<\infty\text{일 때}) \\ \infty & (\alpha=0\text{일 때}) \\ 0 & (\alpha=\infty\text{일 때}) \end{cases}$$

그러면 멱급수 $\sum a_n(x-x_0)^n$은

(1) $|x-x_0|<R$이면 절대수렴한다.

(2) $|x-x_0|>R$이면 발산한다.

증명 $b_n = a_n(x-x_0)^n$이라 하자. $\beta = \lim \sqrt[n]{|b_n|}$이라 하면,

$$\beta = \lim \sqrt[n]{|b_n|} = \lim \sqrt[n]{|a_n(x-x_0)^n|} = |x-x_0| \lim \sqrt[n]{|a_n|} = |x-x_0|\alpha$$

이다. 정리 7.12(근호 판정법)에 의하여 주어진 멱급수는 $|x-x_0|\alpha<1$ 즉 $|x-x_0| < \frac{1}{\alpha} = R$이면 수렴하고, $|x-x_0|\alpha>1$ 즉 $|x-x_0|>\frac{1}{\alpha}=R$이면 발산한다. 한편, $\alpha=0$이면 모든 실수 x에 대하여 항상 $|x-x_0|\alpha<1$이므로 주어진 멱급수는 수렴한다. 마지막으로 $\alpha=\infty$이면 $\beta=\infty$이므로, 주어진 멱급수는 $x\neq x_0$ 즉 $|x-x_0|>0=R$일 때 발산한다. 이 경우에 주어진 멱급수는 $x=x_0$일 때에만 수렴한다. ■

〈정의 8.16〉

정리 8.15에서 얻은 R을 멱급수 $\sum a_n(x-x_0)^n$의 **수렴반경**(radius of convergence)이라 하고, $(x_0-R,\ x_0+R)$을 **수렴구간**(interval of convergence)이라 한다.

앞의 정리에서 $|x-x_0|=R$일 때 멱급수는 점 x_0-R와 x_0+R에서 수렴·발산 여부를 조사해 보아야 한다.

예제 8.18 멱급수 $\sum_{n=1}^{\infty} \frac{1}{n}\left(\frac{x}{2}\right)^n$의 수렴·발산 여부를 판정하여라.

풀이 $\lim_{n\to\infty} \sqrt[n]{\frac{1}{n}\left(\frac{x}{2}\right)^n} = \frac{|x|}{2}$이므로 $\frac{|x|}{2}<1$이면 주어진 멱급수는 절대수렴하고 $\frac{|x|}{2}>1$이면 주어진 멱급수는 발산한다. 따라서 수렴반경은 $R=2$이다. 주어진 멱급수는 $x=-2$이면 $\sum \frac{(-1)^n}{n}$이므로 조건수렴하고, $x=2$이면 $\sum \frac{1}{n}$이므로 발산한다.

수렴반경이 0일 때 수렴구간을 $\{x_0\}$로 나타내고, $R=\infty$일 때 수렴구간 $(-\infty,\ \infty)$를 $\mathbb{R}$로 나타낸다. 예제 8.18에서 멱급수 $\sum_{n=1}^{\infty} \frac{1}{n}\left(\frac{x}{2}\right)^n$의 수렴구간은 $[-2,\ 2)$이다.

멱급수에 대한 수렴반경을 구하기 위하여 정리 7.12(근호 판정법) 대신에 정리 7.11(비 판정법)을 이용할 수 있다.

따름정리 8.17 멱급수 $\sum a_n(x-x_0)^n$의 수렴반경을 R이라 하고 $\lim\left|\frac{a_{n+1}}{a_n}\right|=\alpha$이라 하면 다음이 성립한다.

(1) $0<\alpha<\infty$이면 $R=\frac{1}{\alpha}$이다.

(2) $\alpha=\infty$이면 $R=0$이다.

(3) $\alpha=0$이면 $R=\infty$이다.

증명은 연습문제로 독자에게 남긴다.

예제 8.19 멱급수 $\sum_{n=1}^{\infty} \frac{x^n}{n}$의 수렴구간을 구하여라.

풀이 정리 7.11(비 판정법)을 이용하자. $a_n = \frac{1}{n}$이라 하면

$$\frac{1}{R} = \lim \left| \frac{a_{n+1}}{a_n} \right| = \lim \left| \frac{\frac{1}{n+1}}{\frac{1}{n}} \right| = \lim \frac{n}{n+1} = 1$$

이므로, 주어진 멱급수는 구간 $(-1, 1)$에서 절대수렴한다. $x=1$이면 주어진 멱급수는 조화급수이므로 발산한다. $x=-1$이면 정리 7.14(교대급수 판정법)에 의하여 주어진 멱급수는 수렴한다. 그러므로 수렴구간은 $[-1, 1)$이다.

예제 8.20 멱급수 $\sum \frac{x^n}{n!}$의 수렴구간을 구하여라.

풀이 $a_n = \frac{1}{n!}$이라 하면

$$\frac{1}{R} = \lim \left| \frac{a_{n+1}}{a_n} \right| = \lim \frac{n!}{(n+1)!} = \lim \frac{1}{n+1} = 0$$

이므로 수렴구간은 $(-\infty, \infty) = \mathbb{R}$이다.

예제 8.21 멱급수 $\sum_{n=1}^{\infty} \frac{n(x-2)^n}{n+2}$의 수렴구간을 구하여라.

풀이 $a_n = \frac{n}{n+2}$이라 하면

$$\frac{1}{R} = \lim \left| \frac{a_{n+1}}{a_n} \right| = \lim \left| \frac{(n+2)(n+1)}{n(n+3)} \right| = 1$$

이다. 따라서 수렴반경은 1이므로 $|x-2| < 1$이면 주어진 멱급수는 수렴한다. 한편 $|x-2| = 1$ 즉 $x=1$ 또는 $x=3$이면 $\lim_{n\to\infty} a_n \neq 0$이므로 주어진 멱급수는 발산한다. 따라서 수렴구간은 $(1, 3)$이다.

예제 8.22 $a_n = n!$이라 하면 $\lim_{n\to\infty} \frac{a_{n+1}}{a_n} = \lim_{n\to\infty}(n+1) = \infty$이다. 따라서 멱급수 $\sum a_n x^n = \sum n! x^n$에서 $R=0$이므로, 멱급수 $\sum n! x^n$은 $x=0$에서만 수렴한다.

정리 8.18 멱급수 $\sum a_n(x-x_0)^n$의 수렴반경은 R이고 ρ를 $0<\rho<R$이라 하면 주어진 멱급수는 $[x_0-\rho,\ x_0+\rho]$에서 균등수렴한다.

증명 $|x-x_0| \le \rho$이라 하면 $|a_n(x-x_0)^n| \le |a_n|\rho^n$이다. 정리 7.12(근호 판정법)에 의하여 멱급수 $\sum |a_n|\rho^n$은 수렴하고, 그래서 정리 8.10(바이어슈트라스 M-판정법)에 의하여 주어진 멱급수는 $[x_0-\rho,\ x_0+\rho]$에서 균등수렴한다. ■

이제, 멱급수는 수렴반경내에서 항별로 적분과 항별로 미분이 가능함을 보이고자 한다.

정리 8.19 함수 f의 멱급수 표현이 $\sum_{n=0}^{\infty} a_n(x-x_0)^n$이라 하자. 그러면 수렴반경 R을 $0<R\le\infty$이라 하면 모든 $x\in(x_0-R,\ x_0+R)$에 대하여

$$\int_{x_0}^{x} f(t)\,dt = \sum_{n=0}^{\infty} \frac{a_n}{n+1}(x-x_0)^{n+1}$$

이 성립한다.

증명 $(x_0-R,\ x_0+R)$에서 멱급수 $\sum_{n=0}^{\infty} a_n(x-x_0)^n$은 수렴하므로 정리 8.18에 의하여 ρ가 $0<\rho<R$이면 $[x_0-\rho,\ x_0+\rho]$에서 이 멱급수는 균등수렴한다. 그러므로 이 멱급수는 정리 8.12에 의하여 $[x_0-\rho,\ x_0+\rho]$에서 항별로 적분가능하다. ρ는 임의이므로 멱급수는 $(x_0-R,\ \ x_0+R)$에서 항별로 적분가능하다. 즉

$$\int_{x_0}^{x} f(t)\,dt = \sum_{n=0}^{\infty} \frac{a_n}{n+1}(x-x_0)^{n+1}$$

이 성립한다. ■

멱급수 $\sum_{n=0}^{\infty} a_n(x-x_0)^n$이 수렴반경 $R>0$을 가진다고 하자. 이 멱급수를 항별로 미

분하면 새로운 멱급수 $\sum_{n=1}^{\infty} na_n(x-x_0)^{n-1}$을 얻는다. 우리는 다음의 정리에서 이 새로운 멱급수의 수렴반경도 원래의 멱급수의 수렴반경을 가짐을 알 수 있다. 따라서 $|x-x_0|<R$일 때 함수 f를 $f(x)=\sum_{n=0}^{\infty} a_n(x-x_0)^n$이라 하면 $f'(x)=\sum_{n=1}^{\infty} na_n\ (x-x_0)^{n-1}$이다.

정리 8.20 멱급수 $\sum_{n=0}^{\infty} a_n(x-x_0)^n$이 수렴반경 $R>0$을 가진다고 하자. $|x-x_0|<R$에서 $f(x)=\sum_{n=0}^{\infty} a_n(x-x_0)^n$이라 하면 다음이 성립한다.

(1) 멱급수 $\sum_{n=1}^{\infty} na_n(x-x_0)^{n-1}$의 수렴반경은 R이다.

(2) $|x-x_0|<R$인 모든 x에 대하여 $f'(x)=\sum_{n=1}^{\infty} na_n(x-x_0)^{n-1}$이다.

증명 (1) 연습문제로 독자에게 남긴다.

(2) $0<\rho<R$인 임의의 ρ에 대하여 정리 8.18에 의하여 멱급수 $\sum_{n=1}^{\infty} na_n(x-x_0)^{n-1}$은 $|x-x_0|\leq\rho$에서 균등수렴한다. 따라서 정리 8.13에 의하여 주어진 멱급수를 항별로 미분하여 얻은 멱급수 $\sum_{n=1}^{\infty} na_n(x-x_0)^{n-1}$은 $f'(x)$로 수렴한다. 즉 $|x-x_0|<R$에 대하여 $f'(x)=\sum_{n=1}^{\infty} na_n(x-x_0)^{n-1}$이다. ■

함수 $f, f', f'', \cdots$ 등을 위의 정리에 계속하여 적용시키면 다음의 정리를 얻을 수 있다.

정리 8.21 멱급수 $\sum_{n=0}^{\infty} a_n(x-x_0)^n$이 수렴반경 $R>0$을 가진다고 하자. $|x-x_0|<R$에 대하여 $f(x)=\sum_{n=0}^{\infty} a_n(x-x_0)^n$이라 하면,

(1) f는 $|x-x_0|<R$에서 모든 차수의 도함수를 가지며,

(2) 각 자연수 n에 대하여

$$f^{(n)}(x)=\sum_{k=n}^{\infty} k(k-1)\cdots(k-n+1)a_k(x-x_0)^{k-n}$$

이다. 특히 $x=x_0$이면

$$f^{(n)}(x_0)=a_n n! \quad \text{또는} \quad a_n=\frac{f^{(n)}(x_0)}{n!}$$

이다.

예제 8.23 $|x|<1$일 때 $\frac{1}{1-x}=\sum_{n=0}^{\infty} x^n$이다. 정리 8.21에 의하여

$$\frac{1}{(1-x)^2}=\sum_{n=1}^{\infty} nx^{n-1}=\sum_{n=0}^{\infty} (n+1)x^n$$

$$\frac{2!}{(1-x)^3}=\sum_{n=2}^{\infty} n(n-1)x^{n-2}=\sum_{n=0}^{\infty} (n+1)(n+2)x^n$$

이므로, 임의의 자연수 n에 대하여

$$\frac{(n-1)!}{(1-x)^n}=\sum_{n=0}^{\infty}(n+1)(n+2)\cdots(n+k-1)x^n$$

이다.

다음의 **멱급수에 관한 유일성의 정리**(uniqueness theorem for power series)는 정리 8.21의 결과이다.

따름정리 8.22 (유일성의 정리) $R>0$일 때 $|x-x_0|<R$에 대하여 멱급수 $\sum a_n(x-x_0)^n$과 $\sum b_n(x-x_0)^n$은 수렴한다고 하자. 그러면 $\sum a_n(x-x_0)^n=\sum b_n(x-x_0)^n$이면, $n=0, 1, 2, \cdots$에 대하여 $a_n=b_n$이다.

증명 $f(x)=\sum a_n(x-x_0)^n$, $g(x)=\sum b_n(x-x_0)^n$이라 하자. $|x-x_0|<R$에 대하여 $f(x)=g(x)$이면 $n=0, 1, 2, \cdots$에 대하여 $f^{(n)}(x)=g^{(n)}(x)$이다.(여기서 $f^{(0)}(x)=f(x)$, $g^{(0)}(x)=g(x)$이다.) 특히 $x=x_0$에 대하여 $f^{(n)}(x_0)=g^{(n)}(x_0)$이다. 따라서 $n=0, 1, 2, \cdots$에 대하여

$$a_n=\frac{f^{(n)}(x_0)}{n!}=\frac{g^{(n)}(x_0)}{n!}=b_n$$

이다. ■

앞의 정리 8.21에서 멱급수 $f(x)$에 계수 $a_n=\dfrac{f^{(n)}(x_0)}{n!}$를 대입하면

$$f(x)=\sum_{n=0}^{\infty}\frac{f^{(n)}(x_0)}{n!}(x-x_0)^n$$

을 얻는다. 이를 $x=x_0$에서 함수 f의 **테일러 급수**(Taylor series)라 한다. 특히 $x_0=0$일 때 f의 테일러 급수를 **맥크로린 급수**(Maclaurin series)라 한다.

예제 8.24 함수 $f(x)=e^x$의 $x=0$에서 테일러 급수를 구하여라.

풀이 모든 자연수 n에 대하여 $f^{(n)}(x)=e^x$이므로, $x=0$일 때 $a_n=\dfrac{f^{(n)}(0)}{n!}=\dfrac{1}{n!}$이다. 따라서 $f(x)=e^x=\sum_{n=0}^{\infty}\dfrac{x^n}{n!}$이다.

예제 8.25 함수 $f(x)=\tan^{-1}x$의 $x=0$에서 테일러 급수를 구하여라.

풀이 $-1<x<1$일 때 $\dfrac{1}{1-x}=\sum_{n=0}^{\infty}x^n$이고 $f'(x)=\dfrac{1}{1+x^2}$이므로

$$\frac{1}{1+x^2}=\sum_{n=0}^{\infty}(-x^2)^n=\sum_{n=0}^{\infty}(-1)^n x^{2n}$$

이고, 그래서

$$\begin{aligned}\tan^{-1}x-\tan^{-1}0&=\int_0^x\frac{dt}{1+t^2}=\int_0^x\left(\sum_{n=0}^{\infty}(-1)^n t^{2n}\right)dt\\&=\sum_{n=0}^{\infty}(-1)^n\int_0^x t^{2n}dt=\sum_{n=0}^{\infty}(-1)^n\frac{x^{2n+1}}{2n+1}\end{aligned}$$

이다. 따라서 $\tan^{-1}0=0$이므로 $-1<x<1$일 때 $f(x)=\tan^{-1}x=\sum_{n=0}^{\infty}(-1)^n\dfrac{x^{2n+1}}{2n+1}$ 이다.

몇 가지 함수에 대한 테일러 급수를 보면 다음과 같다.

$$\sin x=\sum_{n=0}^{\infty}\frac{(-1)^n x^{2n+1}}{(2n+1)!}=x-\frac{x^3}{3!}+\frac{x^5}{5!}-\cdots\ (x\in\mathbb{R}\text{일 때})$$

$$\cos x=\sum_{n=0}^{\infty}\frac{(-1)^n x^{2n}}{(2n)!}=1-\frac{x^2}{2!}+\frac{x^4}{4!}-\cdots\ (x\in\mathbb{R}\text{일 때})$$

$$\log(1+x)=\sum_{n=1}^{\infty}\frac{(-1)^{n+1}x^n}{n}=x-\frac{x^2}{2}+\frac{x^3}{3}-\cdots\ (-1<x\le 1\text{일 때})$$

연습문제 (8.2)

1. $\sum_{n=0}^{\infty} a_n x^n$은 $0<R<\infty$인 수렴반경 R을 가지는 멱급수라 하자. $x=R$에서 이 멱급수가 수렴하면 $[0, R]$에서 주어진 멱급수는 균등수렴하고, $x=-R$에서 이 멱급수가 수렴하면 주어진 멱급수는 $[-R, 0]$에서 균등수렴함을 증명하여라. (이를 **아벨의 정리**(Abel's theorem)라 한다.)

2. 다음 멱급수의 수렴구간을 구하여라.

   (1) $\sum_{n=0}^{\infty} \frac{x^n}{2^n}$　　(2) $\sum_{n=1}^{\infty} \frac{n+1}{n} x^n$

   (3) $\sum_{n=0}^{\infty} n2^n(x-4)^n$　　(4) $\sum_{n=1}^{\infty} \frac{(x-2)^n}{n^2 3^n}$

   (5) $\sum_{n=0}^{\infty} \frac{x^n}{n!}$　　(6) $\sum_{n=0}^{\infty} \frac{(n!)^2 x^n}{(2n)!}$

3. 다음 멱급수의 수렴반경을 구하여라.

   (1) $\sum_{n=0}^{\infty} \frac{x^n}{3^n+5^n}$　　(2) $\sum_{n=0}^{\infty} \frac{n^3 x^n}{n!}$

4. 멱급수 $\sum_{n=0}^{\infty} a_n(x-x_0)^n$은 수렴반경 $R>0$을 가지며 $\lim_{n\to\infty}\left|\frac{a_{n+1}}{a_n}\right|$이 존재한다면, $|x-x_0|<R$에 대하여 $\sum_{n=1}^{\infty} na_n(x-x_0)^{n-1}$은 수렴함을 증명하여라.

5. 멱급수 $\sum_{n=0}^{\infty} a_n x^n$의 수렴반경이 R일 때, 멱급수 $\sum_{n=0}^{\infty} a_n x^{-n}$의 수렴반경을 구하여라.

6. $|x|<1$일 때 함수 $f(x)=\frac{1}{1-x}$의 멱급수 표현은 $\sum_{n=0}^{\infty} x^n$이다. 이를 이용하여 다음 물음에 답하여라.

   (1) 함수 $g(x)=f(-x)$의 멱급수 표현을 구하여라.

   (2) 함수 $h(x)=g(x^2)$의 멱급수 표현을 구하여라.

   (3) $\frac{\pi}{4}=1-\frac{1}{3}+\frac{1}{5}-\frac{1}{7}+\cdots=\sum_{n=0}^{\infty}\frac{(-1)^n}{2n+1}$임을 증명하여라.

7. 따름정리 8.17을 증명하여라.

8. 정리 8.20의 (1)을 증명하여라.

9. $x \in (-1, 1)$에 대하여 $\sum_{n=1}^{\infty} \frac{nx^{n+1}}{n+1} = \frac{1}{1-x} + \log(1-x) - 1$임을 증명하여라.

10. 모든 실수 x에 대하여 다음이 성립함을 증명하여라.

$$\cos^2 x + \sin^2 x = 1$$

11. $x \in (-1, 1)$에 대하여 $\sum_{n=1}^{\infty} nx^n = \frac{x}{(1-x)^2}$임을 증명하여라.

12. $x \in [-1, 1)$이고 $x \neq 0$일 때 멱급수 표현이 $g(x) = \sum_{n=0}^{\infty} \frac{x^n}{n+1}$인 함수 g를 구하여라.

13. $(0, 2)$에서 정의된 함수 $f(x) = \log x$의 $x = 1$에서의 테일러 급수를 구하여라.

14. (1) $\sin 3x = 3\sin x - 4\sin^3 x$임을 증명하여라.

    (2) (1)을 이용하여 $\sin^3 x$의 맥크로린 급수를 구하여라.

15. 테일러 급수를 이용하여 다음 값을 구하여라.

$$\frac{1}{2} - \frac{1}{2^3} + \frac{1}{2^5} - \frac{1}{2^7} + \cdots$$

16. $\log 2 = 1 - \frac{1}{2} + \frac{1}{3} - \frac{1}{4} + \cdots = \sum_{n=0}^{\infty} \frac{(-1)^n}{n+1}$임을 증명하여라.

17. $\sin x$의 $x = 0$에서의 테일러 급수를 이용하여 다음을 계산하여라.

$$\lim_{x \to 0} \frac{\sin x - x}{x^3}$$

18. 함수 $f(x) = \sin x$의 $x = \frac{\pi}{4}$에서의 테일러 급수를 구하여라.

참고문헌

1. 김광환, 해석학 입문(증보판), 청문각, 2004
2. 김동화, 길잡이 해석학, 교우사, 2005
3. 김락중, 박종안, 이춘호, 최규홍, 순수수학 및 응용수학도를 위한 해석학, 경문사, 1999
4. 김태화, 해석학 입문 연습문제 탐구, 교우사, 2005
5. 대한수학회, 수학용어집, 청문각, 1994
6. 방현수, 현대해석학 -실해석학 입문-, 경문사, 1999
7. 양영오, 해석학, 청문각, 1995
8. 전인홍, 해석학, 교우사, 2006
9. 정동명, 조승제, 실해석학개론(제2판), 경문사, 2004
10. 조용, 미분적분학, 형설출판사, 1992
11. 최운행, 해석학, 경문사, 1988
12. Abbott, S., Understanding Analysis, Springer, 2001
13. Apostol, Tom. M., Mathematical Analysis(2nd ed.), Addison-Wesley, 1974
14. Bartle, Robert. G., Sherbert, Donald R., Introduction to Real Analysis(3rd ed.), John Wiley and Sons, 2000
15. Bear, H.S., Mathematical Analysis, Academic Press, 1997
16. Brabenec, Robert L., Introduction to Real Analysis, PWS-Kent, 1990
17. Browder, A., Mathematical Analysis An Introduction, Springer, 1996
18. DePree, John D., Swartz, Charles W., Introduction to Real Analysis, John Wiley and Sons, 1988
19. Gaskill, H. S., Narayanaswami, P. P., Elements of Real Analysis, Prentice Hall, 1998
20. Gordon, Russell A., Real Analysis A First Course(2nd ed.), Addison-Wesley, 2002
21. Haggarty, R., Fundamentals of Mathematical Analysis, Addision-Wesley, 1993
22. Hart, F. Mary, Guide to Analysis, Macmillan, 1988

23. Howie, John M., Real Analysis, Springer, 2001
24. Johnsonbaugh, R., Pfaffenberger, W. E., Foundations of Mathematical Analysis, Marcel Dekker, Inc., 1981
25. Kirkwood, James R., An Introduction to Analysis, PWS-Kent Publ., 1989
26. Kosmala, Witold A. J., A Friendly Introduction to Analysis Single and Multi-variable(2nd ed.), Prentice Hall, 2004
27. Lay, Steven R., Analysis with an Introduction to Proof(2nd ed.), Prentice Hall, 1990
28. Parzynski, William R., Zipse, Philip W., Introduction to Real Analysis, McGraw-Hill, 1987
29. Protter, Murrey H., Basic Elements of Real Analysis, Springer, 1998
30. Pownall, Malcolm W., Real Analysis A First Course with Foundations, WCB, 1994
31. Reed, Michael C., Fundamental Ideas of Analysis, John Wiley and Sons, Inc., 1998
32. Ross, Kenneth A., Elementary Analysis : The Theory of Calculus, Springer, 1980
33. Rudin, W., Principles of Mathematical Analysis(3rd ed.), McGraw-Hill, 1976
34. Stahl, S., Real Analysis : A Historical Approach, John Wiley and Sons, Inc., 1999
35. Stoll, M., Introduction to Real Analysis(2nd ed.), Addision-Wesley, 2001
36. Wade, William R., An Introduction to Analysis, Prentice Hall, 1995

부록 I

이 책에 나오는 수학자들

· **데데킨트**(Julius Wilhelm Richard Dedekind, 1831–1916)
독일의 수학자. 대수적 정수론에 많은 업적을 남겼고, 무리수 연구를 하였다.

· **디리클레**(Peter Lejeune Dirichlet, 1805–1859)
독일의 수학자. 파리에서 코오시(Augustin Louis Cauchy, 1789–1877)에게 배웠고 리만을 가르쳤고 가우스의 후임자로 괴팅겐대학에서 강의하였다. 정수론, 급수론, 수리물리학 등에 많은 업적을 남겼다.

· **라그랑주**(Josep Louis Lagrange, 1736–1813)
이탈리아 수학자. 그의 저서 "미분의 원리를 포함하는 해석함수론"에서 미적분학을 엄밀하게 하려고 시도하였다. 군론 연구에 공헌하였다. 군론에 중요한 정리인 유한군의 부분군의 위수는 주어진 유한군의 위수의 약수라는 라그랑주의 정리는 유명하다.

· **로피탈**(Guillaume Francois Antonie Marquis de L'Hospital, 1661–1704)
프랑스의 수학자. 요한 베르누이(Jean Bernoulli, 1667–1748)의 제자. 1696년에 유명한 Analysedes infiniment petits라는 책을 출판하였다.

· **롤**(Michel Rolle, 1652–1719)
프랑스의 수학자. 유명한 롤의 정리는 Methode pourresoudre les egalites(1691)에 기술되었다.

· **리만**(Georg friedrich Bernhard Riemann, 1826–1866)
독일의 수학자. 가우스(Carl Friedrich Gauss, 1777–1855)의 제자. 학위 논문에서 리만 면(surface)의 개념을 소개하였고 그 후 리만 기하학, 리만 적분 등 해석학, 복소수함수론, 기하학 등에 많은 업적을 남겼다.

· **립쉬쯔**(Rudolph Lipschitz, 1831–1903)
독일의 수학자. 대수학, 정수론, 미분기하와 해석학 등에 많은 업적을 남겼다.

· **맥크로린**(Colin Maclaurin, 1698–1746)
영국의 수학자. 기하학과 수리 물리학(Mathematical Physics)에 많은 업적을 남겼다. 그의 저서 Treatise of Fluxious(1742)에 유명한 맥크로린 급수에 대한 정리가 있다.

· **바이어슈트라스**(Karl Weierstrass, 1815–1897)
독일의 수학자. 함수론에 관한 업적이 많다. 어떤 구간에서 연속이기는 하나 그 어느 점에서도 미분계수를 갖지 않는 함수를 발견하였다.

· **베르누이**(Jaques Bernoulli, 1654–1705)
스위스의 베르누이가의 수학자로서 현수선, 연주형 등 평면곡선에 관한 연구가 많았다. 순열, 조합의 연구에서 베르누이 수를 발견하였다.

· **보렐**(Emile Borel, 1870–1956)
프랑스 수학자. 측도론을 기초하였으며 함수론, 게임이론, 확률론 등에 공헌을 하였다.

· **볼차노**(Bernhard Placidus Johann Nepomuk Bolzano, 1781–1848)
프라하(Prague)에서 종교 철학의 교수였으며 수학에도 깊은 관심을 가졌다.
저서 Paradoxes of the Infinite(1850)에 바이어슈트라스(Karl Weierstrass, 1815–1897)가 유명하게 만든 볼차노–바이어슈트라스 정리가 있다.

· **아르키메데스**(Archimedes, 287–212 B.C.)
그리이스의 수학자, 물리학자. 원주율 π는 부등식 $3\frac{10}{71}<\pi<3\frac{1}{7}$ 을 만족시킨다는 것을 증명하였으며 반지름 r 인 구의 표면적 S는 $S=4\pi r^2$ 이고 부피 V는 $V=\frac{4}{3}\pi r^3$ 으로 주어진다는 것을 증명하였다.

· **아벨**(Niels Henrick Abel, 1802–1829)
노르웨이의 수학자. 일반 5차 방정식은 대수적으로 해를 구할 수 없다는 것을 증명하였으며 타원함수에 대한 연구로 유명하다.

· **오일러**(Leonard Euler, 1707–1783)
스위스의 수학자. 요한 베르누이(Jean Bernoulli, 1667–1748)의 제자. 19세 때에 학위 논문을 쓸 정도로 천재적인 수학자이며 해석학에 관한 많은 논문과 저서를 남겼다. 특히 수학의 여러 분야에 나타나는 오일러의 공식은 유명하다.

· **코오시**(Augustin Louis Cauchy, 1789–1857)
프랑스의 수학자. 급수론, 정수론, 미분방정식, 함수론, 행렬식 등 순수수학의 여러 부분과 천문학, 물리학 등에도 많은 업적을 남겼다.

· **테일러**(Brook Taylor, 1685–1731)
영국의 수학자. 저서 Methodus incrementorum directa et inversa(1715–1717)에서 유명한 테일러의 정리를 논하였다. 1세기 후에 코오시(Augustin Louis Cauchy, 1789–1857)가 이 정리의 엄밀한 증명을 하였다.

· **하이네**(Eduard Heine, 1821–1881)
독일의 수학자. 컴팩트 성(compactness)의 연구로 유명하다.

부록 II

그리이스 문자

A	α	Alpha	E	ε	Epsilon	I	ι	Iota
B	β	Beta	Z	ζ	Zeta	K	κ	Kappa
Γ	γ	Gamma	H	η	Eta	Λ	λ	Lambda
Δ	δ	Delta	Θ	θ	Theta	M	μ	Mu
N	ν	Nu	P	ρ	Rho	Φ	ϕ	Phi
Ξ	ξ	Xi	Σ	σ	Sigma	X	χ	Chi
O	o	Omicron	T	τ	Tau	Ψ	ψ	Psi
Π	π	Pi	Y	υ	Upsilon	Ω	ω	Omega

찾아보기

노 정 학

서울대학교 사범대학 수학교육과 졸업
경희대학교 대학원 수학과 졸업 (이학박사)
한신대학교 중앙도서관장, 자연과학대학장
SUNY, College at New Palts Visiting Professor
현재 : 한신대학교 정보과학대학 수학과 교수

박 상 로

경북대학교 자연과학대학 수학과 졸업
Iowa State University (이학박사)
계명대학교 자연과학대학 교수
Iowa State University Visiting Professor
고려대학교 BK21 연구 교수

이 종 근

서울대학교 사범대학 수학교육과 졸업
고려대학교 대학원 수학과 졸업 (이학박사)
국민대학교 교무처장
현재 : 국민대학교 자연과학대학 수학과 교수

해석학 입문 〈제4판〉

초판 발행 2002년 3월 2일
4판5쇄 발행 2024년 7월 25일

지은이 노정학 · 박상로 · 이종근 **펴낸이** 오판근
펴낸곳 (주) 교우
주 소 서울시 동대문구 약령시로 8 교우빌딩 2층 (주)교우
전 화 02-925-2861 / **팩 스** 02-925-2860, **편집부** 02-925-2825
홈페이지&북스토어 www.kyowoo.co.kr / 이메일 kyowoo@kyowoo.co.kr

등 록 1994년 3월 24일 제1994-000013호
ISBN 978-89-8172-300-2 (93410)

Published by Kyowoo Co., Ltd. Printed in Korea

값 29,000원

교우미디어는 (주) 교우의 Imprint 사입니다.
수학정원·과학정원은 (주) 교우의 새로운 브랜드명입니다.

잘못된 책은 구입하신 서점에서 교환해 드립니다.